浙江省第一次水利普查成果之一

ZHEJIANGSHENG DIYICI SHUILI PUCHA CHENGGUO

水利工程

浙江省第一次水利普查领导小组办公室　编著

中国水利水电出版社
www.waterpub.com.cn

内 容 提 要

本书是浙江省第一次水利普查成果之一，系统介绍了浙江省第一次水利普查关于水利工程基本情况普查的主要成果，包括水库工程、水电站工程、水闸工程、泵站工程、堤防工程、农村供水工程和塘坝工程等内容。

全书汇集了浙江省水利工程基本情况普查的第一手资料，许多数据都是首次公开发表。全书结构清晰、内容丰富，同时附有大量图表，深入浅出、简明扼要、方便查询，可供从事水利规划、管理、科研、生产的工作人员使用，也可供大专院校师生和社会公众阅读参考。

图书在版编目（CIP）数据

浙江省第一次水利普查成果. 1，水利工程 / 浙江省第一次水利普查领导小组办公室编著. -- 北京 : 中国水利水电出版社，2015.7
ISBN 978-7-5170-3989-1

Ⅰ. ①浙… Ⅱ. ①浙… Ⅲ. ①水利调查－概况－浙江省②水利工程－调查报告－浙江省 Ⅳ. ①TV211

中国版本图书馆CIP数据核字(2015)第312644号

审图号：浙 S（2015）54 号

书　　名	**浙江省第一次水利普查成果之一　水利工程**
作　　者	浙江省第一次水利普查领导小组办公室　编著
出版发行	中国水利水电出版社 （北京市海淀区玉渊潭南路 1 号 D 座　100038） 网址：www.waterpub.com.cn E-mail：sales@waterpub.com.cn 电话：（010）68367658（发行部）
经　　售	北京科水图书销售中心（零售） 电话：（010）88383994、63202643、68545874 全国各地新华书店和相关出版物销售网点
排　　版	中国水利水电出版社微机排版中心
印　　刷	北京博图彩色印刷有限公司
规　　格	210mm×285mm　16 开本　13.25 印张　314 千字
版　　次	2015 年 7 月第 1 版　2015 年 7 月第 1 次印刷
印　　数	0001—1500 册
定　　价	**76.00** 元

凡购买我社图书，如有缺页、倒页、脱页的，本社发行部负责调换

版权所有·侵权必究

《浙江省第一次水利普查成果》
总编委会

主　任： 陈　川

副主任： 李　锐　徐成章　周红卫　朱法君　严齐斌
施俊跃　虞开森　唐巨山　李云进

编　委： 柯斌梁　潘田明　郑建根　王云南　王存林
钱敏儿　邬杨明　毛永强　陈永根　李　骏
宣伟丽　涂家焰　卢健国　方自亮　姜海军
裘江海　张裕海　朱奚冰　沈建华　沈　燕

《水利工程》编委会

主　　编： 李　锐

副 主 编： 周红卫　陈信解　张玉欣

编　　委： 贺春雷　彭　洪　姜海军　边国光　伍远康
应聪惠　包增军　陈晓健　林祥志

参编人员：（按姓氏笔画排序）

王晓飞　尹吉国　平一江　曲小兴　曲钧浦
刘志伟　许江南　孙寒星　严　雷　劳国民
何　斐　陈兰川　陈筱飞　陈　静　苗海涛
林文斌　林　锐　金宣辰　周勇俊　郑明平
赵仁奇　柳　卓　徐　佳　郭世文　黄　康
梁　彬　傅克登　傅利辉　赫　健　蔡慧玲

前　言

为贯彻落实科学发展观，全面摸清水利发展状况，提高水利服务经济社会发展的能力，实现水资源可持续开发、利用和保护，国务院决定于2010—2012年开展第一次全国水利普查。根据《国务院关于开展第一次水利普查的通知》（国发〔2010〕4号）要求，浙江省各级政府和水利部门高度重视水利普查工作，省、市、县三级均成立了水利普查机构，从工作组织、制度制定和人员保证上给予了重要的支持，为浙江省水利普查工作的顺利开展提供了必要条件。

浙江省第一次水利普查在国务院第一次全国水利普查领导小组办公室的组织与指导下，在浙江省各级水行政主管部门和工程管理单位的大力帮助与支持下，从2010年6月开始，经过3年多时间，在全省近3.6万水利普查人员的共同努力下，完成了普查对象清查、台账动态数据建设、普查数据获取、普查表填报等工作，并逐级审核、汇总上报，形成了浙江省第一次水利普查的海量数据和丰硕的成果。普查过程中，浙江省水利厅各业务处室及浙江省水利水电工程局（浙江省水利水电技术咨询中心）、浙江省水文局、浙江省水土保持监测中心、浙江省水利信息管理中心等主要技术支撑和普查工作承担单位投入了大量的精力，浙江省水利厅原副厅长、浙江省第一次水利普查领导小组办公室原主任褚加福、许文斌为水利普查工作做出了突出贡献，在此谨向参与浙江省第一次水利普查的全体人员表示衷心的感谢。

为形成完整的水利普查成果体系，充分挖掘普查数据所反映的水资源开发利用信息，浙江省第一次水利普查领导小组办公室成立了普查成果总编委会和各专项成果编委会，对水利普查数据进行了整编，形成了系统的水利普查成果，全面客观地介绍了浙江省第一次水利普查基本情况。

水利工程基本情况普查是浙江省第一次水利普查的重要组成部分，包含七类工程，分别为水库工程、水电站工程、水闸工程、泵站工程、堤防工程、农村供水工程和塘坝工程。本次普查查清了七类工程的数量、分布等基础信息，对规模以上的各类水利工程的特性、规模与能力、效益及管理等基本情况进行了重点普查，对规模以下的工程普查了其数量及总体规模等基本情况。

本书是浙江省第一次水利普查主要成果之一，共分八章。第一章概述，主要为浙江省自然地理、社会经济及水资源概况、普查目标与任务、普查对象与内容、普查方法与技术路线、普查组织与实施等内容；第二章水库工程，主要为数量、规模、功能及管理情况等；第三章水电站工程，主要为数量、规模、类型、年发电量及建设情况等；第四章水闸工程，主要为水闸数量、类型及建设情况等；第五章泵站工程，主要为数量、类型、设计扬程及建设情况等；第六章堤防工程，主要为堤防长度、分布及建设情况；第七章农村供水工程，主要为数量、受益人口、类型、水源等情况；第八章塘坝工程，主要为数量、容积、灌溉面积及供水人口等情况。

本书汇集了浙江省第一次水利普查的第一手资料，许多数据是首次公开发表，是参加本专业普查数万名工作人员辛勤劳动的结晶。本书结构清晰、内容丰富，并附有大量图表，力求深入浅出、简明扼要和方便查询，向读者展示了浙江省第一次水利普查的成果，可供广大的水利工作者、水利相关单位、有关的研究学者及高等院校师生和社会公众阅读使用。

本书的基础数据为水利普查原始数据，基于水利普查工作方案和普查的时点，普查获得的数据与实际水利工作中的数据在统计口径上存在一定的差异。由于时间仓促，水平有限，书中难免有疏漏和不妥之处，敬请读者批评指正。

编者

2015 年 7 月

目　　录

第一章 概 述

水利工程基本情况普查是浙江省第一次水利普查的重要组成部分，普查对象包括水库工程、水电站工程、水闸工程、泵站工程、堤防工程、农村供水工程和塘坝工程。本章根据水利工程基本情况普查特点，主要介绍浙江省区域基本情况，普查目标与任务，普查对象、范围与内容，普查方法与技术路线，普查组织与实施，主要普查成果等内容。

第一节 区域基本情况

一、自然地理

浙江省位于我国东南沿海长江三角洲南翼，东濒东海，南接福建省，西与江西省、安徽省毗连，北与上海市、江苏省为邻。全省土地总面积10.38万km^2，其中山地和丘陵占70.4%，平原和盆地占23.2%，河流和湖泊占6.4%，故有“七山一水二分田”之说。全省海域辽阔，岛屿星罗棋布，海岸线总长6486km，居全国之首。

全省地形地貌复杂，整个地势由西南向东北倾斜，西南山地的主要山峰海拔多在千米以上；中部以丘陵为主，大小盆地错落分布于丘陵与山地之间；东北部是低平的冲积平原。全省大致可分为浙江北部平原、浙江西部中山丘陵、浙江南部丘陵、浙江中部金衢盆地、浙江东南沿海平原及滨海岛屿等六个地形区。

全省位于亚热带季风气候区，冬季受蒙古冷高压控制，盛行西北风，以晴冷、干燥天气为主，是全年低温、少雨季节。夏季受太平洋副热带高压控制，盛行东南风，空气湿润，是全省高温、强光照季节。一年之中，3—7月初的春雨和梅雨降水量最为丰富，占全年降水量的70%以上，梅雨期是浙江省主要雨季。5—10月为台风影响期，台风影响或者登陆时，常产生大暴雨，如遇冷空气入侵，则加大暴雨，酿成洪涝灾害。

二、社会经济

浙江省行政区划分为杭州、嘉兴、湖州、宁波、绍兴、温州、台州、丽水、金华、衢州和舟山等11个设区市，省会为杭州市。2011年年末全省常住人口5463万人。全省生产总值32000亿元，比上年增长9.0%，其中，第一产业增加值1581亿元，第二产业增加值16404亿元，第三产业增加值14015亿元，分别增长3.6%、9.1%和9.4%。人均GDP为58665元（按年平均汇率折算为9083美元），增长7.1%。第一、第二和第三产业增加值比例由上年的4.9∶51.6∶43.5调整为4.9∶51.3∶43.8。

2011年全省城镇居民人均可支配收入30971元，农村居民人均纯收入13071元，扣除价格因素，分别比上年实际增长7.5%和9.5%。城镇居民人均可支配收入连续11年居全国第3位，农村居民人均纯收入连续27年列全国第1位。城镇居民人均消费支出20437元，比上年实际增长8.6%；农村居民人均生活消费支出9644元，实际增长8.9%。城镇居民家庭恩格尔系数为34.6%，比上年上升0.3%；农村居民家庭恩格尔系数为37.6%，比上年上升2.2%。

三、水资源状况

浙江省多年平均水资源量为955亿m^3，其中河川径流量为944亿m^3；浅层地下水资源量221亿m^3，其中与地表水重复计算量210亿m^3。近年来全省水资源实际利用量约为210亿～220亿m^3，占多年平均水资源总量的25%左右，水资源开发利用率与世界上缺水国家相比处于中等偏下水平。

全省河流众多，自北至南有苕溪、运河、钱塘江、甬江、椒江、瓯江、飞云江和鳌江等八大水系，其中钱塘江为第一大河，流域面积5.5万km^2。上述河流除苕溪注入太湖、京杭运河沟通杭嘉湖平原水网外，其余均为独流入海河流。此外，尚有众多独流入海小河流，另有部分浙、闽、赣边界河流。杭嘉湖和萧绍宁、温黄、温瑞等主要滨海平原，地势平坦，河港交叉，形成平原河网。浙北和滨海地区为河湖和浅海沉积形成的平原，区域内河湖相连，水网密布，是著名的“江南水乡”。

全省降水量时空分布不均匀。2011年，全省平均降水量1417.0mm（折合降水总量1468.09亿m^3），较上年降水量偏少29.9%，较多年平均降水量偏少11.7%。全省总水资源量为744.21亿m^3，产水系数为0.51，产水模数为71.8万m^3/km^2。人均水资源量为1362 m^3。全省大中型水库年末蓄水总量229.59亿m^3，较上年末偏少27.05亿m^3。

四、河流水系[1]

浙江省河流众多，自北至南有苕溪、运河、钱塘江、甬江、椒江、瓯江、飞云江和鳌江等八大水系，其中，苕溪注入太湖，运河沟通杭嘉湖东部平原河网，其余均为独流入海。此外，尚有浙江沿海诸河和流出浙江省境的边界河流等众多小河流。

（一）苕溪水系

苕溪是浙江省北部水系，属长江流域太湖水系的二级河流，是混合河流。苕溪流域面积4678km^2，涉及安徽、浙江两省，其中浙江省境内4614km^2。苕溪发源于临安市太湖源镇白沙村，干流流经杭州市的临安市、余杭区和湖州市的德清县、吴兴区，最后经湖州市环城河向北流入太湖，河流长度160km。苕溪的一级支流主要有中苕溪、北苕溪和西苕溪等6条河流，其中流域面积500km^2以上的为西苕溪。

（二）运河水系

运河水系又称杭嘉湖东部平原河网，属长江流域太湖水系，流域面积7500km^2，涉及浙江、江苏两省，其中浙江省境内6340km^2。运河水系西以苕溪右岸大堤为界，北以太湖南岸、太浦河右岸为界，东以上海市与浙江省界为界，南以钱塘江为界。流域内地表径流向北流入太湖，向东汇入黄浦江，部分水量经“南排工程”排入钱塘江。

---

[1] 相关数据来源于浙江省第一次水利普查——河湖基本情况普查成果。

（三）钱塘江水系

钱塘江是浙江省第一大河，是中国名川之一，在历史上名“浙江”，此外还有制河、渐水、浙江水等名称。钱塘江干流杭州市境内建德市梅城以上泛称新安江，梅城以下分别称富春江、钱塘江。钱塘江流域面积55491km^2，涉及安徽、江西、福建、浙江和上海等5个省（直辖市），其中浙江省境内44467km^2。钱塘江发源于安徽省休宁县龙田乡江田村，河流长度609km，其中浙江省境内586km，干流流经安徽省黄山市休宁县和浙江省衢州、金华、杭州、绍兴、宁波和嘉兴等6市21个县（市、区），最后在上海市金山区芦潮港镇入杭州湾。钱塘江一级支流中，流域面积500km^{2}以上的河流主要有江山港、乌溪江、灵山港、金华江、新安江、分水江、渌渚江、壶源江、浦阳江和曹娥江等。

（四）甬江水系

甬江是浙江省七大入海水系之一，位于浙江省东部，流域面积4522km^2。甬江发源于宁波奉化、余姚和绍兴嵊州等3个市交界的大湾岗东坡董家彦，河流长度119km，干流流经余姚、奉化、嵊州、鄞州、海曙、江北、江东、镇海和北仑等9个市区，于北仑区小港街道外游山入东海。甬江一级支流主要有县江、鄞江和姚江等6条河流，其中流域面积500km^{2}以上的是鄞江。

（五）椒江水系

椒江是浙江省第三大河，流域面积6672km^2。椒江发源于仙居县安岭乡石长坑公有山水壶岗，河流长度220km，干流流经丽水市缙云县、台州市仙居县、临海市和椒江区，最后在椒江区琅矶山龙拖头入台州湾。椒江一级支流中流域面积500km^{2}以上的河流主要有始丰溪、大田港和永宁江等。

（六）瓯江水系

瓯江是浙江省第二大河，位于浙江省南部，古名慎江，曾有永宁江、永嘉江和温江等名称，流域面积18165km^2，涉及浙江和福建两省，其中浙江省境内18085.6km^2。瓯江发源于龙泉市屏南镇南溪村百山祖，河流长度377km，干流流经丽水和温州两市的9个县（市、区），最后经灵昆岛分成两股，左股东流经乐清市黄华镇岐头入温州湾，右股东南流经龙湾区兰田码头入温州湾。瓯江一级支流中流域面积500km^{2}以上的河流主要有松阴溪、宣平溪、小安溪、好溪、小溪和楠溪江等。

（七）飞云江水系

飞云江位于浙江省南部，古代有罗阳江、安阳江和瑞安江等名称，流域面积3712km^2。飞云江发源于景宁畲族自治县景南乡忠溪村白云尖，河流长度191km，干流流经景宁、泰顺、文成和瑞安等县（市），最后在瑞安市南滨街道阁二村流入东海。飞云江的一级支流有洪口溪、峃作口溪、泗溪、玉泉溪和金潮港等，流域面积均在500km^{2}以下。

（八）鳌江水系

鳌江是浙江省最南部水系，流域面积1426km^2。鳌江发源于苍南县桥墩镇天井村，河流长度81km，干流流经苍南和平阳两县，在平阳县龙港镇东流入东海。鳌江最大的支流是横阳支江，流域面积383km^2。

第二节　普查目标与任务

一、普查目标

水利工程普查目标是查清水利工程的数量、分布等基础信息，重点查清一定规模以上的各类水利工程的特性、规模与能力、效益及管理等基本情况，对规模以下的工程了解其数量及总体规模等基本情况。开展水利工程基本情况普查，对科学制定水利工程发展规划、提高全社会水患意识和水资源节约保护意识、加强水利基础设施建设与管理及推进水资源合理配置和高效利用等具有重要作用。

二、普查任务

水利工程普查任务是查清水库、水电站、水闸、泵站、堤防、农村供水和塘坝七类水利工程的数量与分布、工程特性、规模与能力、效益及管理等基本情况。

三、普查时点

浙江省第一次水利普查时点为2011年12月31日24时，时期为2011年度。凡是2011年年末资料，如“2011年年末单位人员”等数据，均以普查时点数据为准；凡是年度资料，如“2011年供水量”等数据，均以2011年1月1日至12月31日的全年数据为准。

第三节　普查对象、范围与内容

一、普查对象与范围

（一）水库工程

水库是指在河道、山谷或低洼地带修建挡水坝或堤堰形成的具有拦洪蓄水和调节水流功能的水利工程，不包含地下水库。

本次普查对总库容10万m^3及以上的水库工程进行重点调查，总库容10万m^3以下的蓄水工程归为塘坝工程。

（二）水电站工程

水电站是指为开发利用水力资源，将水能转换为电能而修建的工程建筑物和机械、电气设备以及金属结构的综合体，不包含潮汐电站。

本次普查将装机容量500kW及以上的水电站作为规模以上水电站，进行重点调查；将装机容量500kW以下的水电站作为规模以下水电站，进行简单调查。

（三）水闸工程

水闸是指建在河道、湖泊、渠道、海堤上或水库岸边，具有挡水和泄（引）水功能的调节水位、控制流量的低水头水工建筑物，不包含船闸、冲沙闸、检修闸及挡水坝枢纽上的泄洪闸。本次普查包括建在海塘上的水闸。

本次普查将过闸流量5m^3/s及以上的水闸作为规模以上水闸，进行重点调查；将过闸流量 5～1（含）m^3/s 的水闸作为规模以下水闸，进行简单调查；对过闸流量 $1m^3/s$ 以下的水闸不普查。

橡胶坝工程归为水闸类普查，全部进行重点调查。

（四）泵站工程

泵站是指由泵和其他机电设备、泵房以及进出水建筑物组成，建在河道、湖泊、渠道上或水库岸边，可以将低处的水提升到所需的高度，用于排水、灌溉、城镇生活和工业供水等的水利工程，包含引泉泵站。本次普查包括建在海塘上的泵站。

本次普查将装机流量 $1m^3/s$ 及以上或装机功率 50kW 及以上的泵站作为规模以上泵站，进行重点调查；将装机流量 $1m^3/s$ 以下且装机功率 50kW 以下的泵站作为规模以下泵站，进行简单调查。

（五）堤防工程

堤防是指沿江、河、湖、海等岸边或行洪区、分蓄洪区、围垦区边缘修筑的挡水建筑物，不含生产堤、渠堤和排涝堤。本次普查包括海塘工程。

本次普查将堤防级别 5 级及以上的堤防作为规模以上堤防，进行重点调查；将 5 级以下的堤防作为规模以下堤防，进行简单调查。

（六）农村供水工程

农村供水工程又称村镇供水工程，指向广大农村的镇区、村庄等居民点和分散农户供给生活和生产等用水，以满足村镇居民和企事业单位日常用水需要为主的供水工程，包括集中式供水工程和分散式供水工程。集中式供水工程指以村镇为单位，从水源集中取水、输水、净水，通过输配水管网送到用户或者集中供水点的供水系统，包括自建设施供水。本次普查对集中式供水工程的定义为集中供水人口大于等于 20 人，且有输配水管网的供水工程。分散式供水工程指除集中式供水工程以外的，无配水管网，以单户或联户为单元的供水工程。

本次普查对设计供水规模大于等于 $200m^3/d$ 或设计供水人口大于等于 2000 人的农村集中式供水工程进行重点调查；设计供水规模小于 $200m^3/d$ 且设计供水人口小于 2000 人的农村集中式供水工程和分散式供水工程进行简单调查。

（七）塘坝工程

塘坝工程指在地面开挖修建或在洼地上形成的拦截和储存当地地表径流，用于农业灌溉、农村供水的蓄水设施，不包括：①不进行农业灌溉或农村供水的鱼塘；②不进行农业灌溉或农村供水的荷塘；③因水毁、淤积等原因而报废的塘坝工程。此外，浙江省将山塘工程[1]归为塘坝工程一并进行普查。

本次普查对容积 $500m^3$ 及以上的塘坝工程，进行简单调查。

二、普查内容

（一）水库工程

水库的主要普查内容包括水库名称、位置、所在河流名称、类型、主要挡水建筑物类

---

[1] 山塘工程指在山区、丘陵地区建有挡水、泄水建筑物，正常蓄水位高于下游地面高程，总容积在 1 万～10 万 m^3 的蓄水工程。

型、主要泄洪建筑物型式、坝址控制流域面积、工程建设情况、调节性能、工程等别、主坝级别、主坝尺寸、泄流能力、防洪标准、特征水位及库容、工程任务、重要保护对象、供水情况、灌溉情况、管理单位名称、归口管理部门和确权划界情况等。

（二）水电站工程

规模以上的水电站，主要普查内容包括水电站名称、位置、所在河流名称、类型、工程建设情况、工程等别、主要建筑物级别、装机容量、保证出力、额定水头、年发电量、管理单位名称及登记注册类型、归口管理部门和确权划界情况等。

规模以下的水电站，主要普查内容包括水电站名称、位置、装机容量和管理单位名称。

（三）水闸工程

规模以上的水闸，主要普查内容包括水闸名称、位置、所在河流名称、类型、工程建设情况、工程等别、主要建筑物级别、闸孔尺寸、过闸流量、洪（潮）水标准、引水闸的引水用途及设计年引水量、管理单位名称、归口管理部门和确权划界情况等。橡胶坝工程主要普查橡胶坝坝高和坝长等。

规模以下的水闸，主要普查内容包括水闸名称、位置、过闸流量和管理单位名称。

（四）泵站工程

规模以上的泵站，主要普查内容包括泵站名称、位置、所在河流名称、类型、工程建设情况、工程任务、工程等别、主要建筑物级别、装机流量、装机功率、设计扬程、管理单位名称、归口管理部门和确权划界情况等。规模以下的泵站，主要普查内容包括泵站名称、位置、装机流量、装机功率和管理单位名称。

（五）堤防工程

规模以上的堤防，主要普查内容包括堤防名称、位置、所在河流名称、类型、工程建设情况、工程任务、堤防级别、规划防洪（潮）标准、堤防长度、达标长度、堤防尺寸、堤顶高程、设计水（高潮）位、管理单位名称、归口管理部门和确权划界情况等。

规模以下的堤防，主要普查内容包括堤防名称、位置、堤防级别、堤防长度和管理单位名称。

（六）农村供水工程

设计供水规模 200m^3/d 及以上或设计供水人口 2000 人及以上的农村集中式供水工程，以工程为单位进行详细普查，主要普查内容包括工程的名称、位置、水源类型、工程类型、供水方式、工程规模、供水人口和管理主体等；设计供水规模 200m^3/d 以下且设计供水人口 2000 人以下的农村供水工程，以行政村为单位进行普查，主要调查水源类型、工程类型、供水方式和工程规模等。

本次普查的年实际供水人口，指 2011 年工程受益的农村常住人口。农村常住人口指农村住户登记居住时间超过 6 个月的人口（中小学生均为常住人口）。

（七）塘坝工程

塘坝工程主要普查内容包括工程的数量、总容积、实际灌溉面积和供水人口等。

第四节　普查方法与技术路线

水利工程普查总体技术路线为通过档案查阅、实地访问、现场查勘等方法，按照“在地原则”，以县级行政区为基本工作单元，对普查对象进行清查登记，编制普查对象名录，确定普查表的填报单位；对规模以上的普查对象详细调查，数据获取后，逐项填报清查表与普查表；对规模以下的普查对象简单调查，逐项填报清查表。逐级进行普查数据审核、汇总、平衡和上报，形成全省水利工程基本情况普查成果。为保证各阶段的工作质量，规范工作方法，提高普查数据的准确性，制定了各阶段的普查方法和技术要求。浙江省水利工程基本情况普查总体技术路线如图 1-4-1 所示。

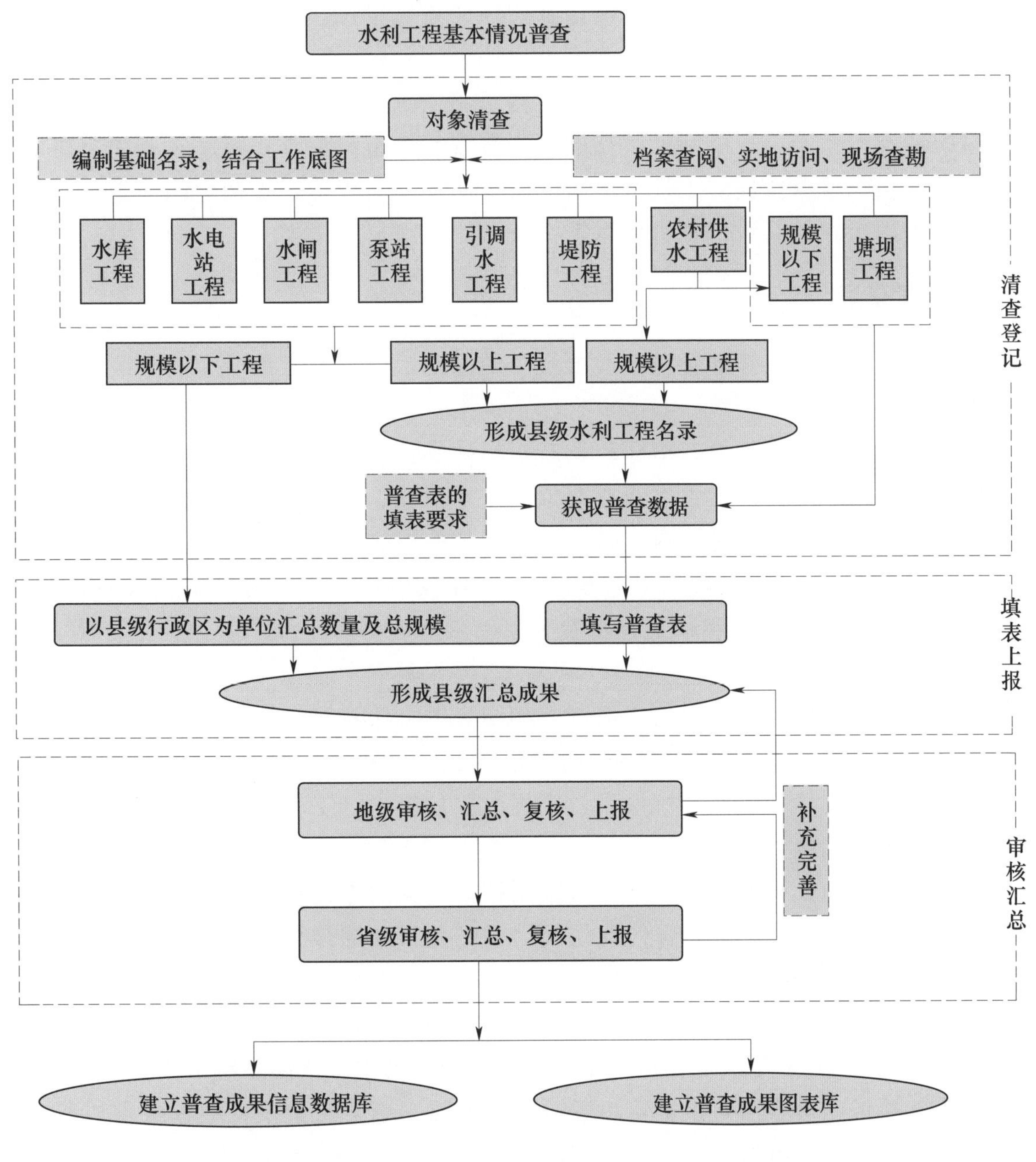

图 1-4-1　水利工程基本情况普查总体技术路线框图

一、对象清查

对象清查是对各类水利工程普查对象进行清查登记，摸清数量、分布、规模以及管理单位等基本信息，目的是为了建立各类水利工程的基础名录，确定填报方式，保证普查对象不重不漏。

对象清查以县级行政区为基本工作单元，由县级普查机构组织实施普查数据获取及普查表填报和汇总。按照“在地原则”，采取档案查阅、实地访问和现场查勘等方法，由工程所在的县级普查机构组织进行本县域内的清查工作。按照“不重不漏”的原则，对清查范围内的水库、水电站、水闸、泵站、堤防和设计供水规模 200m^3/d 及以上或设计供水人口 2000 人及以上的农村集中式供水工程进行调查，目的是查清各类水利工程的位置、数量、规模和隶属关系等基本信息，确定普查表的填表单位。同时形成各类水利工程分规模的普查对象名录。塘坝工程不进行清查。

水库工程由挡水主坝所在的县级普查机构组织清查；水电站工程由厂房所在的县级普查机构组织清查；水闸工程由闸址所在的县级普查机构组织清查；泵站工程由泵房所在的县级普查机构组织清查；堤防工程由堤防（段）所在的县级普查机构组织清查；农村供水工程由供水工程所在的县级普查机构组织清查。

二、数据获取

普查数据的获取按照“谁管理，谁填报”的原则，由普查对象所在的县级普查机构组织工程管理单位进行数据采集。

水利工程普查指标分为静态指标和动态指标两类。静态指标是指在普查时段内一般不会发生变化的指标，主要包括各类普查对象的基本情况、特性指标、作用以及归口管理情况等。动态指标是指在普查时段内随时间发生变化的指标，主要包括各类普查对象的效益指标，如水库的 2011 年供水量、水电站的 2011 年发电量以及农村供水工程的 2011 年供水量、2011 年实际供水人口和年实收水费等。

（一）静态指标获取方法

静态指标主要采取档案查阅与实地调查相结合的方法获取，档案查阅要求以最新批复的设计文件为准。设计文件是指上级部门批准的正式文件，包括上级主管部门的批复文件、工程调度运行文件、工程复核报告、工程改扩建报告、工程补充设计报告、原设计报告等。

对于资料完整的大中型水利工程，可采用档案查阅的方式采集；对于资料不完整或无设计资料的小型水利工程，可结合实地访问、现场测量和综合分析的方式获取。

（二）动态指标获取方法

动态指标包括水库工程的 2011 年供水量，水电站的 2011 年发电量，农村供水工程的 2011 年供水量、2011 年实际供水人口和年实收水费。其中，水库工程 2011 年供水量主要根据工程管理单位的供（引）水记录填写，若没有供（引）水记录，根据取水口所建台账及下游用水量确定；水电站工程 2011 年发电量根据工程管理单位的发电记录填写；农村供水工程的动态指标主要根据工程管理单位的水表计量记录填写，对无水表计量的农村供水工程，也可通过该工程的水泵流量、日供水时间和供水天数计算。

三、填表上报

按照《第一次全国水利普查实施方案》和《浙江省第一次水利普查工作方案》的要求，以“在地原则”为主，由县级普查机构组织工程管理单位，对规模以上的各类水利工程逐个调查，按照数据获取方法及填表说明填写普查表中的各项指标，以县级行政区为单位填报普查表，并以县级行政区为基本汇总单元进行数据汇总及审核；对规模以下工程，则根据清查成果，以县级行政区为单元进行数据汇总后，再与规模以上工程进行数据汇总。将审核验收后的普查表及汇总成果报上级普查机构。水利工程基本情况普查的普查表是集中所有普查指标的表式，是建立普查档案及汇总上报数据的基本依据，是普查的核心表。

四、数据汇总

（一）汇总方式

普查数据汇总包括按水资源分区汇总、行政分区汇总和河流汇总 3 种方式。按水资源分区汇总是以水资源三级区套县级行政区为基本单元，逐级汇总形成水资源三级区、二级区和一级区的水利工程普查成果；按行政分区汇总是以县级普查区为基本单元，逐级汇总形成各设区市和全省的水利工程普查成果；按河流汇总是以河流为单元，按河流级别汇总形成河流、水系和不同流域面积的河流上水利工程普查成果。

依据各类水利工程普查表中的基础数据，根据各类普查对象的特点、结合行政管理需要进行分类汇总。水库工程按水库的规模、类型、工程任务、坝高、坝型和建设情况等分类汇总水库数量、总库容、兴利库容、防洪库容和设计年供水量等指标；水电站工程按规模、类型、建设情况等分类汇总水电站数量、装机容量和 2011 年发电量等指标；水闸工程按规模、类型和建设情况等分类汇总水闸数量、过闸流量和设计年引水量等指标；泵站工程按规模、类型、设计扬程和建设情况等分类汇总泵站数量、装机流量和装机功率等指标；堤防按级别、类型和建设情况等分类汇总堤防长度、达标长度等指标；农村供水工程按水源类型、工程类型和供水方式等分类汇总农村供水工程的数量、受益人口等指标；塘坝工程按规模汇总数量和总容积等指标。

（二）汇总分区

汇总分区包括水资源分区和行政分区。根据各类水利工程的特点，分别按照不同的对象进行汇总。水库、水电站、水闸和泵站按水资源分区、行政分区进行汇总；对堤防、农村供水和塘坝工程按行政分区进行汇总。

1. 水资源分区

浙江省共划分为 2 个水资源一级区，分别为长江区和东南诸河区；在一级区的基础上，按基本保持河流水系完整性的原则，划分为 7 个水资源二级区，分别为鄱阳湖水系、太湖水系、钱塘江、浙东诸河、浙南诸河、闽东诸河和闽江；在二级区的基础上，结合流域分区与行政分区进一步划分，共划分为 12 个三级区。浙江省水资源分区情况详见表 1－4－1。

表 1-4-1　　浙江省水资源分区情况

水资源一级区	水资源二级区	水资源三级区
长江区	鄱阳湖水系	信江、饶河
	太湖水系	湖西及湖区、杭嘉湖区
东南诸河区	钱塘江	富春江水库以上、富春江水库以下
	浙东诸河	浙东沿海诸河（含象山港及三门湾）、舟山群岛
	浙南诸河	瓯江温溪以上、瓯江温溪以下
	闽东诸河	闽东诸河
	闽江	闽江上游（南平以上）

2. 行政分区

行政分区以县级行政区为基本汇总单元，按照地级行政分区进行汇总，跨界水库总库容以管理单位所在的设区市为单元进行汇总，设区市包括杭州、宁波、温州、嘉兴、湖州、绍兴、金华、衢州、舟山、台州和丽水共 11 个。

（三）河流汇总

根据各类水利工程的特点，以河流为单元进行汇总。由于本次河湖基本情况普查只列出了 50km² 及以上河流和常年水面面积 1km² 及以上湖泊名录，水利工程修建在流域面积 50km² 以上的河流或常年水面面积 1km² 以下的湖泊上时，普查表中“所在河流（湖泊）名称及编码”，填写的是汇入流域面积不小于 50km² 或常年水面面积不小于 1km² 的最小一级河流或湖泊的名称。因此，在河流汇总的水利工程汇总成果中，水系的汇总成果包含了 50km² 以下河流的成果，即整个水系的普查成果；而河流干流成果也包含了直接汇入干流且流域面积小于 50km² 河流的成果。

浙江省有苕溪、运河、钱塘江、甬江、椒江、瓯江、飞云江和鳌江八大流域水系。本次普查以 8 条主要水系干流及其主要支流作为水库、水电站和堤防的基本汇总单元。本文中的河流若无特殊说明，均指河流干流数据。主要河流及流域面积见表 1-4-2。

表 1-4-2　　浙江省主要河流及流域面积

序号	主要河流	流域面积/km²	序号	主要河流	流域面积/km²
1	**苕溪流域**		3.7	分水江	3443
1.1	苕溪	4678	3.8	渌渚江	749
1.2	西苕溪	1890	3.9	壶源江	774
2	**运河水系**	7500	3.10	浦阳江	3455
3	**钱塘江水系**		3.11	曹娥江	4481
3.1	钱塘江	55491	**4**	**甬江水系**	
3.2	江山港	1950	4.1	甬江	4522
3.3	乌溪江	2602	4.2	姚江	703
3.4	灵山港	720	**5**	**椒江水系**	
3.5	金华江	6798	5.1	椒江	6672
3.6	新安江	11673	5.2	始丰溪	1618

续表

序号	主要河流	流域面积/km²	序号	主要河流	流域面积/km²
5.3	大田港	514	6.5	好溪	1365
5.4	永宁江	898	6.6	小溪	3572
6	**瓯江水系**		6.7	楠溪江	2444
6.1	瓯江	18165	**7**	**飞云江水系**	
6.2	松阴溪	1984	7.1	飞云江	3712
6.3	宣平溪	831	**8**	**鳌江水系**	
6.4	小安溪	553	8.1	鳌江	1426

注 1. 主要河流指八大水系的干流及其 500km² 以上的主要支流。
2. 运河水系属平原河网水系，河湖基本情况普查对平原河网的河流未定义流域面积。

第五节 普查组织与实施

一、普查组织

根据《国务院关于开展第一次全国水利普查的通知》（国发〔2010〕4 号）精神和水利部的统一部署，2010 年 6 月，浙江省水利厅成立了浙江省第一次水利普查领导小组办公室（以下简称“浙江省水利普查办”）。按照“全省统一领导、部门分工协作、地方分级负责、各方共同参与”的原则，分别建立省、市、县三级普查机构，负责各级辖区的水利普查组织实施工作。

浙江省水利普查办下设综合组、技术组、数据处理组和培训宣传组等 4 个业务组，指导地级、县级水利工程基本情况普查指标获取、清查登记、普查表填报和成果汇总等工作。其中，综合组负责水利普查工作的组织协调、总体推进和制度建设以及经费预算管理、办公文秘和后勤保障等工作；技术组主要负责水利普查工作的方案设计、试点和组织实施，以及水利普查技术指导、质量控制和督促检查，联系专家咨询组，组织开展技术咨询和成果验收等工作。技术组内设水库海塘、水电站、堤防和灌区等 8 个专业工作组；数据处理组负责水利普查软件开发、图件制作和资料准备，以及水利普查数据的登记录入、审核汇总、分析发布、成果编纂、建库管理和开发应用等工作；培训宣传组负责水利普查培训和宣传工作的组织实施和检查指导，以及水利普查工作的信息管理、网页建设等工作。

根据《第一次全国水利普查区划编制与使用规定》的要求，浙江省水利普查区划共分五级即省级、市级、县级、乡级以及村级，涵盖了全省 11 个设区市、90 个县（市、区）、1500 个乡镇、30590 个行政区的全部国土范围。各地结合当地行政管辖的实际情况确定水利普查分区。区划数量及分布见表 1-5-1。

二、普查实施

按照国务院第一次水利普查领导小组办公室统一时间安排，浙江省第一次水利普查从

2010—2012 年开展第一次水利普查，普查时点为 2011 年 12 月 31 日 24 时，普查时期为 2011 年度。水利工程基本情况普查实施共划分为前期准备、清查登记、填表上报和成果发布四个阶段。

表 1-5-1　　浙江省第一次水利普查区划数量及分布表　　单位：个

序号	市级普查区	县级普查区	乡镇普查区	村级普查区
全　省		90	1500	30590
1	杭州市	13	200	2093
2	宁波市	11	135	2005
3	温州市	11	295	5844
4	湖州市	5	68	1279
5	嘉兴市	7	75	1061
6	绍兴市	6	118	2675
7	金华市	9	151	5168
8	衢州市	6	110	1790
9	舟山市	4	43	431
10	台州市	9	128	5330
11	丽水市	9	177	2914

（一）前期准备（2010 年 6—12 月）

2010 年 6—12 月为前期准备阶段。主要工作为普查实施方案和数据审核方案等技术文件的制定、普查试点、普查基础资料收集及普查培训等工作。

浙江省水利普查办组织各市、县级水利普查机构于 2010 年 12 月底先后落实了技术支撑单位和普查专兼职工作人员，按照要求选聘了普查员和普查指导员，全省共配备普查专职人员 500 多人，选聘普查员和普查指导员共计 3.6 万余人。

根据《第一次全国水利普查实施方案》，浙江省水利普查办于 2011 年 1 月上旬编制印发了《浙江省第一次水利普查工作方案》，统一了全省水利普查的普查对象和范围、工作步骤、时间节点和技术流程等。

为全面开展全省水利普查工作，在前期论证和技术实施方案制定的基础上，全省选取了杭州市余杭区等典型普查区开展普查试点工作。

（二）清查登记（2011 年 1—12 月）

2011 年 1—12 月为清查阶段。主要工作为普查对象清查，编制水利工程清查名录、清查数据审核和普查数据的获取等工作。

编制普查对象基础名录。为了保证各类普查对象不重不漏，省、地级普查机构对直管的各类水利工程按照县级行政区编制普查对象基础名录，县级普查机构根据已掌握的水利统计资料、工程规划等，编制各类水利工程普查对象的基础名录。在此基础上形成了全省的水利普查对象初始名录，整编形成清查底册。

填写清查表。普查员按照各自的清查范围和工作内容，对照清查底册上的普查对象初始名录进行“地毯式”实地清查，甄别调查对象，判断其是否属于本次清查的范围，严格按清查表填表要求，逐一填写清查表。普查指导员对普查员的实地走访清查工作进行实时动态指导。

全面获取水利工程普查数据。普查数据指标包括静态指标和动态指标。静态指标主要采取档案查阅和实地调查相结合的方法获取。动态指标主要根据所建台账填写。为加强普查数据获取的技术指导工作，浙江省水利普查办于2011年9月制定并印发了《普查数据获取阶段工作指导意见》。

清查数据审核。为保证清查登记数据质量，浙江省水利普查办组织技术组和数据处理组的专业技术人员，按照相关技术规定，对各地上报省级普查机构的清查数据从数据规范性、逻辑性以及与历史资料的对比合理性等方面进行了审核。

（三）填表上报（2012年1—6月）

2012年1—6月为填表上报阶段。主要进行正式普查表填报，各级普查数据审核与汇总平衡分析和普查数据事后质量抽查。

普查表填报主要以“在地原则”，按照2011年全面获取的静态和动态普查数据，由县级普查机构组织工程管理单位填报正式普查表，由县级机构工作人员将普查数据录入“第一次全国水利普查数据处理上报系统”。

省、市、县三级普查机构组织技术组和数据处理组的专业技术人员对正式填报的普查数据指标进行审核，对审核通过的普查数据由三级普查机构分级汇总平衡。为保证普查数据质量，按照《浙江省第一次水利普查数据质量抽查评估工作方案》的要求，浙江省水利普查办公室组织抽查人员分别对11个设区市分别抽取1个县（市、区）进行了普查成果质量抽查评估，根据抽查复核结果统计，全省普查数据质量可信度高，满足要求。

浙江省第一次水利普查成果于2012年6月12—13日和6月21日先后通过省级专家咨询组的分组审核和浙江省水利普查办审核，在此基础上按期上报国务院第一次水利普查领导小组办公室。

（四）成果发布（2012年7月—2013年7月）

2012年7—9月，根据国务院第一次水利普查领导小组办公室的审查反馈意见，浙江省水利普查办积极组织对浙江省水利普查成果进行了补充核实和修改。2013年3月26日，《第一次全国水利普查公报》（以下简称《公报》）正式发布，国务院水利普查办审核确认的浙江省水利普查数据下发浙江省水利普查办。

浙江省水利普查办于2013年4月初组织开展《公报》编制工作，公报于2013年4月17日和5月17日先后通过浙江省水利普查办全体会议审议和省水利厅厅长办公议审议；《公报》经修改完善后，于5月31日通过浙江省第一次水利普查领导小组全体会议审议，7月中旬经省政府领导批准后，7月26日由省水利厅和省统计局联合发布。

第六节 主要普查成果

浙江省水利工程普查数据成果汇总统计显示，浙江省有水库工程4334座、水电站工程3211座、水闸工程12768座、泵站工程48081处、堤防工程16769段（总长度36524km）、农村供水工程21.7万处和塘坝工程8.8万处。各类水利工程主要普查成果如下。

（一）水库工程

全省共有10万m^3及以上的水库4334座，总库容445.26亿m^3，兴利库容226.90亿m^3，防洪库容46.01亿m^3。其中，大型水库33座，总库容370.15亿m^3；中型水库158座，总库容46.40亿m^3；小型水库4143座，总库容28.71亿m^3。

（二）水电站工程

全省共有水电站3211座，装机容量993.8万kW。其中，装机容量规模以上的水电站1419座，装机容量953.4万kW；规模以下的水电站1792座，装机容量40.4万kW。在规模以上的水电站中，共有大型水电站7座，装机容量543.5万kW；中型水电站6座，装机容量61.4万kW；小型水电站1406座，装机容量348.5万kW。

（三）水闸工程

全省共有过闸流量1m^3/s及以上的水闸12768座。其中，规模以上的水闸8581座；规模以下的水闸4187座。在规模以上的水闸中，共有大型水闸18座，中型水闸338座，小型水闸8225座。全省共有橡胶坝169座，总坝长12km。

（四）泵站工程

全省共有泵站48081处。其中，规模以上的泵站2854处；规模以下的泵站45227处。在规模以上的泵站中，共有大型泵站10处，中型泵站128处，小型泵站2716处。

（五）堤防工程

全省堤防总长度为36524km。其中，5级及以上堤防长度为17441km，达标长度13804 km；5级以下的堤防长度为19083km。在5级及以上的堤防中，共有1级堤防277km，2级堤防750km，3级堤防2245km，4级堤防10310km，5级堤防3859km，其中海塘工程2626km，达标长度2520km。

（六）农村供水工程

全省农村供水工程为21.7万处。其中，集中式供水工程为3.1万处，分散式供水工程为18.6万处，全省农村供水工程受益人口共3114.4万人。其中，集中式供水工程受益人口2976.7万人，分散式供水工程受益人口137.7万人。

（七）塘坝工程

全省共有塘坝工程为8.8万处，总容积为7.6亿m^3。

浙江省各设区市水利工程主要普查成果汇总见表1-6-1。

表 1-6-1　　浙江省各设区市水利工程主要普查成果汇总表

行政区划	水库		水电站				水闸		橡胶坝	泵站	
			规模以上		规模以下		规模以上	规模以下		规模以上	规模以下
	数量/座	总库容/亿 m^3	数量/座	装机容量/万 kW	数量/座	装机容量/万 kW	数量/座	数量/座	数量/座	数量/座	数量/座
全省	4334	445.26	1419	953.4	1792	40.4	8581	4187	169	2854	45227
杭州市	638	236.51	137	159.9	207	5.3	909	316	30	550	6270
宁波市	421	19.20	52	17.3	118	2.7	1393	794	16	499	3779
温州市	329	26.79	279	83.8	264	6.1	990	351	12	62	2536
嘉兴市	1	0.03	0	0	0	0	2563	34	14	796	12301
湖州市	157	8.92	29	183.7	102	1.9	490	862	9	412	6726
绍兴市	554	12.78	66	8.8	269	5.3	362	377	19	274	3752
金华市	826	19.66	125	22.7	234	5.2	303	499	36	93	2822
衢州市	470	34.83	117	75.9	124	2.9	119	283	7	74	1574
舟山市	209	1.41	0	0	0	0	580	238	0	50	519
台州市	345	18.68	120	143.8	167	3.6	862	416	20	26	4419
丽水市	384	66.46	494	257.4	307	7.4	10	17	6	18	529

行政区划	堤防		农村供水工程				塘坝	
	5级及以上	5级以下	集中式供水工程		分散式供水工程			
	长度/km	长度/km	数量/处	受益人口/万人	数量/处	受益人口/万人	工程数量/处	总容积/万 m^3
全省	17441	19083	31333	2976.7	186045	137.7	88201	75599.1
杭州市	1706	5890	4034	203.4	5255	15.3	11301	11119.3
宁波市	1538	1246	1331	437.9	1210	1.3	6727	5930.5
温州市	1157	917	5641	564.6	10670	22.9	2698	3412.9
嘉兴市	5034	19	25	224.9	0	0	0	0
湖州市	2153	2007	436	130.9	33307	17.8	4587	3749.4
绍兴市	1037	354	5207	252.6	27270	17.2	13498	10747.8
金华市	1729	2534	2877	344.4	5938	5.8	23674	19900.5
衢州市	479	2307	2376	109.7	60891	30.2	6163	7572.5
舟山市	724	193	64	55.0	2637	1.3	906	1446.6
台州市	1367	991	5130	479.9	34856	20.9	12017	6551.8
丽水市	517	2626	4212	173.4	4011	5.0	6630	5168.0

第二章　水　库　工　程

水库是指在河道、山谷或低洼地带修建挡水坝或堤堰形成的具有拦洪蓄水和调节水流功能的水利工程。本章根据总库容10万m^3及以上的水库工程的普查数据，按照不同汇总单元，对不同分类（包括水库规模、类型、坝高、坝型、工程任务和建设情况等）的水库数量、总库容、防洪库容、兴利库容、年供水量等进行汇总分析，并说明水库分布情况。

第一节　水库数量与分布

一、水库数量

（一）水库数量与规模

浙江省共有总库容10万m^3及以上的水库4334座，总库容445.26亿m^3，兴利库容226.90亿m^3，防洪库容46.01亿m^3，分别占全国水库总数量、总库容、兴利库容和防洪库容的4.4%、4.8%、4.8%和2.6%。

全省共有大型水库[1]33座，总库容370.15亿m^3，分别占全国大型水库数量和总库容的4.4%和4.9%；中型水库[2]158座，总库容46.40亿m^3，分别占全国中型水库数量和总库容的4.0%和4.1%；小型水库[3]4143座，总库容28.71亿m^3，分别占全国小型水库数量和总库容的4.4%和4.1%。浙江省大中型水库分布如图2-1-1所示。浙江省不同规模水库数量与库容汇总见表2-1-1，浙江省不同规模水库数量与总库容比例分别如图2-1-2和图2-1-3所示。浙江省大中型水库名录见附表1。

表2-1-1　　浙江省不同规模水库数量与库容汇总表

项　目	合计	大型水库			中型水库	小型水库		
		小计	大（1）	大（2）		小计	小（1）	小（2）
水库数量/座	4334	33	5	28	158	4143	729	3414
总库容/亿m^3	445.26	370.15	311.00	59.15	46.40	28.71	19.05	9.66
兴利库容/亿m^3	226.90	177.76	147.71	30.05	29.06	20.08	13.37	6.71
防洪库容/亿m^3	46.01	36.32	20.74	15.58	8.25	1.44	1.04	0.40

[1] 大型水库：总库容≥1亿m^3，其中，大（1）型水库：总库容≥10亿m^3，大（2）型水库：10亿m^3>总库容≥1亿m^3。

[2] 中型水库：1亿m^3>总库容≥0.1亿m^3。

[3] 小型水库：0.1亿m^3>总库容≥0.001亿m^3，其中，小（1）型水库：0.1亿m^3>总库容≥0.01亿m^3；小（2）型水库：0.01亿m^3>总库容≥0.001亿m^3。

图例
省界
设区市界
县（市、区）界
大型水库
中型水库

图2-1-1 浙江省大中型水库工程分布图

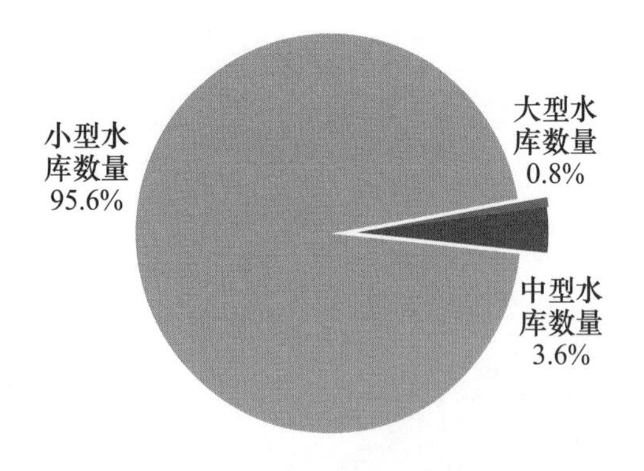

图 2-1-2　浙江省不同规模水库数量比例图

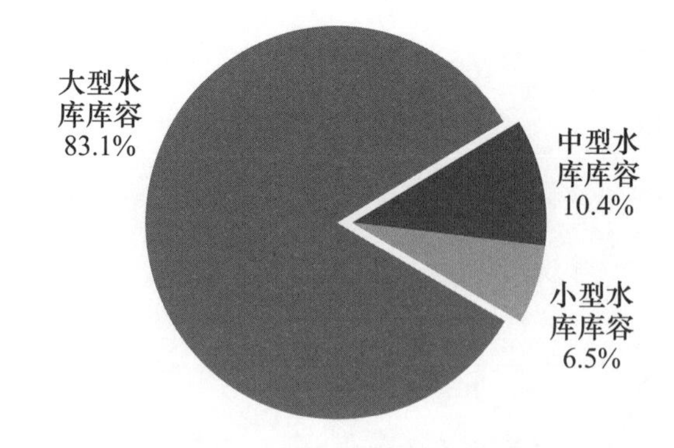

图 2-1-3　浙江省不同规模水库总库容比例图

水库按不同地形划分为山丘水库和平原水库。全省共有山丘水库 4294 座，总库容 441.87 亿 m^3，占全省水库总数量和总库容的 99.1%和 99.2%；平原水库 40 座，总库容 3.39 亿 m^3，占全省水库总数量和总库容的 0.9%和 0.8%。

水库按建设情况划分为在建水库和已建水库。全省共有已建水库 4303 座，总库容 442.03 亿 m^3，占全省水库总数量和总库容的 99.3%和 99.3%；在建水库 31 座，总库容 3.23 亿 m^3，占全省水库总数量和总库容的 0.7%和 0.7%。

从全省水库数量和库容看，小型水库数量较多，占总数量的 95.6%，但小型水库的总库容较小，仅占 6.5%；大型水库数量较少，仅占总数量的 0.8%，但其总库容、兴利库容和防洪库容分别占全省水库总库容、兴利库容和防洪库容的 83.1%、78.3%和 78.9%，省内大型水库发挥了主要的兴利和防洪作用。全省地形自西南向东北呈现阶梯状分布，七成面积为丘陵和山地，省内山丘水库的数量较多且总库容所占比例较大。

（二）水库主要指标人均占有情况

浙江省人均水库总库容和兴利库容高于全国平均水平。全省 4334 座水库工程中总库容 445.26 亿 m^3，兴利库容 226.90 亿 m^3，人均水库总库容为 931m^3，人均兴利库容为 475m^3，均高于全国人均水库总库容的 692m^3 和人均兴利库容的 349m^3。杭州市、丽水市和衢州市人均水库总库容较大，分别为 3399m^3、2543m^3 和 1379m^3。除以上三市外，其他设区市人均水库总库容均低于全省平均水平。杭州市、丽水市和衢州市人均水库兴利库容较大，分别为 1571m^3、1232m^3 和 834m^3，除以上三市外，其他设区市人均水库兴利库容均低于全省平均水平。各设区市人均水库总库容和兴利库容统计见表 2-1-2，各设区市人均水库总库容和兴利库容分布分别如图 2-1-4 和图 2-1-5 所示。

表 2-1-2　各设区市人均水库总库容和兴利库容统计表

行政区划	总库容/亿 m^3	兴利库容/亿 m^3	人均总库容/m^3	人均兴利库容/m^3
全省	445.26	226.90	931	475
杭州市	236.51	109.27	3400	1571
宁波市	19.20	13.66	333	237
温州市	26.79	12.05	336	151
嘉兴市	0.03	0	1	0

续表

行政区划	总库容/亿 m^3	兴利库容/亿 m^3	人均总库容/m^3	人均兴利库容/m^3
湖州市	8.92	4.12	342	158
绍兴市	12.78	8.21	290	187
金华市	19.66	13.93	419	297
衢州市	34.83	21.07	1379	834
舟山市	1.41	0.98	146	101
台州市	18.68	11.42	318	195
丽水市	66.46	32.20	2543	1232

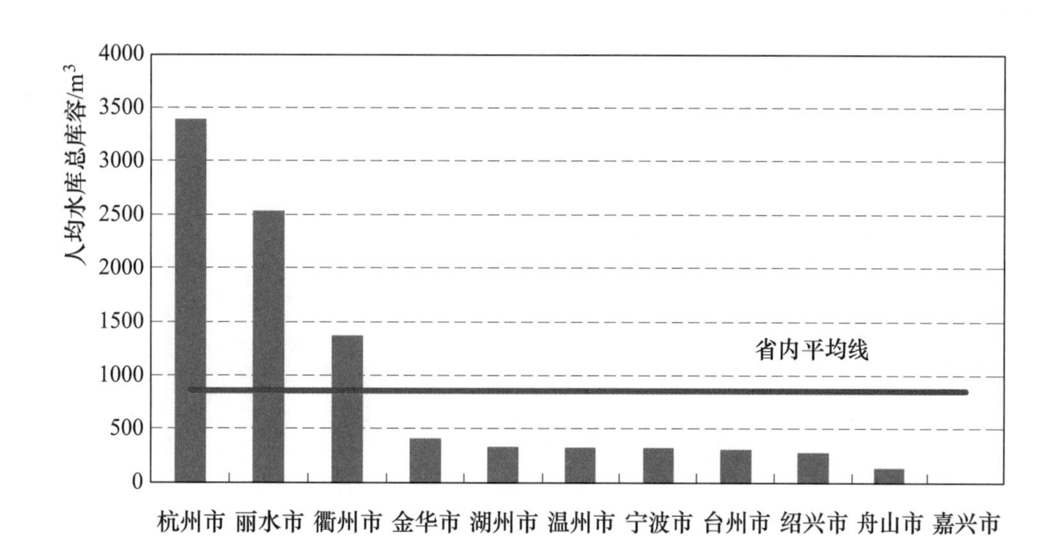

图 2-1-4　各设区市人均水库总库容图

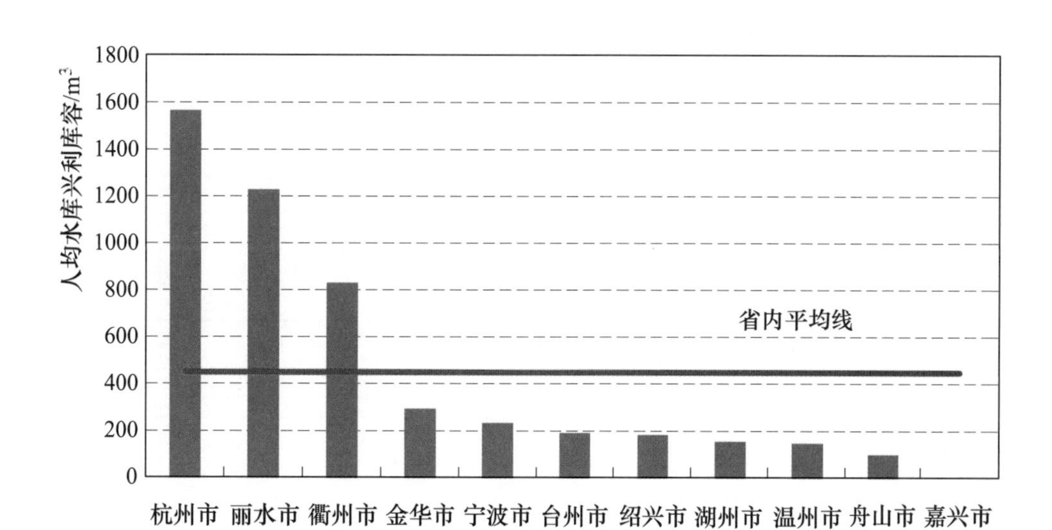

图 2-1-5　各设区市人均水库兴利库容图

二、水库分布情况

（一）水资源分区水库分布

从水库工程数量看，全省水库工程分布在东南诸河区占比较大，该地区水库数量占全省水库数量的94.0%，主要分布在东南诸河区的钱塘江、浙东诸河以及浙南诸河上，其中钱塘江区水库数量较多，占全省水库数量的55.1%，钱塘江区的富春江水库以上区和富春江水库以下区的水库数量分别占全省水库数量的31.3%和23.9%。全省属于长江区的地区包括太湖水系以及靠近长江河口部分地区，该地区相对地势平缓，居住人口较多，而位于东南诸河区的地区多处于山区，地形起伏，河流众多，更具备修建水库的条件。

从水库的总库容看，东南诸河区水库总库容占全省水库总库容的97.2%。其中，钱塘江区水库总库容较大，占全省水库总库容的67.4%；钱塘江区的富春江水库以上区的水库总库容较大，占全省水库总库容的60.7%。

从水库规模看，大型水库主要集中在东南诸河区。其中，钱塘江区内的富春江水库以上区和富春江水库以下区大型水库数量较多，占全省大型水库数量45.5%，其总库容占全省大型水库总库容的72.1%。水资源分区水库数量与总库容汇总见表2-1-3。

表2-1-3　　水资源分区水库数量与总库容汇总表

水资源分区	合计		大型水库		中型水库		小型水库	
	数量/座	总库容/亿m³	数量/座	总库容/亿m³	数量/座	总库容/亿m³	数量/座	总库容/亿m³
长江区	262	12.48	5	8.03	11	3.20	246	1.25
鄱阳湖水系	19	0.34	0	0	1	0.21	18	0.13
信江	19	0.34	0	0	1	0.21	18	0.13
饶河	0	0	0	0	0	0	0	0
太湖水系	243	12.14	5	8.03	10	2.99	228	1.12
湖西及湖区	234	12.10	5	8.03	10	2.99	219	1.09
武阳区	0	0	0	0	0	0	0	0
杭嘉湖区	9	0.04	0	0	0	0	9	0.04
东南诸河区	4072	432.78	28	362.13	147	43.20	3897	27.46
钱塘江	2389	300.31	15	266.71	58	19.48	2316	14.11
富春江水库以上	1355	270.22	8	248.54	35	12.53	1312	9.15
富春江水库以下	1034	30.08	7	18.17	23	6.95	1004	4.96
浙东诸河	693	21.52	6	7.85	29	8.15	658	5.52
浙东沿海诸河（含象山港及三门湾）	484	20.11	6	7.85	28	8.01	450	4.24
舟山群岛	209	1.41	0	0	1	0.13	208	1.28
浙南诸河	945	110.24	7	87.56	58	15.30	880	7.38
瓯江温溪以上	343	65.62	2	55.83	28	7.05	313	2.74

续表

水资源分区	合计		大型水库		中型水库		小型水库	
	数量/座	总库容/亿 m^3	数量/座	总库容/亿 m^3	数量/座	总库容/亿 m^3	数量/座	总库容/亿 m^3
瓯江温溪以下	602	44.62	5	31.73	30	8.25	567	4.64
闽东诸河	35	0.51	0	0	1	0.10	34	0.40
闽东诸河	35	0.51	0	0	1	0.10	34	0.40
闽江	10	0.20	0	0	1	0.16	9	0.04
闽江上游（南平以上）	10	0.20	0	0	1	0.16	9	0.04

（二）设区市水库分布

水库工程数量主要分布在金华市、杭州市、绍兴市和衢州市等地，共占全省水库数量的57.4%，分别为19.1%、14.7%、12.8%和10.8%；舟山市、湖州市和嘉兴市水库数量较少，仅占全省水库数量的8.5%。水库总库容较大的是杭州市，占全省水库总库容的53.1%；舟山市和嘉兴市水库总库容较小，共占全省水库总库容的0.3%。各设区市不同规模水库数量与总库容汇总见表2-1-4，各设区市水库数量与总库容分布分别如图2-1-6和图2-1-7所示。

从水库规模看，大型水库数量在宁波市、绍兴市和衢州市较多，共占全省大型水库数量的48.5%；中型水库数量在丽水市、金华市和宁波市较多，共占全省中型水库数量的53.8%；小型水库数量在金华市、杭州市、绍兴市和衢州市较多，共占全省小型水库数量的58.2%。

表2-1-4　　各设区市不同规模水库数量与总库容汇总表

行政区划	合计		大型水库		中型水库		小型水库	
	数量/座	总库容/亿 m^3	数量/座	总库容/亿 m^3	数量/座	总库容/亿 m^3	数量/座	总库容/亿 m^3
全省	4334	445.26	33	370.15	158	46.40	4143	28.71
杭州市	638	236.51	4	229.08	13	4.44	621	2.99
宁波市	421	19.20	6	7.85	26	7.55	389	3.79
温州市	329	26.79	1	18.24	19	6.10	309	2.45
嘉兴市	1	0.03	0	0	0	0	1	0.03
湖州市	157	8.92	4	5.90	7	2.22	146	0.81
绍兴市	554	12.78	5	7.49	12	2.55	537	2.74
金华市	826	19.66	2	3.93	27	9.77	797	5.95
衢州市	470	34.83	5	28.35	9	3.55	456	2.93
舟山市	209	1.41	0	0	1	0.13	208	1.28
台州市	345	18.68	4	13.49	12	2.44	329	2.75
丽水市	384	66.46	2	55.83	32	7.65	350	2.98

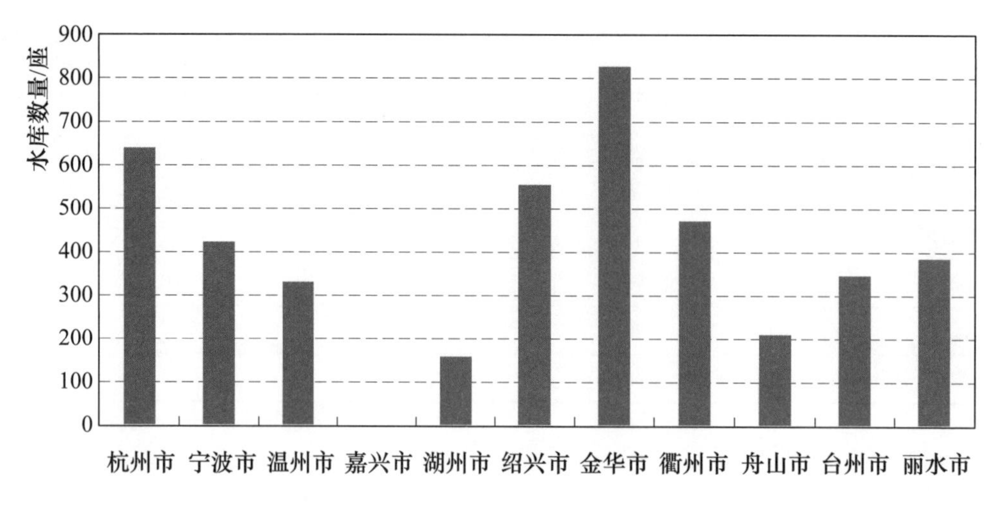

图2-1-6　各设区市水库数量分布图

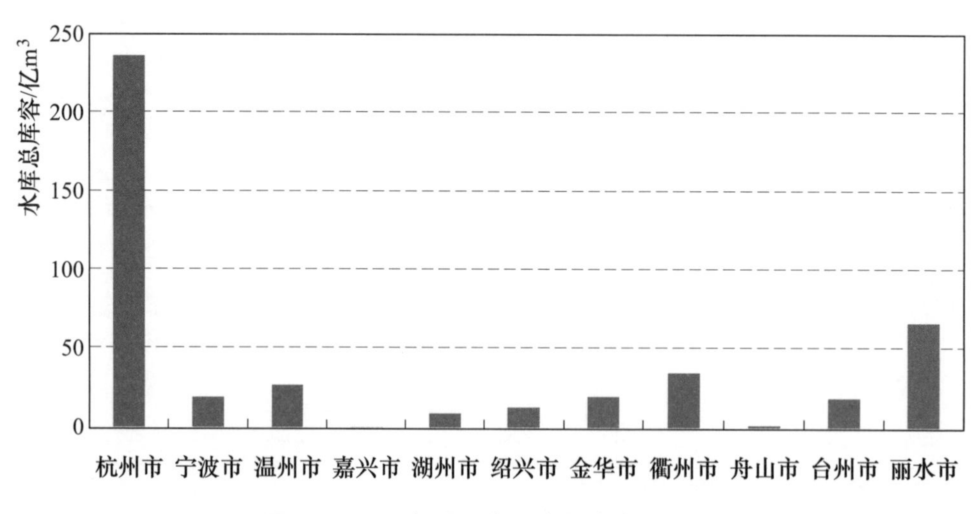

图2-1-7　各设区市水库总库容分布图

（三）主要河流水库分布

浙江省河流众多，径流丰沛，自北而南有苕溪、运河、钱塘江、甬江、椒江、瓯江、飞云江和鳌江共8条主要水系（本次河湖基本情况普查中，曹娥江为钱塘江的一级支流），除苕溪和运河以外，其余均独流入海。

全省主要河流上，共有水库1160座，总库容368.76亿m^3，分别占全省水库数量和总库容的26.8%和82.8%。其中，大型水库18座，总库容348.72亿m^3，分别占全省大型水库数量和总库容的54.5%和94.2%。全省主要河流水库数量与总库容汇总见表2-1-5，全省主要河流（干流）水库数量与总库容分布分别如图2-1-8和图2-1-9所示。

从主要河流上的水库分布看，钱塘江、金华江和曹娥江等8条江河的水库数量较多，共计634座，占主要河流水库数量的54.7%；总库容较大的河流是新安江和小溪，共有总库容258.69亿m^3，占主要河流水库总库容的70.1%。全省主要河流水库数量和总库容情况见下。

表 2-1-5　　全省主要河流水库数量与总库容汇总表

序号	主要河流	合计		大型水库		中型水库		小型水库	
		数量/座	总库容/亿 m^3	数量/座	总库容/亿 m^3	数量/座	总库容/亿 m^3	数量/座	总库容/亿 m^3
1	**苕溪水系**	234	12.10	5	8.03	10	2.99	219	1.09
1.1	苕溪	26	2.41	1	2.13	1	0.21	24	0.07
1.2	西苕溪	28	2.32	1	2.18	0	0	27	0.14
2	**运河水系**	9	0.04	0	0	0	0	9	0.04
3	**钱塘江水系**	2428	302.69	15	266.71	64	20.87	2349	15.10
3.1	钱塘江	139	9.90	1	8.76	2	0.56	136	0.58
3.2	江山港	54	3.54	1	2.48	1	0.62	52	0.44
3.3	乌溪江	23	21.64	1	20.67	1	0.82	21	0.15
3.4	灵山港	6	1.50	1	1.26	1	0.23	4	0.01
3.5	金华江	122	3.80	1	2.74	0	0	121	1.06
3.6	新安江	38	216.39	1	216.26	0	0	37	0.13
3.7	分水江	72	3.78	1	1.93	2	1.39	69	0.46
3.8	渌渚江	44	0.54	0	0	1	0.45	43	0.09
3.9	壶源江	24	0.14	0	0	0	0	24	0.14
3.10	浦阳江	63	2.07	0	0	4	1.73	59	0.34
3.11	曹娥江	76	0.82	0	0	1	0.22	75	0.61
4	**甬江水系**	137	9.31	5	6.17	6	1.89	126	1.25
4.1	甬江	22	1.65	1	1.52	0	0	21	0.14
4.2	姚江	23	1.56	1	1.23	0	0	22	0.33
5	**椒江水系**	271	17.43	4	13.49	9	1.84	258	2.10
5.1	椒江	55	1.85	1	1.35	0	0	54	0.50
5.2	始丰溪	40	2.40	1	1.79	2	0.24	37	0.37
5.3	大田港	34	3.19	1	3.03	0	0	33	0.16
5.4	永宁江	16	7.46	1	7.32	0	0	15	0.14
6	**瓯江水系**	452	68.09	2	55.83	35	8.77	415	3.50
6.1	瓯江	53	16.97	1	13.93	8	2.78	44	0.26
6.2	松阴溪	34	1.04	0	0	3	0.90	31	0.14
6.3	宣平溪	18	0.53	0	0	1	0.30	17	0.24
6.4	小安溪	8	0.33	0	0	1	0.30	7	0.03
6.5	好溪	33	0.18	0	0	0	0	33	0.18
6.6	小溪	34	42.29	1	41.90	1	0.12	32	0.27
6.7	楠溪江	26	0.49	0	0	1	0.38	25	0.11
7	**飞云江水系**	125	21.68	1	18.24	8	2.47	116	0.97
7.1	飞云江	31	19.43	1	18.24	3	0.97	27	0.22
8	**鳌江水系**	34	1.73	0	0	3	1.46	31	0.28
8.1	鳌江	18	0.55	0	0	1	0.43	17	0.12

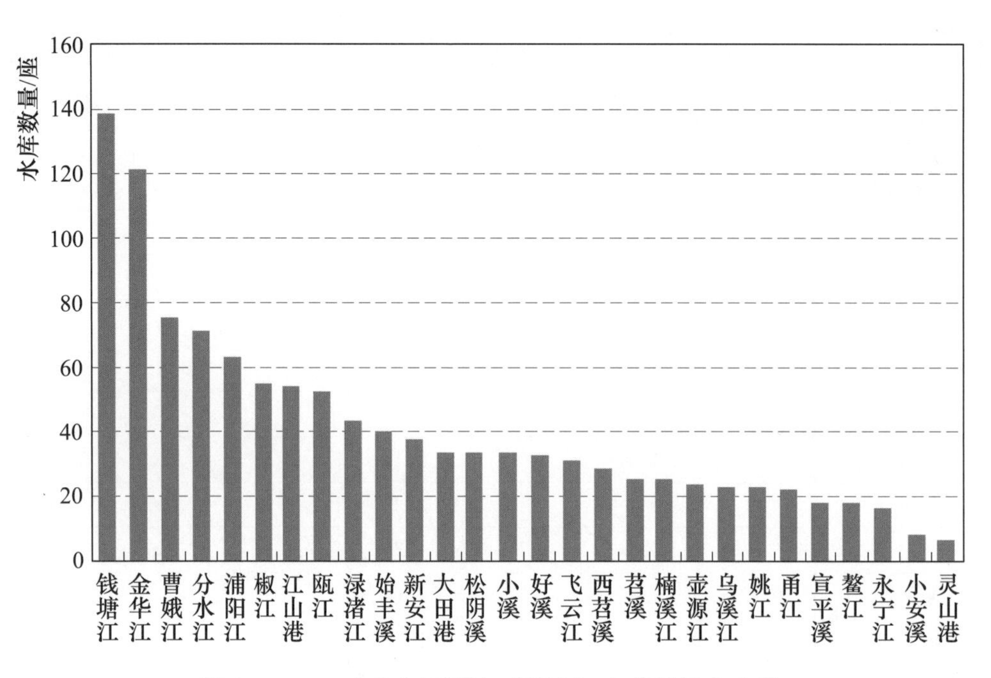

图 2-1-8　全省主要河流（干流）水库数量分布图

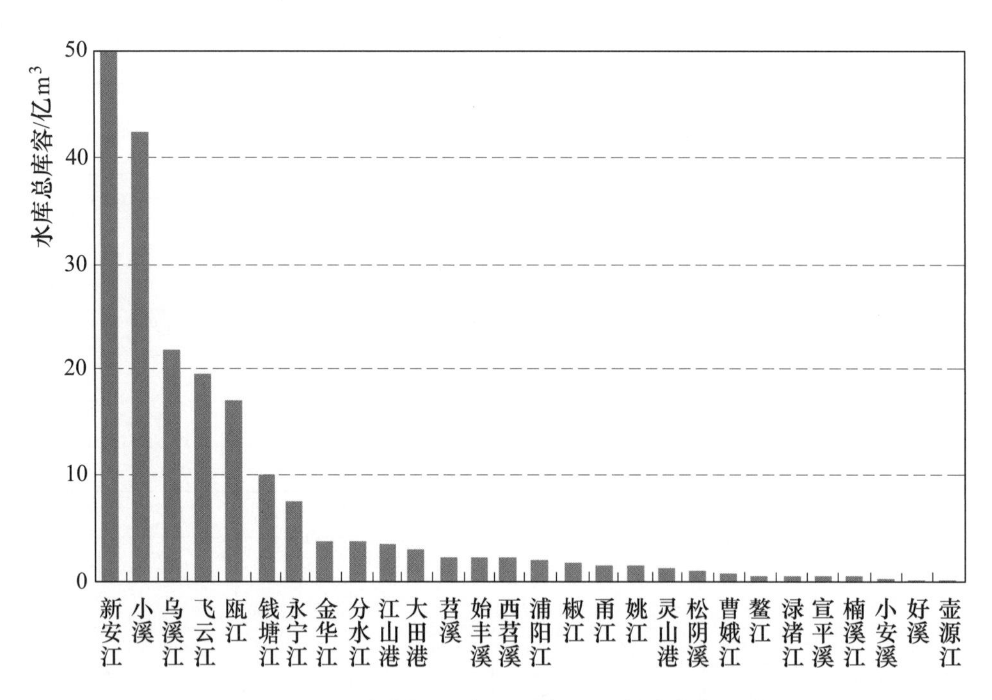

图 2-1-9　全省主要河流（干流）水库总库容分布图

1. 苕溪水系

苕溪水系共有水库 234 座，总库容 12.10 亿 m^3，分别占全省水库数量和总库容的 5.4%和 2.7%。其中，苕溪干流有 1 座大型水库，总库容 2.13 亿 m^3，占苕溪水系水库总库容的 17.6%。

2. 运河水系

运河水系共有水库 9 座，总库容 0.04 亿 m^3，分别占全省水库数量和总库容的 0.2%和 0.01%。运河水系没有大型水库。

3. 钱塘江水系

钱塘江水系共有水库 2428 座，总库容 302.69 亿 m^3，分别占全省水库数量和总库容的 56.0%和 68.0%。其中，钱塘江干流有 1 座大型水库，总库容 8.76 亿 m^3，占钱塘江水系水库总库容的 2.9%。钱塘江的一级支流中，新安江干流有 1 座大型水库，总库容 216.26 亿 m^3，占钱塘江水系水库总库容的 71.4%；曹娥江是钱塘江的一级支流，其干流上无大型水库。

4. 甬江水系

甬江水系共有水库 137 座，总库容 9.31 亿 m^3，分别占全省水库数量和总库容的 3.2%和 2.1%。其中，甬江干流有 1 座大型水库，总库容 1.52 亿 m^3，占甬江水系水库总库容的 16.3%。

5. 椒江水系

椒江水系共有水库 271 座，总库容 17.43 亿 m^3，分别占全省水库数量和总库容的 6.3%和 3.9%。其中，椒江干流有 1 座大型水库，总库容 1.35 亿 m^3，占椒江水系水库总库容的 7.7%。

6. 瓯江水系

瓯江水系共有水库 452 座，总库容 68.09 亿 m^3，分别占全省水库数量和总库容的 10.4%和 15.3%。其中，瓯江干流有 1 座大型水库，总库容 13.93 亿 m^3，占瓯江水系水库总库容的 20.5%。

7. 飞云江水系

飞云江水系共有水库 125 座，总库容 21.68 亿 m^3，分别占全省水库数量和总库容的 2.9%和 4.9%。其中，飞云江干流有 1 座大型水库，总库容 18.24 亿 m^3，占飞云江水系水库总库容的 84.1%。

8. 鳌江水系

鳌江水系共有水库 34 座，总库容 1.73 亿 m^3，分别占全省水库数量和总库容的 0.8%和 0.4%。鳌江水系没有大型水库。

第二节 水库大坝情况

一、总体情况

水库的挡水建筑物包括挡水坝和挡水闸。本次普查将主要挡水建筑物是挡水坝的水库称为有坝水库，并按照挡水坝的坝型和坝高对有坝水库进行分类。全省共有有坝水库 4328 座，总库容 445.13 亿 m^3，分别占全省水库数量与总库容的 99.9%和 99.97%。

（一）坝型

坝型是指水库挡水主坝的类型，包括两种分类方式：一种是按建筑材料分为混凝土坝、土坝、浆砌石坝和堆石坝等；另一种是按结构分为重力坝、拱坝、均质坝、心墙坝和斜墙坝等。

1. 按建筑材料分类

在全省有坝水库中，混凝土坝水库 295 座，总库容 287.51 亿 m^3，分别占有坝水库数量与总库容的 6.8%和 64.6%；土坝水库 3542 座，总库容 65.73 亿 m^3，分别占有坝水库数量与总库容的 81.9%和 14.7%；浆砌石坝水库 364 座，总库容 12.45 亿 m^3，分别占有坝水库数量与总库容的 8.4%和 2.8%；堆石坝水库 117 座，总库容 79.18 亿 m^3，分别占有坝水库数量与总库容的 2.7%和 17.8%。

从水库规模看，大型水库的挡水主坝多为土坝和混凝土坝，分别占大型有坝水库数量的 36.4%和 33.3%；中、小型水库的挡水主坝多为土坝，分别占中、小型有坝水库数量的 48.1%和 83.5%。全省不同坝型（按建筑材料分）的水库数量与总库容汇总见表 2－2－1，全省不同坝型（按建筑材料分）水库数量与总库容占全省有坝水库数量与总库容的比例分别如图 2－2－1 和图 2－2－2 所示。

表 2－2－1　　全省不同坝型（按建筑材料分）水库数量与总库容汇总表

坝　型	合　计		大型水库		中型水库		小型水库	
	数量/座	总库容/亿 m^3	数量/座	总库容/亿 m^3	数量/座	总库容/亿 m^3	数量/座	总库容/亿 m^3
合计	4328	445.13	33	370.15	158	46.40	4137	28.58
土坝	3542	65.73	12	25.62	76	19.35	3454	20.76
混凝土坝	295	287.51	11	271.41	39	12.82	245	3.28
堆石坝	117	79.18	7	69.02	27	8.61	83	1.55
浆砌石坝	364	12.45	3	4.10	15	5.51	346	2.84
其他	10	0.26	0	0	1	0.11	9	0.15

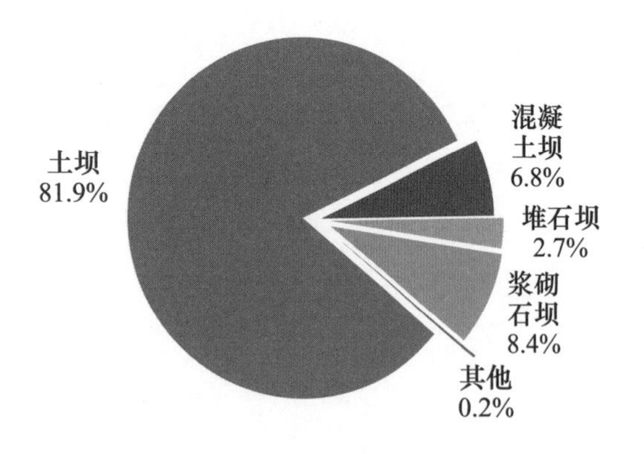

图 2－2－1　全省不同坝型（按建筑材料分）水库数量比例图

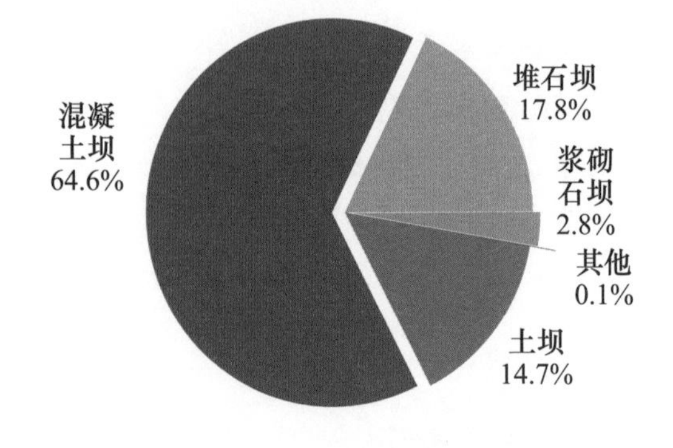

图 2－2－2　全省不同坝型（按建筑材料分）总库容比例图

2. 按结构分类

在全省有坝水库中，重力坝水库 230 座，总库容 272.58 亿 m^3，分别占有坝水库数量与总库容的 5.3%和 61.3%；拱坝水库 429 座，总库容 28.07 亿 m^3，分别占有坝水库数量与总库容的 9.9%和 6.3%；均质坝水库 910 座，总库容 7.66 亿 m^3，分别占有坝水库数量与总库容的 21.0%和 1.7%；心墙坝水库 2389 座，总库容 45.54 亿 m^3，分别占有坝水库数量与总库容的55.2%和10.2%；斜墙坝水库255座，总库容13.36亿m^3，分别占有坝水库数量与总库容的5.9%和3.0%。

从水库规模看，大型水库的挡水主坝多为重力坝和心墙坝，分别占大型有坝水库数量的30.3%；中、小型水库的挡水主坝多为心墙坝，分别占中、小型有坝水库数量的37.3%和56.1%。全省不同坝型（按结构分）的水库数量与总库容汇总见表2-2-2，全省不同坝型（按结构分）水库数量比例与总库容比例分别如图2-2-3和图2-2-4所示。

表2-2-2　　全省不同坝型（按结构分）水库数量与总库容汇总表

坝型	合计		大型水库		中型水库		小型水库	
	数量/座	总库容/亿m^3	数量/座	总库容/亿m^3	数量/座	总库容/亿m^3	数量/座	总库容/亿m^3
合计	4328	445.13	33	370.15	158	46.40	4137	28.58
重力坝	230	272.58	10	257.33	32	13.31	188	1.94
拱坝	429	28.07	4	18.19	23	5.63	402	4.25
均质坝	910	7.66	0	0	11	2.64	899	5.02
心墙坝	2389	45.54	10	17.06	59	14.02	2320	14.46
斜墙坝	255	13.36	2	8.55	8	3.31	245	1.50
其他	115	77.92	7	69.02	25	7.49	83	1.41

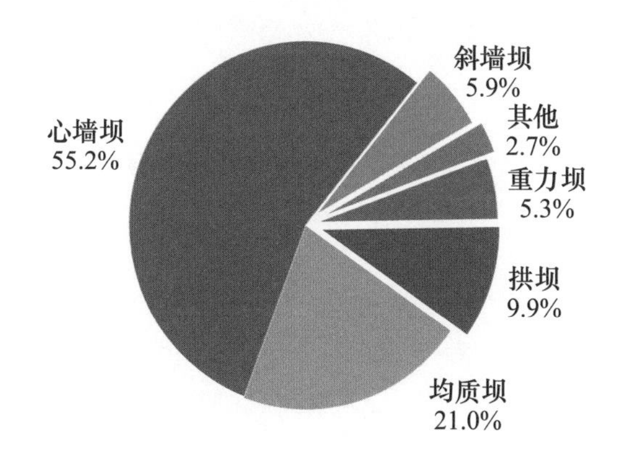

图2-2-3　全省不同坝型（按结构分）水库数量比例图

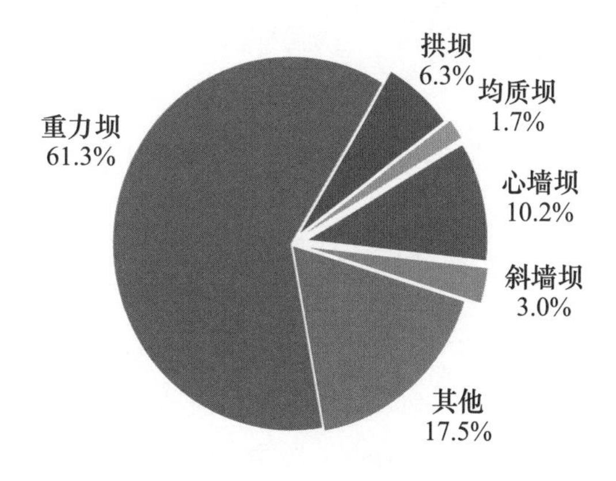

图2-2-4　全省不同坝型（按结构分）水库总库容比例图

（二）坝高

按照挡水主坝坝高的大小，有坝水库[1]可分为高坝水库、中坝水库和低坝水库。在全省有坝水库中，共有高坝水库35座，总库容为331.83亿m^3，分别占全省有坝水库数量和总库容的0.8%和74.5%；中坝水库472座，总库容76.78亿m^3，分别占全省有坝水库数量和总库容的10.9%和17.2%；低坝水库3821座，总库容36.52亿m^3，分别占全

[1] 坝高在70m及以上的水库为高坝水库，坝高在70～30m（含）之间的水库为中坝水库，坝高小于30m的水库为低坝水库。

省有坝水库数量和总库容的88.3%和8.2%。大型水库多为高、中坝水库，分别占全省大型水库数量的39.4%和51.5%。全省不同坝高、不同规模的水库数量与总库容汇总见表2-2-3，全省不同坝高的水库数量比例与总库容比例分别如图2-2-5和图2-2-6所示。

表2-2-3　　全省不同坝高、不同规模的水库数量与总库容汇总表

项目	合计		大型水库		中型水库		小型水库	
	数量/座	总库容/亿 m^3	数量/座	总库容/亿 m^3	数量/座	总库容/亿 m^3	数量/座	总库容/亿 m^3
合计	4328	445.13	33	370.15	158	46.40	4137	28.58
高坝水库	35	331.83	13	323.93	20	7.75	2	0.15
中坝水库	472	76.78	17	40.51	97	28.58	358	7.69
低坝水库	3821	36.52	3	5.71	41	10.07	3777	20.74

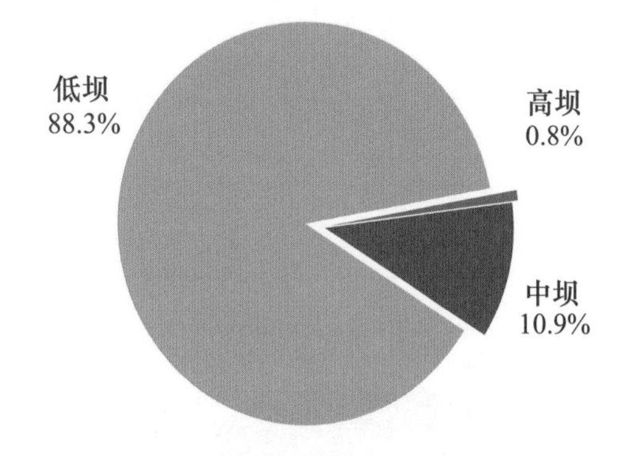

图2-2-5　全省不同坝高水库数量比例图

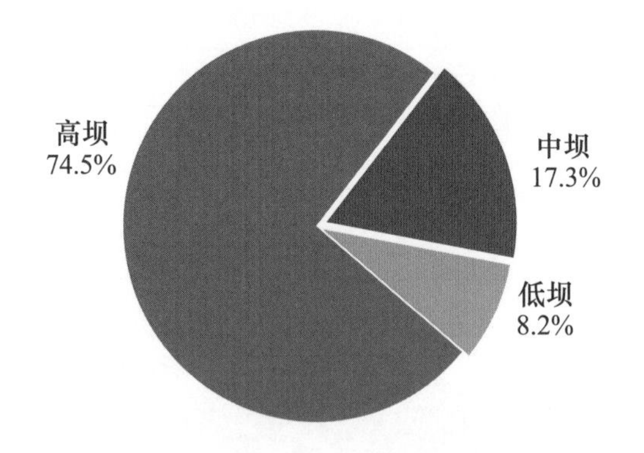

图2-2-6　全省不同坝高水库总库容比例图

二、有坝水库分布情况

以水资源分区和设区市为单元，分析不同坝高、不同坝型的有坝水库分布情况。对不同坝型的水库，本次普查按照不同建筑材料、不同结构的坝型所占比例，选择土坝、混凝土坝、重力坝和拱坝作为主要坝型进行分析。

（一）水资源分区有坝水库分布

1. 主要坝型水库分布

从水资源二级区看，钱塘江区混凝土坝、土坝和重力坝水库数量均较多，其总库容占全省水库总库容比例较大，浙南诸河区混凝土坝和重力坝水库数量较多，但总库容所占比例相对较小，浙南诸河区拱坝水库的数量和总库容占全省拱坝水库数量和总库容比例均较大。

从水资源三级区看，土坝水库数量在富春江水库以上区和富春江水库以下区较多，占水资源三级区土坝水库数量的59.9%；总库容较大的是瓯江温溪以下区、富春江水库以上区和富春江水库以下区，占水资源三级区土坝水库总库容的64.4%；大型土坝水库数量在湖西及湖区和富春江水库以下区较多，占水资源三级区大型土坝水库的66.7%。混

凝土坝水库数量在瓯江温溪以上区、瓯江温溪以下区和富春江水库以上区较多，占水资源三级区混凝土坝水库数量的80.7%；总库容较大的是富春江水库以上区，占水资源三级区混凝土坝水库总库容的84.5%；大型混凝土坝水库数量在富春江水库以上区和富春江水库以下区较多，占水资源三级区大型混凝土坝水库的54.5%。重力坝水库数量在富春江水库以上区、瓯江温溪以上区和富春江水库以下区较多，占水资源三级区重力坝水库数量的70.9%；总库容较大的是富春江水库以上区，占水资源三级区重力坝水库总库容的90.6%；大型重力坝水库数量仅分布在富春江水库以上区、富春江水库以下区和浙东沿海诸河区（含象山港及三门湾）。拱坝水库数量在瓯江温溪以下区和瓯江温溪以上区较多，占水资源三级区拱坝水库数量的59.7%；总库容较大的是瓯江温溪以下区和瓯江温溪以上区，占水资源三级区拱坝水库总库容的83.5%；大型拱坝水库仅分布在瓯江温溪以下区、瓯江温溪以上区和浙东沿海诸河区（含象山港及三门湾）。水资源分区不同坝型（按建筑材料分）水库数量与总库容汇总见表2-2-4，水资源分区不同坝型（按结构分）水库数量与总库容汇总见表2-2-5。

2. 不同坝高水库分布

全省高坝水库全部集中在东南诸河区，其中浙南诸河区高坝水库数量较多，钱塘江区高坝水库总库容较大，中坝水库和低坝水库在钱塘江区和浙南诸河区较多。水资源分区不同坝高水库数量与库容汇总见表2-2-6。

高坝水库数量在瓯江温溪以上区和瓯江温溪以下区较多，占水资源三级区高坝水库数量的54.3%；总库容较大的是富春江水库以上区，占水资源三级区高坝水库总库容的73.1%。大型高坝水库数量在富春江水库以上区和浙东沿海诸河区（含象山港及三门湾）较多，占水资源三级区大型高坝水库的61.5%。

中坝水库数量在富春江水库以上区、富春江水库以下区、瓯江温溪以下区和瓯江温溪以上区较多，占水资源三级区中坝水库数量的85.4%；总库容较大的是富春江水库以上区、富春江水库以下区和瓯江温溪以下区，占水资源三级区中坝水库总库容的75.6%。大型中坝水库数量在富春江水库以上区、富春江水库以下区和湖西及湖区较多，占水资源三级区大型中坝水库的76.5%。

低坝水库在富春江水库以上区和富春江水库以下区较多，占水资源三级区低坝水库数量的57.1%；总库容较大的是浙东沿海诸河区（含象山港及三门湾）、富春江水库以上区和富春江水库以下区，占水资源三级区低坝水库总库容的67.1%。大型低坝水库主要集中在富春江水库以下区、浙东沿海诸河区（含象山港及三门湾）和湖西及湖区。

（二）设区市有坝水库分布

1. 主要坝型水库分布

全省土坝水库在东北部和中部地区较多，而混凝土坝、重力坝和拱坝在东北和西南地区较多。位于杭州市境内的新安江水库为全省最大的水库，采用混凝土重力坝作为水库挡水建筑物，杭州市混凝土坝和重力坝水库的总库容占全省混凝土坝和重力坝水库总库容的比例较大。各设区市不同坝型（按建筑材料分）水库数量与总库容汇总见表2-2-7，各设区市不同坝型（按结构分）水库数量与总库容汇总见表2-2-8。

表 2-2-4　　水资源分区不同坝型（按建筑材料分）水库数量与总库容汇总表

水资源分区	土坝								混凝土坝							
	合计		大型水库		中型水库		小型水库		合计		大型水库		中型水库		小型水库	
	数量/座	总库容/亿 m^3	数量/座	总库容/亿 m^3	数量/座	总库容/亿 m^3	数量/座	总库容/亿 m^3	数量/座	总库容/亿 m^3	数量/座	总库容/亿 m^3	数量/座	总库容/亿 m^3	数量/座	总库容/亿 m^3
长江区	248	10.32	5	8.03	6	1.22	237	1.08	2	0.50	0	0	2	0.50	0	0
鄱阳湖水系	19	0.34	0	0	1	0.21	18	0.13	0	0	0	0	0	0	0	0
信江	19	0.34	0	0	1	0.21	18	0.13	0	0	0	0	0	0	0	0
饶河	0	0	0	0	0	0	0	0	0	0	0	0	0	0	0	0
太湖水系	229	9.98	5	8.03	5	1.01	219	0.94	2	0.50	0	0	2	0.50	0	0
湖西及湖区	220	9.94	5	8.03	5	1.01	210	0.91	2	0.50	0	0	2	0.50	0	0
杭嘉湖区	9	0.04	0	0	0	0	9	0.04	0	0	0	0	0	0	0	0
东南诸河区	3294	55.41	7	17.59	70	18.13	3217	19.68	293	287.01	11	271.41	37	12.32	245	3.28
钱塘江	2120	24.99	4	6.01	29	7.77	2087	11.20	94	257.17	6	251.71	8	4.26	80	1.20
富春江水库以上	1204	14.44	1	2.74	17	4.45	1186	7.24	62	242.91	3	239.16	5	2.83	54	0.93
富春江水库以下	916	10.55	3	3.27	12	3.32	901	3.96	32	14.26	3	12.55	3	1.43	26	0.27
浙东诸河	624	11.67	1	1.23	21	5.50	602	4.94	10	3.79	2	2.63	2	1.13	6	0.02
浙东沿海诸河（含象山港及三门湾）	422	10.27	1	1.23	20	5.37	401	3.67	7	3.78	2	2.63	2	1.13	3	0.02
舟山群岛	202	1.40	0	0	1	0.13	201	1.27	3	0.01	0	0	0	0	3	0.01
浙南诸河	543	18.70	2	10.35	20	4.86	521	3.49	176	25.64	3	17.07	25	6.66	148	1.90
瓯江温溪以上	154	1.33	0	0	4	0.56	150	0.77	104	19.39	1	13.93	16	4.36	87	1.10
瓯江温溪以下	389	17.37	2	10.35	16	4.30	371	2.72	72	6.24	2	3.14	9	2.30	61	0.80
闽东诸河	6	0.06	0	0	0	0	6	0.06	8	0.23	0	0	1	0.10	7	0.12
闽东诸河	6	0.06	0	0	0	0	6	0.06	8	0.23	0	0	1	0.10	7	0.12
闽江	1	0.001	0	0	0	0	1	0.001	5	0.18	0	0	1	0.16	4	0.02
闽江上游（南平以上）	1	0.001	0	0	0	0	1	0.001	5	0.18	0	0	1	0.16	4	0.02

表 2-2-5　　水资源分区不同坝型（按结构分）水库数量与总库容汇总表

水资源分区	重力坝								拱坝							
	合计		大型水库		中型水库		小型水库		合计		大型水库		中型水库		小型水库	
	数量/座	总库容/亿 m^3	数量/座	总库容/亿 m^3	数量/座	总库容/亿 m^3	数量/座	总库容/亿 m^3	数量/座	总库容/亿 m^3	数量/座	总库容/亿 m^3	数量/座	总库容/亿 m^3	数量/座	总库容/亿 m^3
长江区	6	1.99	0	0	5	1.98	1	0.003	4	0.02	0	0	0	0	4	0.02
鄱阳湖水系	0	0	0	0	0	0	0	0	0	0	0	0	0	0	0	0
信江	0	0	0	0	0	0	0	0	0	0	0	0	0	0	0	0
饶河	0	0	0	0	0	0	0	0	0	0	0	0	0	0	0	0
太湖水系	6	1.99	0	0	5	1.98	1	0.003	4	0.02	0	0	0	0	4	0.02
湖西及湖区	6	1.99	0	0	5	1.98	1	0.003	4	0.02	0	0	0	0	4	0.02
杭嘉湖区	0	0	0	0	0	0	0	0	0	0	0	0	0	0	0	0
东南诸河区	224	270.60	10	257.33	27	11.33	187	1.94	425	28.05	4	18.19	23	5.63	398	4.23
钱塘江	112	262.39	8	254.61	15	6.86	89	0.92	108	2.89	0	0	4	1.56	104	1.33
富春江水库以上	66	247.09	5	242.06	9	4.41	52	0.61	59	2.24	0	0	3	1.34	56	0.90
富春江水库以下	46	15.30	3	12.55	6	2.44	37	0.31	49	0.64	0	0	1	0.21	48	0.43
浙东诸河	18	3.97	2	2.72	2	1.13	14	0.12	32	1.36	1	1.12	0	0	31	0.24
浙东沿海诸河（含象山港及三门湾）	16	3.97	2	2.72	2	1.13	12	0.12	30	1.36	1	1.12	0	0	29	0.24
舟山群岛	2	0	0	0	0	0	2	0	2	0	0	0	0	0	2	0
浙南诸河	89	3.99	0	0	9	3.18	80	0.81	256	23.43	3	17.07	18	3.97	235	2.39
瓯江温溪以上	51	3.27	0	0	8	2.83	43	0.44	116	17.13	1	13.93	10	2.02	105	1.19
瓯江温溪以下	38	0.71	0	0	1	0.34	37	0.37	140	6.30	2	3.14	8	1.96	130	1.20
闽东诸河	1	0.06	0	0	0	0	1	0.06	25	0.36	0	0	1	0.10	24	0.25
闽东诸河	1	0.06	0	0	0	0	1	0.06	25	0.36	0	0	1	0.10	24	0.25
闽江	4	0.19	0	0	1	0.16	3	0.03	4	0.01	0	0	0	0	4	0.01
闽江上游（南平以上）	4	0.19	0	0	1	0.16	3	0.03	4	0.01	0	0	0	0	4	0.01

表 2-2-6 **水资源分区不同坝高水库数量与库容汇总表**

水资源分区	高坝水库								中坝水库								低坝水库							
	合计		大型水库		中型水库		小型水库		合计		大型水库		中型水库		小型水库		合计		大型水库		中型水库		小型水库	
	数量/座	总库容/亿 m^3	数量/座	总库容/亿 m^3	数量/座	总库容/亿 m^3	数量/座	总库容/亿 m^3	数量/座	总库容/亿 m^3	数量/座	总库容/亿 m^3	数量/座	总库容/亿 m^3	数量/座	总库容/亿 m^3	数量/座	总库容/亿 m^3	数量/座	总库容/亿 m^3	数量/座	总库容/亿 m^3	数量/座	总库容/亿 m^3
长江区	2	0.31	0	0	1	0.21	1	0.10	15	7.98	4	5.90	5	1.98	6	0.10	245	4.20	1	2.13	5	1.01	239	1.06
鄱阳湖水系	0	0	0	0	0	0	0	0	1	0.21	0	0	1	0.21	0	0	18	0.13	0	0	0	0	18	0.13
信江	0	0	0	0	0	0	0	0	1	0.21	0	0	1	0.21	0	0	18	0.13	0	0	0	0	18	0.13
饶河	0	0	0	0	0	0	0	0	0	0	0	0	0	0	0	0	0	0	0	0	0	0	0	0
太湖水系	2	0.31	0	0	1	0.21	1	0.10	14	7.77	4	5.90	4	1.77	6	0.10	227	4.07	1	2.13	5	1.01	221	0.93
湖西及湖区	2	0.31	0	0	1	0.21	1	0.10	14	7.77	4	5.90	4	1.77	6	0.10	218	4.03	1	2.13	5	1.01	212	0.89
杭嘉湖区	0	0	0	0	0	0	0	0	0	0	0	0	0	0	0	0	9	0.04	0	0	0	0	9	0.04
东南诸河区	33	331.53	13	323.93	19	7.54	1	0.05	457	68.80	13	34.61	92	26.60	352	7.59	3576	32.32	2	3.58	36	9.06	3538	19.68
钱塘江	9	244.49	5	242.65	3	1.80	1	0.05	200	40.20	9	21.72	43	15.30	148	3.18	2180	15.62	1	2.35	12	2.39	2167	10.88
富春江水库以上	6	242.54	4	241.64	1	0.86	1	0.05	115	19.13	4	6.90	26	10.23	85	2.00	1234	8.55	0	0	8	1.45	1226	7.11
富春江水库以下	3	1.95	1	1.01	2	0.94	0	0	85	21.07	5	14.82	17	5.07	63	1.18	946	7.06	1	2.35	4	0.94	941	3.78
浙东诸河	5	6.28	4	5.43	1	0.85	0	0	41	5.12	1	1.20	14	3.20	26	0.72	647	10.13	1	1.23	14	4.10	632	4.81
浙东沿海诸河（含象山港及三门湾）	5	6.28	4	5.43	1	0.85	0	0	37	4.92	1	1.20	13	3.07	23	0.66	442	8.91	1	1.23	14	4.10	427	3.59
舟山群岛	0	0	0	0	0	0	0	0	4	0.19	0	0	1	0.13	3	0.06	205	1.22	0	0	0	0	205	1.22
浙南诸河	19	80.76	4	75.86	15	4.89	0	0	203	23.03	3	11.70	33	7.83	167	3.50	717	6.33	0	0	10	2.58	707	3.75
瓯江温溪以上	11	58.38	2	55.83	9	2.55	0	0	95	5.16	0	0	15	3.44	80	1.72	235	2.07	0	0	4	1.06	231	1.01
瓯江温溪以下	8	22.38	2	20.03	6	2.34	0	0	108	17.87	3	11.70	18	4.39	87	1.78	482	4.26	0	0	6	1.52	476	2.74
闽东诸河	0	0	0	0	0	0	0	0	7	0.26	0	0	1	0.10	6	0.15	28	0.25	0	0	0	0	28	0.25
闽东诸河	0	0	0	0	0	0	0	0	7	0.26	0	0	1	0.10	6	0.15	28	0.25	0	0	0	0	28	0.25
闽江	0	0	0	0	0	0	0	0	6	0.20	0	0	1	0.16	5	0.03	4	0.01	0	0	0	0	4	0.01
闽江上游（南平以上）	0	0	0	0	0	0	0	0	6	0.20	0	0	1	0.16	5	0.03	4	0.01	0	0	0	0	4	0.01

表 2-2-7　各设区市不同坝型（按建筑材料分）水库数量与总库容汇总表

行政区划	土坝								混凝土坝							
	合计		大型水库		中型水库		小型水库		合计		大型水库		中型水库		小型水库	
	数量/座	总库容/亿 m^3	数量/座	总库容/亿 m^3	数量/座	总库容/亿 m^3	数量/座	总库容/亿 m^3	数量/座	总库容/亿 m^3	数量/座	总库容/亿 m^3	数量/座	总库容/亿 m^3	数量/座	总库容/亿 m^3
全省	3542	65.73	12	25.62	76	19.35	3454	20.76	295	287.51	11	271.41	39	12.82	245	3.28
杭州市	554	4.35	1	2.13	1	0.14	552	2.09	20	228.97	3	226.95	4	1.78	13	0.24
宁波市	359	9.82	1	1.23	20	5.37	338	3.23	4	3.77	2	2.63	2	1.13	0	0
温州市	149	3.53	0	0	8	2.71	141	0.82	41	2.56	0	0	8	2.12	33	0.44
嘉兴市	1	0.03	0	0	0	0	1	0.03	0	0	0	0	0	0	0	0
湖州市	152	7.59	4	5.90	5	1.01	143	0.68	1	0.21	0	0	1	0.21	0	0
绍兴市	509	7.83	3	3.27	9	2.08	497	2.48	9	2.05	1	1.86	1	0.15	7	0.03
金华市	728	12.36	1	2.74	16	5.18	711	4.44	45	0.96	0	0	1	0.30	44	0.67
衢州市	430	3.26	0	0	4	0.58	426	2.67	13	25.44	2	22.90	3	2.40	8	0.15
舟山市	202	1.40	0	0	1	0.13	201	1.27	3	0.01	0	0	0	0	3	0.01
台州市	293	14.23	2	10.35	8	1.59	283	2.29	26	3.44	2	3.14	0	0	24	0.29
丽水市	165	1.33	0	0	4	0.56	161	0.77	133	20.10	1	13.93	19	4.72	113	1.45

表 2-2-8　　各设区市不同坝型（按结构分）水库数量与总库容汇总表

行政区划	重力坝								拱坝							
	合计		大型水库		中型水库		小型水库		合计		大型水库		中型水库		小型水库	
	数量/座	总库容/亿 m^3	数量/座	总库容/亿 m^3	数量/座	总库容/亿 m^3	数量/座	总库容/亿 m^3	数量/座	总库容/亿 m^3	数量/座	总库容/亿 m^3	数量/座	总库容/亿 m^3	数量/座	总库容/亿 m^3
全省	230	272.59	10	257.33	32	13.31	188	1.94	429	28.07	4	18.19	23	5.63	402	4.25
杭州市	41	231.02	3	226.95	9	3.76	29	0.31	17	0.40	0	0	1	0.17	16	0.23
宁波市	18	3.97	2	2.72	2	1.13	14	0.12	30	1.35	1	1.12	0	0	29	0.23
温州市	16	0.50	0	0	1	0.34	15	0.15	137	2.98	0	0	7	1.78	130	1.19
嘉兴市	0	0	0	0	0	0	0	0	0	0	0	0	0	0	0	0
湖州市	2	1.21	0	0	2	1.21	0	0	1	0	0	0	0	0	1	0
绍兴市	13	2.21	1	1.86	2	0.25	10	0.09	26	0.36	0	0	1	0.21	25	0.15
金华市	35	3.16	1	1.19	3	1.61	31	0.35	46	1.06	0	0	1	0.30	45	0.77
衢州市	25	26.73	3	24.61	4	2.01	18	0.11	13	1.10	0	0	1	0.96	12	0.15
舟山市	2	0	0	0	0	0	2	0	2	0	0	0	0	0	2	0
台州市	18	0.25	0	0	0	0	18	0.25	22	3.26	2	3.14	0	0	20	0.12
丽水市	60	3.54	0	0	9	3.00	51	0.54	135	17.55	1	13.93	12	2.22	122	1.40

土坝水库数量在金华市、杭州市、绍兴市和衢州市较多，共占全省土坝水库数量的62.7%；土坝水库总库容较大的有台州市、金华市和宁波市，共占全省土坝水库总库容的55.4%。大型土坝水库数量在湖州市和绍兴市较多，共占全省大型土坝水库的58.3%。

混凝土坝水库数量在丽水市、金华市和温州市较多，共占全省混凝土坝水库数量的74.2%；混凝土坝水库总库容较大的是杭州市，占全省混凝土坝水库总库容的79.6%。大型混凝土坝水库数量在杭州市、宁波市、衢州市和台州市较多，共占全省大型混凝土坝水库的81.8%。

重力坝水库数量在丽水市、杭州市和金华市较多，共占全省重力坝水库数量的59.1%；重力坝水库总库容较大的是杭州市，占全省重力坝水库总库容的84.8%。大型重力坝水库数量在杭州市和衢州市较多，共占全省大型重力坝水库的60.0%。

拱坝水库数量在温州市和丽水市较多，共占全省拱坝水库数量的63.4%；拱坝水库总库容较大的是丽水市，占全省拱坝水库总库容的62.5%。大型拱坝水库主要分布在台州市、丽水市和宁波市。

2. 不同坝高水库分布

浙江省西南部地区高坝水库相对较多，中部地区中坝水库相对较多，东北部地区和中部地区低坝水库相对较多，与全省的地形变化情况相符。此外，省内最大的新安江水库挡水主坝为高坝，杭州市高坝水库总库容在省内所占比例较大。各设区市不同坝高的水库数量与总库容汇总见表2-2-9，各设区市高坝水库数量和总库容分布分别如图2-2-7和图2-2-8所示。

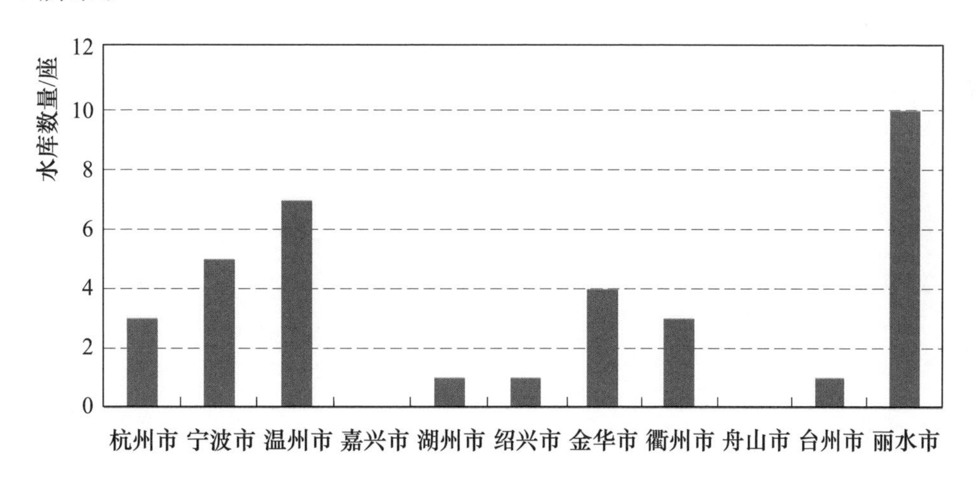

图2-2-7 各设区市高坝水库数量分布图

高坝水库数量在丽水市、温州市和宁波市较多，共占全省高坝水库数量的62.9%；高坝水库总库容最大的是杭州市，占全省高坝水库总库容的65.5%。大型高坝水库数量在宁波市和衢州市较多，共占全省大型高坝水库的53.8%。

中坝水库数量在丽水市、金华市和杭州市较多，共占全省中坝水库数量的58.1%；中坝水库总库容较大的是杭州市、金华市和台州市，共占全省中坝水库总库容的54.5%。大型中坝水库数量在湖州市、绍兴市和台州市较多，共占全省大型高坝水库的58.8%。

表 2-2-9　　各设区市不同坝高水库数量与总库容汇总表

行政区划	高　坝										中　坝										低　坝			
	合　计		大型水库		中型水库		小型水库		合　计		大型水库		中型水库		小型水库		合　计		大型水库		中型水库		小型水库	
	数量/座	总库容/亿 m^3	数量/座	总库容/亿 m^3	数量/座	总库容/亿 m^3	数量/座	总库容/亿 m^3	数量/座	总库容/亿 m^3	数量/座	总库容/亿 m^3	数量/座	总库容/亿 m^3	数量/座	总库容/亿 m^3	数量/座	总库容/亿 m^3	数量/座	总库容/亿 m^3	数量/座	总库容/亿 m^3	数量/座	总库容/亿 m^3
全省	35	331.83	13	323.93	20	7.75	2	0.15	472	76.78	17	40.51	97	28.58	358	7.69	3821	36.52	3	5.71	41	10.07	3777	20.74
杭州市	3	217.30	1	216.26	2	1.04	0	0	80	15.17	2	10.69	11	3.41	67	1.07	555	4.04	1	2.13	0	0	554	1.91
宁波市	5	6.28	4	5.43	1	0.85	0	0	35	4.46	1	1.20	11	2.60	23	0.66	381	8.46	1	1.23	14	4.10	366	3.14
温州市	7	20.58	1	18.24	6	2.34	0	0	58	4.43	0	0	12	3.42	46	1.01	260	1.66	0	0	1	0.34	259	1.32
嘉兴市	0	0	0	0	0	0	0	0	0	0	0	0	0	0	0	0	1	0.03	0	0	0	0	1	0.03
湖州市	1	0.09	0	0	0	0	1	0.09	8	7.15	4	5.90	2	1.21	2	0.04	148	1.68	0	0	5	1.01	143	0.67
绍兴市	1	1.01	1	1.01	0	0	0	0	28	6.11	3	4.13	8	1.61	17	0.37	525	5.66	1	2.35	4	0.94	520	2.37
金华市	4	1.32	0	0	3	1.27	1	0.05	81	13.02	2	3.93	19	7.43	60	1.65	741	5.32	0	0	5	1.07	736	4.25
衢州市	3	25.38	3	25.38	0	0	0	0	20	6.42	2	2.97	6	3.18	12	0.28	447	3.03	0	0	3	0.38	444	2.65
舟山市	0	0	0	0	0	0	0	0	4	0.19	0	0	1	0.13	3	0.06	205	1.22	0	0	0	0	205	1.22
台州市	1	1.79	1	1.79	0	0	0	0	45	13.67	3	11.70	7	1.26	35	0.72	299	3.22	0	0	5	1.18	294	2.04
丽水市	10	58.09	2	55.83	8	2.26	0	0	113	6.16	0	0	20	4.33	93	1.82	259	2.21	0	0	4	1.06	255	1.15

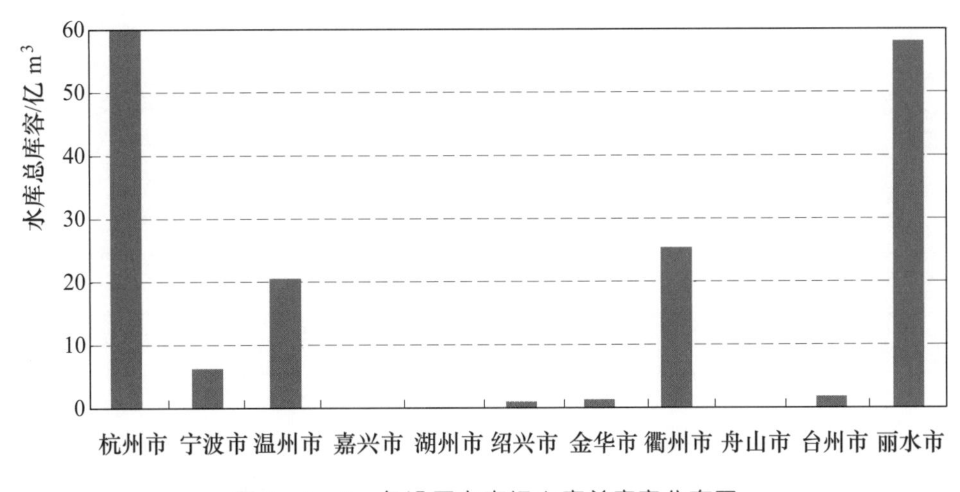

图 2-2-8　各设区市高坝水库总库容分布图

低坝水库数量在金华市、杭州市、绍兴市和衢州市较多，共占全省低坝水库数量的 59.4%；低坝水库总库容较大的是宁波市、绍兴市和金华市，共占全省低坝水库总库容的 53.2%；大型低坝水库仅分布在杭州市、宁波市和绍兴市。

第三节　水库功能与作用

一、总体情况

水库的功能与作用包括防洪、发电、供水、灌溉和养殖等。全省总库容 10 万 m^3 及以上的水库共 4334 座，总库容 445.26 亿 m^3，兴利库容 226.90 亿 m^3，防洪库容 46.01 亿 m^3。其中，具有两项及以上功能的水库共 3087 座，总库容 216.51 亿 m^3，分别占全省水库数量和总库容的 71.2%和 48.6%；仅具有 1 项功能的水库共 1247 座，总库容 228.75 亿 m^3，分别占全省水库数量和总库容的 28.8%和 51.4%。

从水库功能看，全省有防洪任务的水库共 1448 座，总库容 413.35 亿 m^3，分别占全省水库数量和总库容的 33.4%和 92.8%，其中，已建水库 1444 座，总库容 411.55 亿 m^3，防洪库容 45.23 亿 m^3；有发电任务的水库共 923 座，总库容 411.51 亿 m^3，分别占全省水库数量和总库容的 21.3%和 92.4%，其中，已建水库 912 座，总库容 410.13m^3，兴利库容 203.12 亿 m^3；有供水任务的水库共 2228 座，总库容 142.51 亿 m^3，分别占全省水库数量和总库容的 51.4%和 32.0%，其中，已建水库 2207 座，总库容 141.11 亿 m^3，兴利库容 79.09 亿 m^3；有灌溉任务的水库共 3572 座，总库容 122.59 亿 m^3，分别占全省水库数量和总库容的 82.4%和 27.5%，其中，已建水库 3558 座，总库容 121.30 亿 m^3，兴利库容 70.40 亿 m^3。全省不同功能水库数量与特征库容汇总见表 2-3-1，全省不同功能水库数量与总库容分布情况分别如图 2-3-1 和图 2-3-2 所示。

表 2-3-1　　全省不同功能水库数量与特征库容汇总表

主要指标	水库功能				
	防洪	发电	供水	灌溉	养殖
数量/座	1448	923	2228	3572	969
总库容/亿 m^3	413.35	411.51	142.51	122.59	59.32
兴利库容/亿 m^3	206.5	203.59	80.07	71.31	31.97
防洪库容/亿 m^3	46.01	40.98	29.2	24.83	11.59

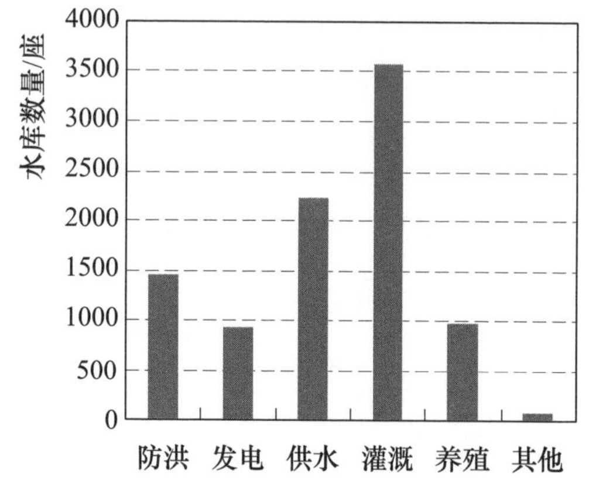

图 2-3-1　全省不同功能水库数量图

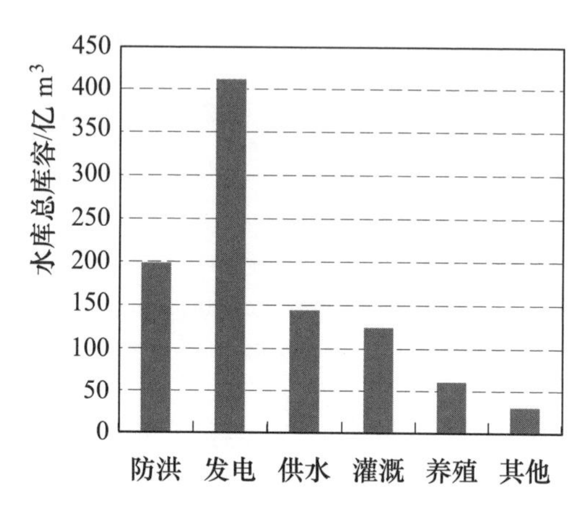

图 2-3-2　全省不同功能水库总库容图

二、区域水库功能与作用

（一）水资源分区水库功能与作用

全省有防洪、发电、供水和灌溉任务的水库主要分布在东南诸河区内的钱塘江区。水资源三级区中，有防洪、供水和灌溉任务的水库主要分布在富春江水库以上区和富春江水库以下区，分别占全省有防洪、供水和灌溉任务水库数量的 70.3%、59.1%和 62.5%；有发电任务的水库主要分布在瓯江温溪以下区和瓯江温溪以上区，占全省有发电任务水库数量的 51.7%。

从不同功能的已建水库特征库容看，富春江水库以上区有防洪任务的水库防洪库容占全省防洪库容的比例较大，为 46.1%；富春江水库以上区有发电任务的水库兴利库容占全省发电水库兴利库容的比例较大，为 63.8%；富春江水库以上区和瓯江温溪以下区有供水任务的水库兴利库容占全省供水水库兴利库容的比例较大，分别为 39.3%和 23.1%；富春江水库以上区和瓯江温溪以下区有灌溉任务的水库兴利库容占全省灌溉水库兴利库容的比例较大，分别为 46.3%和 16.3%。水资源分区不同功能的水库数量与特征库容汇总见表 2-3-2。

（二）各设区市水库功能与作用

全省具有防洪、供水和灌溉任务的水库主要分布在中部地区，具有发电任务的水库主要分布在西南部地区。从设区市看，全省有防洪任务的水库主要分布在金华市、绍兴市和

表 2-3-2　　水资源分区不同功能的水库数量与特征库容汇总表

水资源分区	水库功能														
	防洪			发电			供水			灌溉			养殖		
	数量/座	总库容/亿 m^3	已建水库防洪库容/亿 m^3	数量/座	总库容/亿 m^3	已建水库兴利库容/亿 m^3	数量/座	总库容/亿 m^3	已建水库兴利库容/亿 m^3	数量/座	总库容/亿 m^3	已建水库兴利库容/亿 m^3	数量/座	总库容/亿 m^3	已建水库兴利库容/亿 m^3
长江区	161	12.04	4.03	20	9.11	3.37	143	8.67	4.14	246	9.71	3.77	42	3.69	1.00
鄱阳湖水系	2	0.22	0.06	1	0.21	0.16	2	0.21	0.16	19	0.34	0.27	16	0.10	0.08
信江	2	0.22	0.06	1	0.21	0.16	2	0.21	0.16	19	0.34	0.27	16	0.10	0.08
饶河	0	0	0	0	0	0	0	0	0	0	0	0	0	0	0
太湖水系	159	11.82	3.96	19	8.90	3.21	141	8.46	3.98	227	9.37	3.51	26	3.59	0.92
湖西及湖区	159	11.82	3.96	19	8.90	3.21	140	8.44	3.98	221	9.36	3.50	26	3.59	0.92
杭嘉湖区	0	0	0	0	0	0	1	0.03	0	6	0.01	0.01	0	0	0
东南诸河区	1286	185.05	41.20	903	402.40	199.75	2085	133.84	74.95	3326	112.88	66.63	927	55.63	30.97
钱塘江	1017	74.05	27.11	312	283.18	139.23	1316	74.28	41.76	2232	73.80	42.08	763	14.34	9.84
富春江水库以上	636	46.92	21.19	169	259.42	129.53	715	49.33	31.08	1261	51.34	32.60	459	7.32	5.25
富春江水库以下	381	27.13	5.92	143	23.76	9.70	601	24.96	10.67	971	22.46	9.49	304	7.02	4.59
浙东诸河	36	11.15	2.51	77	12.01	8.56	442	19.60	13.59	529	17.41	11.84	54	7.27	4.72
浙东沿海诸河（含象山港及三门湾）	36	11.15	2.51	77	12.01	8.56	289	18.37	12.82	396	16.48	11.16	54	7.27	4.72
舟山群岛	0	0	0	0	0	0	153	1.23	0.76	133	0.93	0.68	0	0	0
浙南诸河	232	99.68	11.51	477	106.53	51.59	317	39.71	19.46	553	21.58	12.66	107	33.90	16.34
瓯江温溪以上	28	59.85	4.56	199	64.89	31.03	101	2.05	1.22	180	1.94	1.20	26	0.30	0.21
瓯江温溪以下	204	39.83	6.95	278	41.64	20.56	216	37.66	18.24	373	19.64	11.46	81	33.60	16.13
闽东诸河	0	0	0	30	0.48	0.24	8	0.08	0.04	9	0.08	0.04	2	0.12	0.08
闽东诸河	0	0	0	30	0.48	0.24	8	0.08	0.04	9	0.08	0.04	2	0.12	0.08
闽江	1	0.16	0.06	7	0.20	0.12	2	0.17	0.11	3	0.02	0.01	1	0.001	0.001
闽江上游（南平以上）	1	0.16	0.06	7	0.20	0.12	2	0.17	0.11	3	0.02	0.01	1	0.001	0.001

表 2-3-3　各设区市不同功能的水库数量与特征库容汇总表

行政区划	有防洪任务的水库			有发电任务的水库			有供水任务的水库			有灌溉任务的水库			有航运任务的水库			有养殖任务的水库		
	数量/座	总库容/亿 m^3	已建水库防洪库容/亿 m^3	数量/座	总库容/亿 m^3	已建水库兴利库容/亿 m^3	数量/座	总库容/亿 m^3	已建水库兴利库容/亿 m^3	数量/座	总库容/亿 m^3	已建水库兴利库容/亿 m^3	数量/座	总库容/亿 m^3	已建水库兴利库容/亿 m^3	数量/座	总库容/亿 m^3	已建水库兴利库容/亿 m^3
全省	1447	197.09	45.23	923	411.51	203.12	2228	142.51	79.09	3572	122.59	70.40	12	27.49	7.71	969	59.32	31.97
杭州市	107	17.43	13.87	70	234.25	107.59	236	13.90	3.47	591	16.47	4.81	1	8.76	0.76	56	2.82	0.70
宁波市	29	10.66	2.42	72	11.78	8.39	248	17.54	12.22	333	15.72	10.62	1	0.54	0.38	54	7.27	4.72
温州市	22	22.70	3.19	206	25.23	10.70	117	23.32	9.76	132	4.09	2.20	0	0	0	5	18.41	7.07
嘉兴市	0	0	0	0	0	0	1	0.03	0	0	0	0	0	0	0	0	0	0
湖州市	155	8.91	2.74	13	5.97	2.42	109	7.53	3.44	147	6.49	2.69	1	0.01	0	19	1.43	0.58
绍兴市	241	11.15	2.79	73	7.90	5.00	352	11.22	7.09	531	8.25	4.98	0	0	0	249	5.25	3.48
金华市	471	17.36	2.51	118	13.43	9.31	591	17.02	11.90	774	18.62	13.05	0	0	0	150	4.58	3.28
衢州市	207	31.72	9.31	43	30.58	18.10	179	33.22	19.90	448	33.93	20.42	1	0	0	319	3.86	2.73
舟山市	0	0	0	0	0	0	153	1.23	0.76	133	0.93	0.68	0	0	0	0	0	0
台州市	188	17.48	3.76	96	16.62	9.93	130	15.16	9.04	293	16.25	9.74	1	1.79	0.91	78	15.32	9.14
丽水市	27	59.66	4.64	232	65.76	31.67	112	2.36	1.51	190	1.85	1.21	7	16.38	5.66	39	0.38	0.27

衢州市，占全省有防洪任务水库数量的63.5%；有发电任务的水库主要分布在丽水市、温州市和金华市，占全省有发电任务水库数量的60.2%；有供水任务的水库主要分布在金华市、绍兴市、宁波市和杭州市，占全省有供水任务水库数量的64.0%；有灌溉任务的水库主要分布在金华市、杭州市和绍兴市，占全省有灌溉任务水库数量的53.1%。各设区市不同功能的水库数量与特征库容汇总见表2-3-3，各设区市不同功能水库的防洪库容和兴利库容分布如图2-3-3～图2-3-7所示。

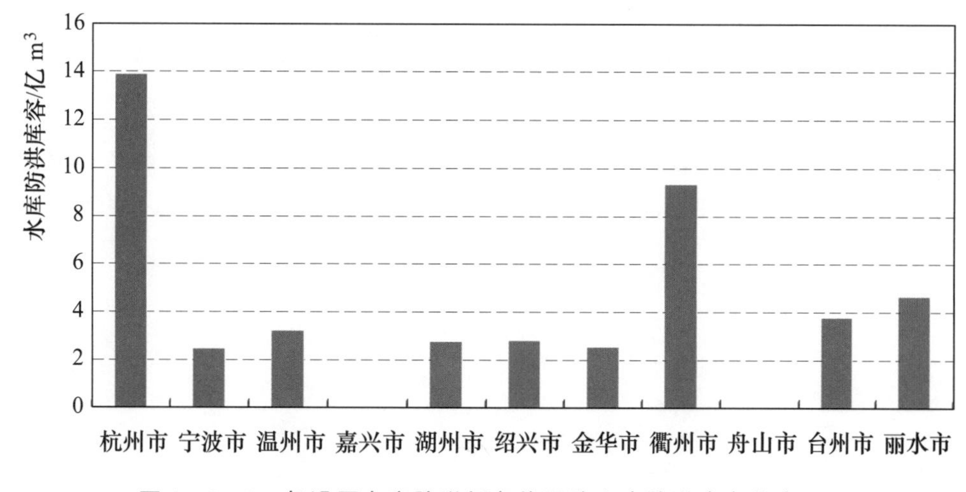

图2-3-3　各设区市有防洪任务的已建水库防洪库容分布图

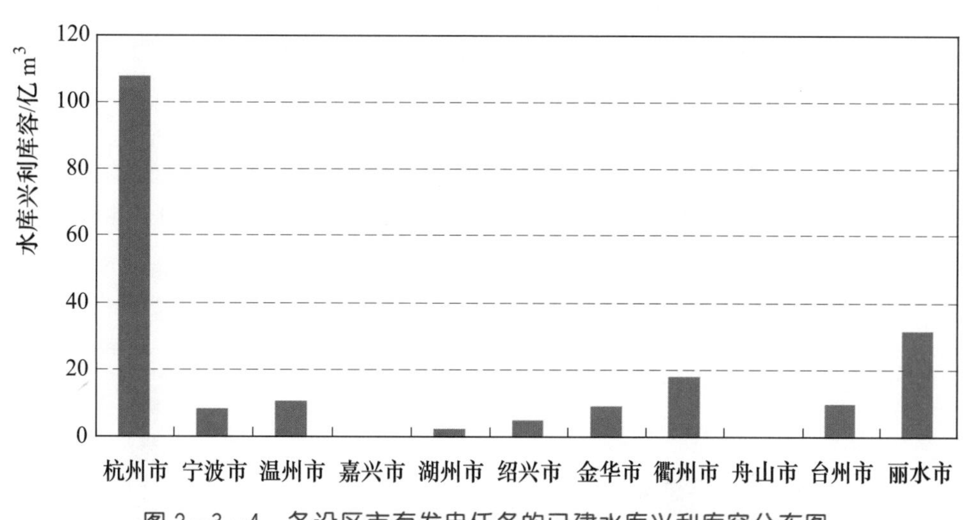

图2-3-4　各设区市有发电任务的已建水库兴利库容分布图

从不同功能已建水库特征库容看，杭州市和衢州市有防洪任务的水库防洪库容占全省防洪库容的比例较大，分别为30.7%和20.6%；具有发电任务的新安江水库位于杭州市境内，杭州市有发电任务的水库兴利库容占全省发电水库的兴利库容的比例较大，为53.0%；衢州市、宁波市和金华市有供水任务的水库兴利库容占全省供水水库的兴利库容的比例较大，分别为25.2%、15.5%和15.0%；衢州市、金华市和宁波市有灌溉任务的水库兴利库容占全省灌溉水库的兴利库容的比例较大，分别为29.0%、18.5%和15.1%。

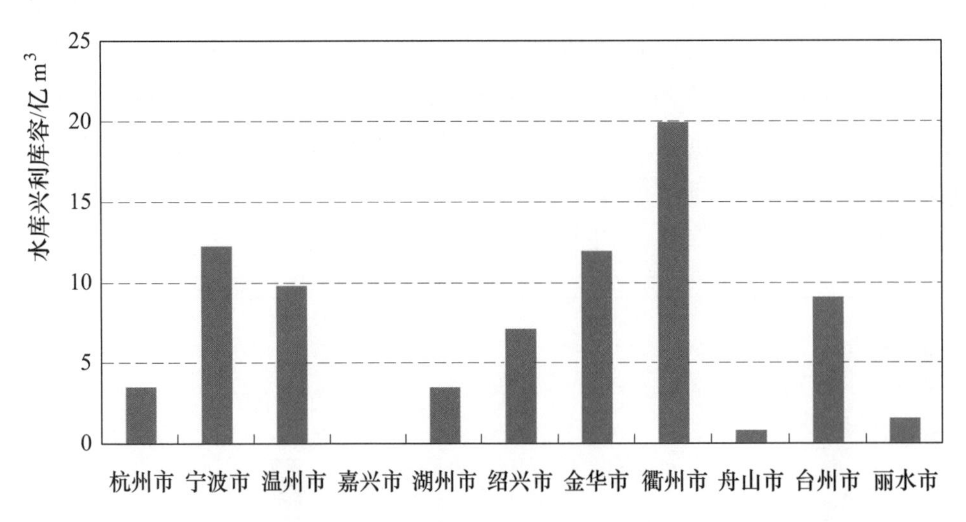

图 2-3-5　各设区市有供水任务的已建水库兴利库容分布图

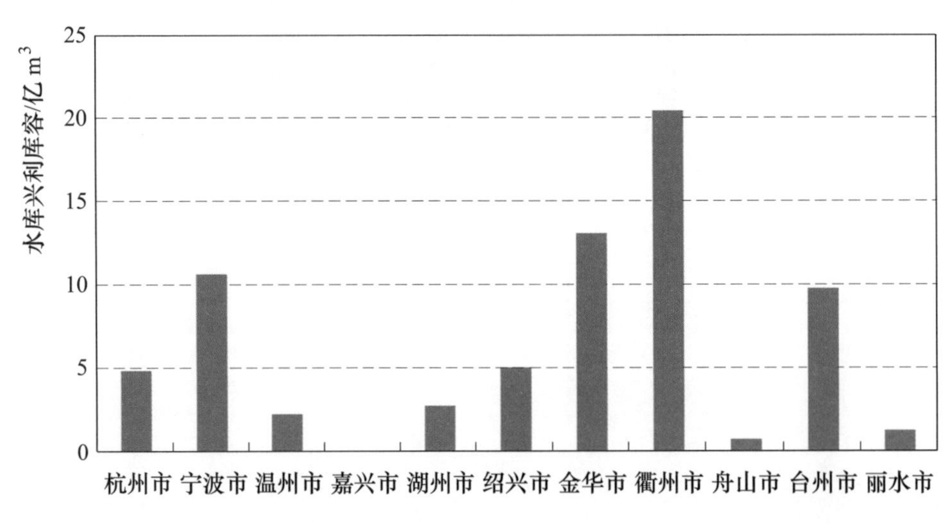

图 2-3-6　各设区市有灌溉任务的已建水库兴利库容分布图

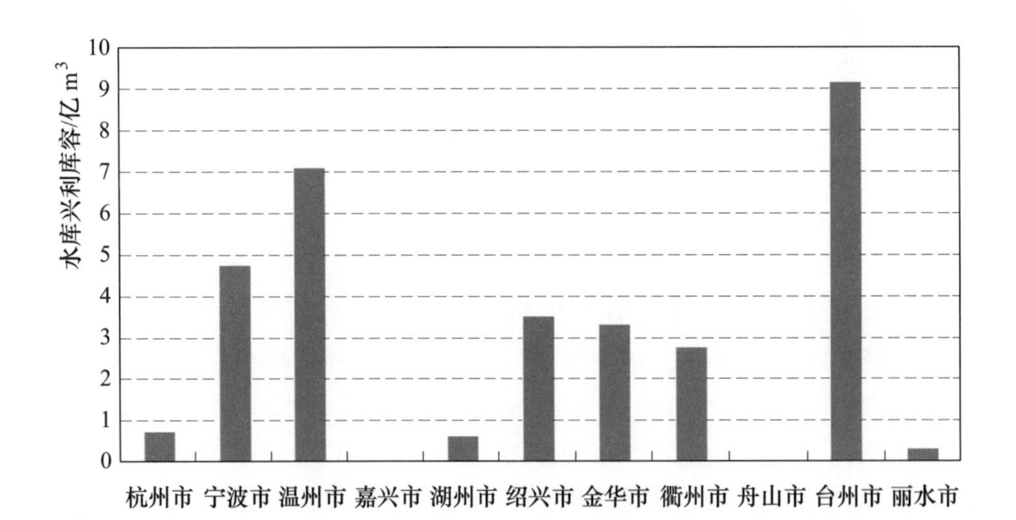

图 2-3-7　各设区市有养殖任务的已建水库兴利库容分布图

三、灌溉水库兴利库容耕地占有情况

全省有灌溉任务的水库（以下简称灌溉水库）3572 座，兴利库容 71.31 亿 m^3，其中已建灌溉水库兴利库容 70.40 亿 m^3。全省每公顷兴利库容占有量为 2527m^3，而全国每公顷兴利库容占有量为 1255m^3，全省每公顷兴利库容占有量高于全国平均水平。衢州市、金华市、台州市、宁波市和舟山市每公顷耕地灌溉水库兴利库容占有量较大，分别为 8996m^3、4760m^3、3826m^3、3379m^3 和 2886m^3，绍兴市和杭州市也超过了全国平均水平，湖州市、温州市和丽水市均低于全国平均水平。此外，嘉兴市没有灌溉水库。各设区市单位面积耕地灌溉水库兴利库容占有量统计见表 2－3－4，各设区市单位面积耕地灌溉水库兴利库容分布如图 2－3－8 所示。

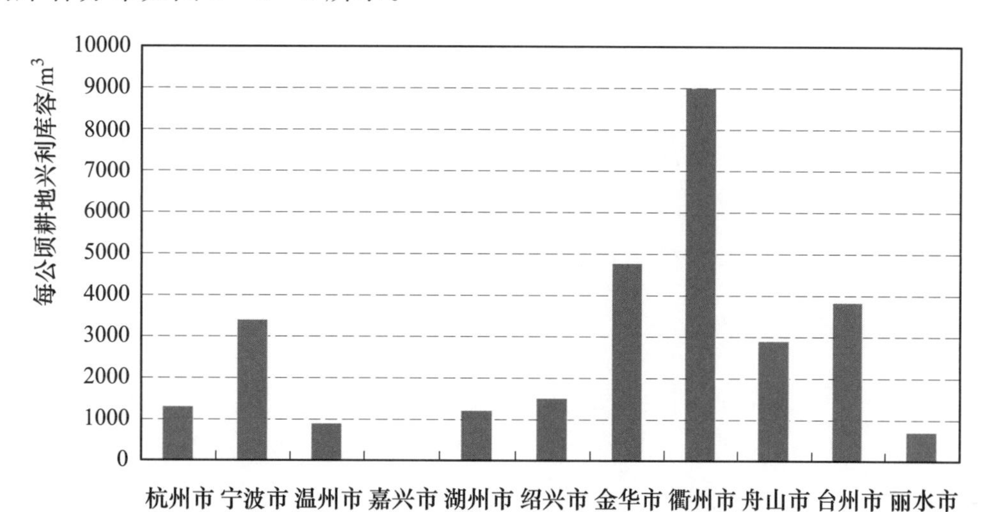

图 2－3－8　各设区市单位面积耕地灌溉水库兴利库容分布图

表 2－3－4　　各设区市单位面积耕地灌溉水库兴利库容占有量统计表

行政区划	已建灌溉水库兴利库容/亿 m^3	每公顷耕地兴利库容占有量/m^3	行政区划	已建灌溉水库兴利库容/亿 m^3	每公顷耕地兴利库容占有量/m^3
全省	70.40	2527	绍兴市	4.98	1497
杭州市	4.81	1289	金华市	13.05	4760
宁波市	10.62	3379	衢州市	20.42	8996
温州市	2.20	884	舟山市	0.68	2886
嘉兴市	0	0	台州市	9.74	3826
湖州市	2.69	1198	丽水市	1.21	699

第四节　水 库 供 水 能 力

一、总体情况

水库的供水能力是指水库满足区域用水要求的能力，用水库的设计年供水量表示。全省有供水或灌溉任务的水库共3785座，设计年供水量为108.63亿m^3。其中，已建水库的设计年供水量为107.36亿m^3，在建水库的设计年供水量1.27亿m^3。大型水库的设计年供水量占全省水库设计年供水量38.9%；中型水库的设计年供水量占36.8%；小型水库的设计年供水量占24.3%。全省不同规模有供水任务的水库数量与设计年供水量汇总见表2-4-1。

表2-4-1　　全省不同规模有供水任务的水库数量与设计年供水量汇总表

项　目	合　计	大型水库	中型水库	小型水库
水库数量/座	3785	28	120	3637
设计年供水量/亿m^3	108.63	42.24	39.98	26.41

按水库的设计年供水量分类统计，全省设计年供水量≥1亿m^3的水库有21座，设计年供水量50.82亿m^3，占全省水库设计年供水量的46.8%；1亿m^3>设计年供水量≥0.1亿m^3的水库共112座，设计年供水量32.88亿m^3，占全省的30.3%；0.1亿m^3>设计年供水量≥0.01亿m^3的水库604座，设计年供水量16.18亿m^3，占全省的14.9%；设计年供水量<0.001亿m^3的水库3048座，设计年供水量8.75亿m^3，占全省的8.1%。

二、水资源分区水库供水能力

水资源二级区中，东南诸河区内的钱塘江区水库供水能力较大，其设计年供水量占全省水库设计年供水量的53.4%。水资源三级区中，富春江水库以上区、瓯江温溪以下区和富春江水库以下区的水库设计年供水量较大，分别占全省水库设计年供水量的35.1%、22.1%和18.3%；从水库规模看，富春江水库以上区和富春江水库以下区大型水库的设计年供水量较大，分别占相应大型水库设计年供水量的37.9%和20.9%。水资源分区水库设计年供水量汇总见表2-4-2。

表2-4-2　　水资源分区水库设计年供水量汇总表　　单位：亿m^3

水资源分区	合计	按水库规模分			按建设情况分	
		大型水库	中型水库	小型水库	已建水库	在建水库
长江区	5.31	2.32	1.90	1.09	5.30	0
鄱阳湖水系	0.22	0	0.13	0.09	0.22	0
信江	0.22	0	0.13	0.09	0.22	0
饶河	0	0	0	0	0	0
太湖水系	5.08	2.32	1.77	0.99	5.08	0
湖西及湖区	5.07	2.32	1.77	0.98	5.07	0
杭嘉湖区	0.01	0	0	0.01	0.01	0
东南诸河区	103.32	39.92	38.08	25.32	102.05	1.28
钱塘江	58.00	24.84	17.75	15.41	57.80	0.20

续表

水资源分区	合计	按水库规模分			按建设情况分	
		大型水库	中型水库	小型水库	已建水库	在建水库
富春江水库以上	38.18	16.03	13.29	8.86	37.97	0.20
富春江水库以下	19.83	8.82	4.46	6.55	19.83	0
浙东诸河	18.16	7.24	6.10	4.83	17.41	0.75
浙东沿海诸河（含象山港及三门湾）	16.99	7.24	6.02	3.73	16.24	0.75
舟山群岛	1.17	0	0.08	1.09	1.17	0
浙南诸河	26.98	7.85	14.11	5.02	26.67	0.30
瓯江温溪以上	2.93	0	1.60	1.33	2.87	0.06
瓯江温溪以下	24.05	7.85	12.51	3.69	23.81	0.24
闽东诸河	0.06	0	0	0.06	0.04	0.02
闽东诸河	0.06	0	0	0.06	0.04	0.02
闽江	0.13	0	0.12	0.01	0.13	0
闽江上游（南平以上）	0.13	0	0.12	0.01	0.13	0

三、设区市水库供水能力

各设区市中，水库设计年供水量较大的是衢州市、金华市和宁波市，分别占全省水库设计年供水量的21.4%、15.3%和14.7%。大型水库设计年供水量较大的是衢州市、绍兴市和台州市，分别占全省大型水库设计年供水量的31.0%、18.4%和18.3%；中型水库设计年供水量较大的是温州市、金华市和衢州市，分别占全省中型水库设计年供水量的28.1%、19.6%和18.0%；小型水库设计年供水量较大的是金华市、杭州市、宁波市和绍兴市，分别占全省小型水库设计年供水量的22.0%、15.4%、12.3%和12.0%。各设区市水库设计年供水量汇总见表2-4-3，各设区市已建水库年供水量分布如图2-4-1所示。

表2-4-3　　各设区市水库设计年供水量汇总表　　单位：亿m^3

行政区划	合计	按水库规模分			按建设情况分	
		大型水库	中型水库	小型水库	已建水库	在建水库
全省	108.63	42.24	39.98	26.41	107.35	1.28
杭州市	6.38	1.10	1.23	4.06	6.35	0.03
宁波市	15.99	7.24	5.51	3.24	15.26	0.73
温州市	12.84	0.14	11.25	1.45	12.59	0.26
嘉兴市	0	0	0	0	0	0
湖州市	4.33	2.28	1.37	0.68	4.33	0

续表

行政区划	合计	按水库规模分			按建设情况分	
		大型水库	中型水库	小型水库	已建水库	在建水库
绍兴市	12.96	7.76	2.02	3.17	12.96	0
金华市	16.57	2.95	7.82	5.80	16.34	0.23
衢州市	23.30	13.08	7.21	3.01	23.30	0
舟山市	1.17	0	0.08	1.09	1.17	0
台州市	12.17	7.71	1.77	2.69	12.15	0.02
丽水市	2.91	0.00	1.72	1.19	2.91	0

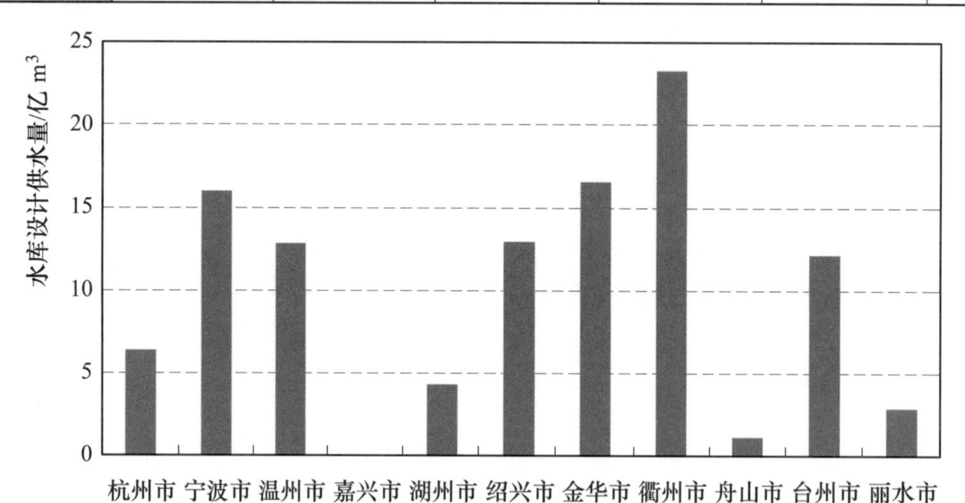

图 2-4-1 各设区市水库设计供水量分布图

四、水库供水量人均占有情况

浙江省人均水库设计年供水量高于全国平均水平。全省水库设计年供水量为 108.63 亿 m^3，人均水库设计年供水量为 227m^3，全国人均水库设计年供水量为 212m^3。衢州市、金华市、绍兴市和宁波市人均水库设计年供水量较大，分别为 923m^3、353m^3、294m^3 和 277m^3，其他各设区市人均水库设计年供水量均低于全国平均水平。各设区市人均水库设计年供水量统计见表 2-4-4，各设区市人均水库设计年供水量分布如图 2-4-2 所示。

表 2-4-4　　　　各设区市人均水库设计年供水量统计表

行政区划	设计年供水量/亿 m^3	人均设计年供水量/m^3	行政区划	设计年供水量/亿 m^3	人均设计年供水量/m^3
全省	108.63	227.19	绍兴市	12.96	294.46
杭州市	6.38	91.72	金华市	16.57	353.23
宁波市	15.99	277.40	衢州市	23.30	922.54
温州市	12.84	160.88	舟山市	1.17	120.60
嘉兴市	0	0	台州市	12.17	207.43
湖州市	4.33	165.97	丽水市	2.91	111.54

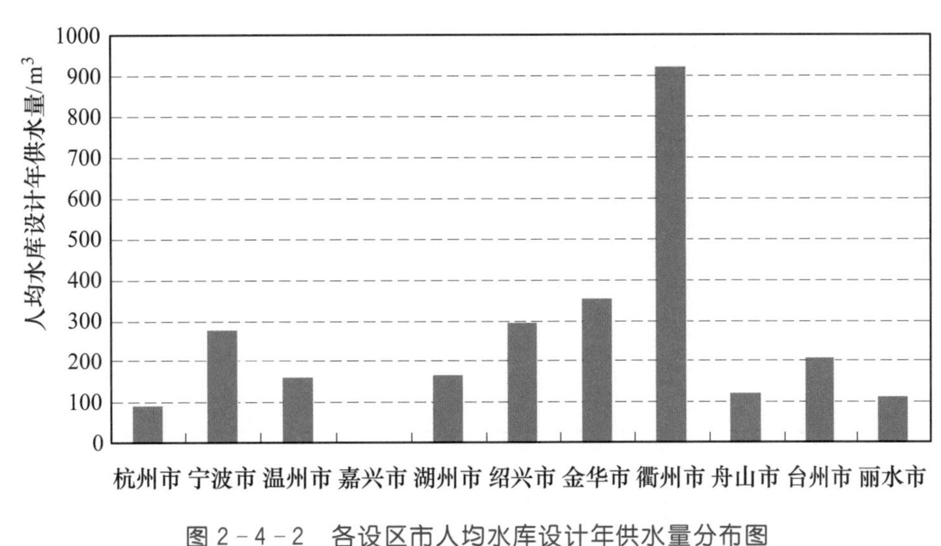

图 2-4-2　各设区市人均水库设计年供水量分布图

第五节　水库建设情况

一、已建和在建水库数量与分布

截至 2011 年年底，全省共有已建水库 4303 座，总库容 442.03 亿 m³，分别占全省水库数量和总库容的 99.3%和 99.3%，占全国已建水库数量和总库容的 4.4%和 5.5%；在建水库 31 座，总库容 3.23 亿 m³，占全省水库数量和总库容均为 0.7%，占全国在建水库数量和总库容的 4.1%和 0.3%。

已建水库数量较多的是金华市、杭州市、绍兴市和衢州市，分别占全省已建水库数量的 19.0%、14.7%、12.9%和 10.9%；已建水库总库容较大的是杭州市，占全省已建水库总库容的 53.5%。在建水库数量较多的是金华市、台州市和温州市，分别占全省在建水库数量的 22.6%、16.1%和 16.1%；在建水库总库容较大的是湖州市和丽水市，分别占全省在建水库总库容的 34.4%和 19.5%。各设区市不同建设情况水库数量与总库容汇总见表 2-5-1，各设区市已建和在建水库数量与总库容分布分别如图 2-5-1 和图 2-5-2 所示。

表 2-5-1　　各设区市不同建设情况水库数量与总库容汇总表

行政区划	已建水库		在建水库	
	数量/座	总库容/亿 m³	数量/座	总库容/亿 m³
全省	4303	442.03	31	3.23
杭州市	634	236.49	4	0.02
宁波市	417	18.73	4	0.46
温州市	324	26.33	5	0.47
嘉兴市	0	0	1	0.03
湖州市	156	7.81	1	1.11

续表

行政区划	已建水库		在建水库	
	数量/座	总库容/亿 m³	数量/座	总库容/亿 m³
绍兴市	554	12.78	0	0
金华市	819	19.27	7	0.39
衢州市	470	34.83	0	0
舟山市	208	1.32	1	0.09
台州市	340	18.64	5	0.04
丽水市	381	65.83	3	0.63

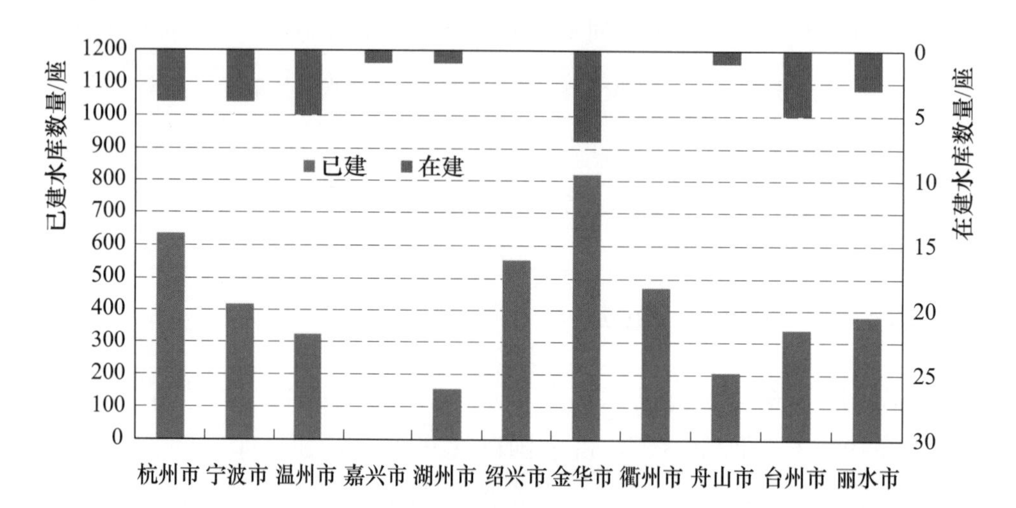

图 2-5-1　各设区市已建和在建水库数量分布图

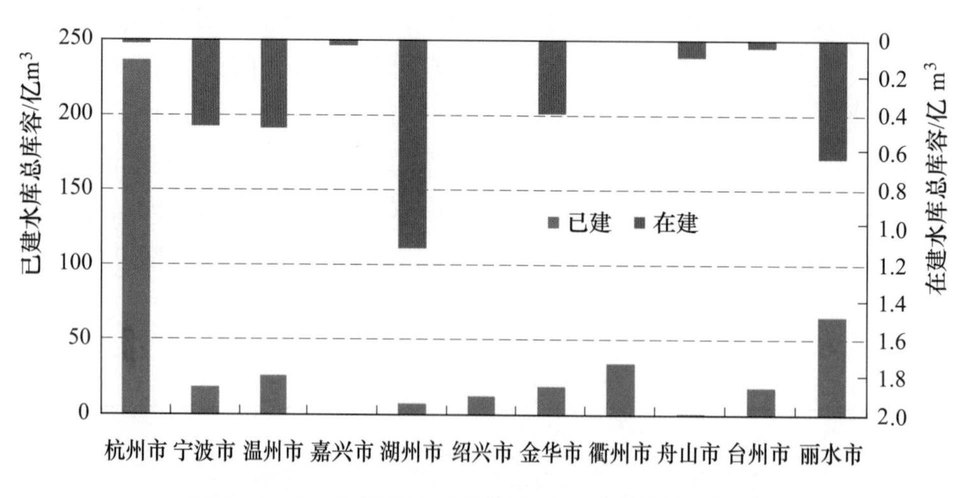

图 2-5-2　各设区市已建和在建水库总库容分布图

二、不同时期水库建设情况

全省现有新中国成立前建成的水库 8 座，总库容 0.69 亿 m³，占全省水库数量和总库容的比例均为 0.2%。全省无大型水库。

20 世纪 50 年代，全省水库建成数量较新中国成立前有明显增加，建成水库 901 座，总库容 6.92 亿 m^3，分别占全省水库数量和总库容的 20.8%和 1.6%，具有防洪、供水和灌溉功能的水库较多。这一时期，全省没有大型水库建设。

20 世纪 60 年代，全省水库建设速度为最快时期，建成水库 1112 座，总库容 249.17 亿 m^3，分别占全省水库数量和总库容的 25.7%和 56.0%，以供水和灌溉为主的水库较多，同时具有发电功能的水库数量有所增加。这一时期共建成 8 座大型水库，其中全省最大的新安江水库于 1965 年建成，该水库的主要功能以发电为主。

20 世纪 70 年代，全省水库建设速度与 60 年代基本一致，建成水库 1117 座，总库容 49.72 亿 m^3，分别占全省水库数量和总库容的 25.8%和 11.2%，大多数具有灌溉功能。其中，大型水库 6 座，占全省大型水库数量的 18.2%，但是总库容明显小于 60 年代的建成水库总库容。

20 世纪 80 年代，全省水库建设速度放缓，建成水库 390 座，总库容 30.08 亿 m^3，分别占全省水库数量和总库容的 9.0%和 6.8%。其中，大型水库 5 座，占全省大型水库数量的 15.2%。

20 世纪 90 年代，这一时期全省水库建设速度为新中国成立以来最慢时期，建成水库 285 座，总库容 15.06 亿 m^3，分别占全省水库数量和总库容的 6.6%和 3.4%。其中，大型水库仅 3 座。

2000 年至普查时点（2011 年 12 月 31 日），水库建设速度有所增加，建设水库 521 座（其中在建水库 31 座），总库容 93.62 亿 m^3（其中在建水库总库容 1.27 亿 m^3），分别占全省水库数量和总库容的 12.0%和 21.0%，超过六成的水库具有发电功能。

全省不同时期、不同年代水库数量与总库容汇总分别见表 2-5-2 和表 2-5-3，全省不同时期水库建设数量与总库容分布如图 2-5-3 和图 2-5-4 所示，全省不同时期大型水库建设数量与总库容分布如图 2-5-5 和图 2-5-6 所示。

表 2-5-2　　全省不同时期水库数量与总库容汇总表

建设时期	合计		大型水库		中型水库		小型水库	
	数量/座	总库容/亿 m^3	数量/座	总库容/亿 m^3	数量/座	总库容/亿 m^3	数量/座	总库容/亿 m^3
合计	4334	445.26	33	370.15	158	46.40	4143	28.71
1949 年以前	8	0.69	0	0	1	0.54	7	0.15
20 世纪 50 年代	901	6.92	0	0	11	2.94	890	3.98
20 世纪 60 年代	1112	249.17	8	233.03	31	8.78	1073	7.36
20 世纪 70 年代	1117	49.72	6	36.00	25	6.96	1086	6.76
20 世纪 80 年代	390	30.08	5	21.66	24	5.3	361	3.12
20 世纪 90 年代	285	15.06	3	4.58	24	7.98	258	2.50
2000—2011 年	521	93.62	11	74.88	42	13.90	468	4.84

表 2-5-3 全省不同年代水库数量与总库容汇总表

建设时期	合计		大型水库		中型水库		小型水库	
	数量/座	总库容/亿 m^3	数量/座	总库容/亿 m^3	数量/座	总库容/亿 m^3	数量/座	总库容/亿 m^3
1949 年以前	8	0.69	0	0	1	0.54	7	0.15
1960 年以前	909	7.61	0	0	12	3.48	897	4.13
1970 年以前	2021	256.78	8	233.03	43	12.26	1970	11.49
1980 年以前	3138	306.50	14	269.03	68	19.22	3056	18.25
1990 年以前	3528	336.58	19	290.69	92	24.52	3417	21.37
2000 年以前	3813	351.64	22	295.27	116	32.50	3675	23.87
2011 年以前	4334	445.26	33	370.15	158	46.40	4143	28.71

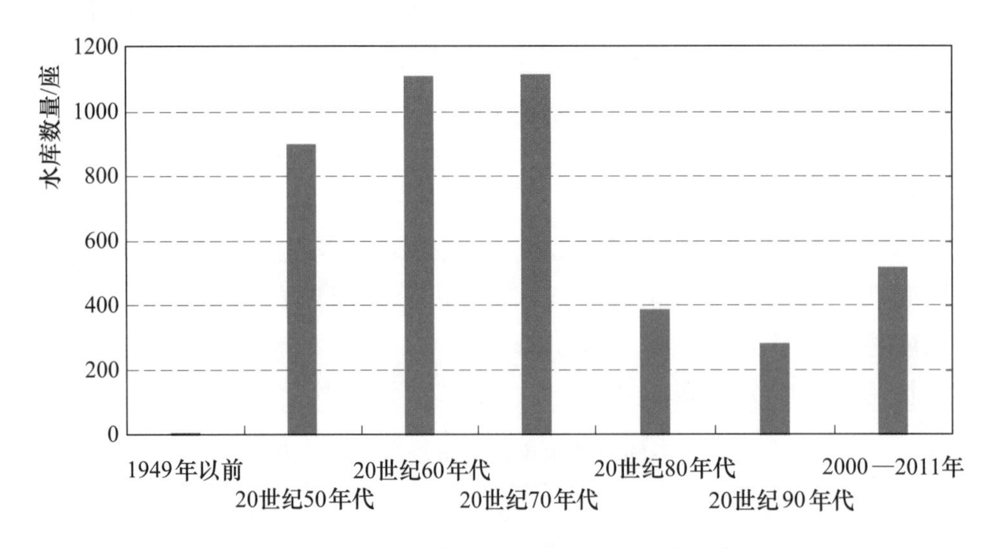

图 2-5-3 全省不同时期水库数量分布图

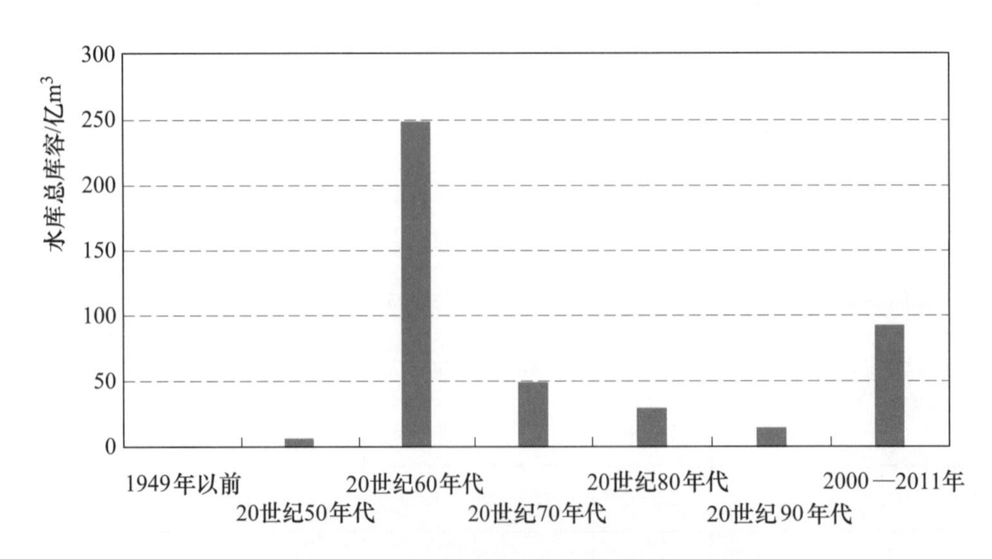

图 2-5-4 全省不同时期水库总库容分布图

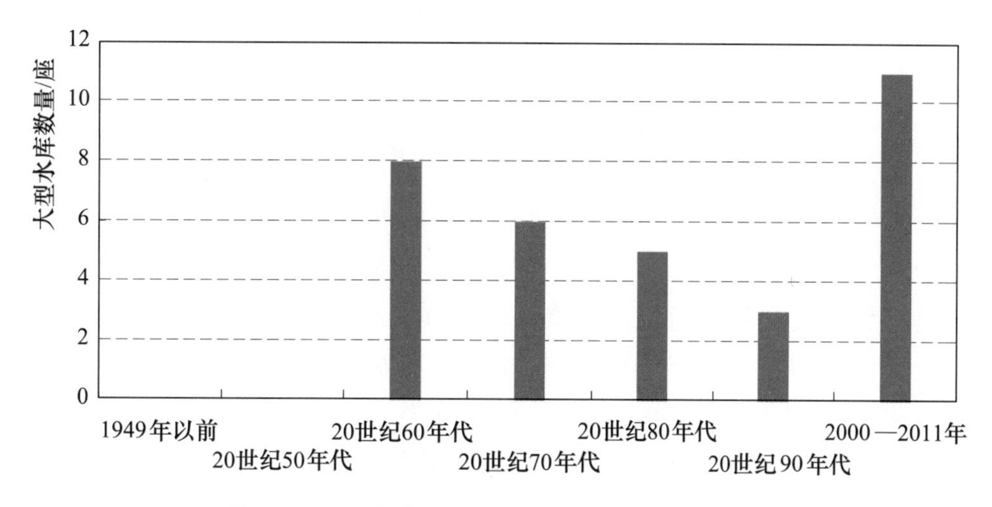

图2-5-5 全省不同时期大型水库数量分布图

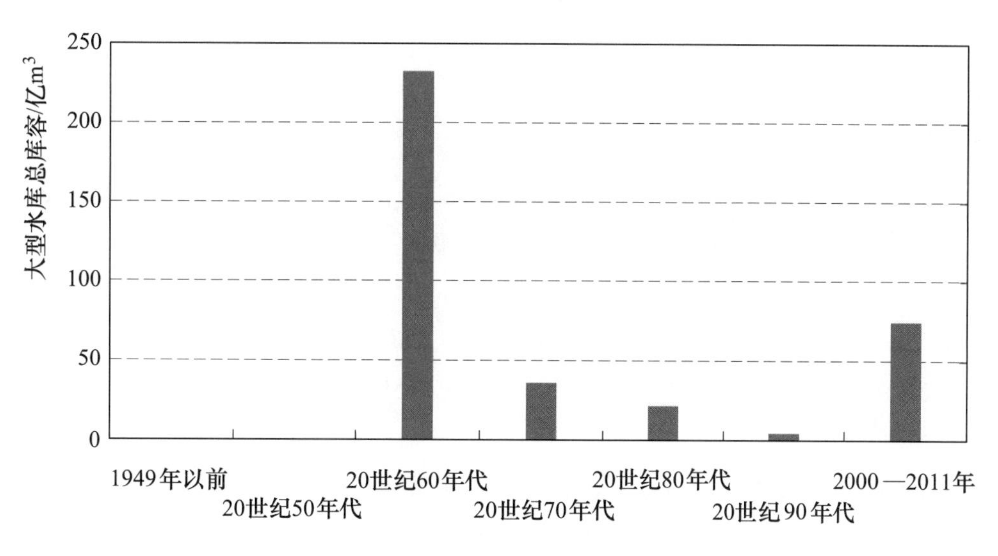

图2-5-6 全省不同时期大型水库总库容分布图

第三章 水电站工程

水电站是指为开发利用水力资源，将水能转换为电能而修建的工程建筑物和机械、电气设备以及金属结构的综合体。本章根据500kW及以上（以下简称“规模以上”）水电站工程的普查数据，按照不同汇总单元，对不同分类（规模、开发方式、额定水头、2011年发电量、建设情况等）的水电站数量、装机容量等进行汇总，并说明水电站分布情况。

第一节 水电站数量与分布

一、水电站数量与规模

浙江省共有水电站3211座，装机容量993.8万kW，分别占全国水电站数量和装机容量的6.9%和3.0%。规模以上的水电站共1419座，装机容量953.4万kW，分别占全省水电站数量和装机容量的44.2%和95.9%，占全国规模以上水电站数量和装机容量的6.4%和2.9%；装机容量小于500kW的水电站1792座，装机容量40.4万kW，分别占全省水电站数量和装机容量的55.8%和4.1%，占全国规模以下水电站数量和装机容量的1.0%和7.2%。

在全省规模以上的水电站[1]中，共有大型水电站7座，装机容量543.5万kW，分别占全省规模以上水电站数量和装机容量的0.5%和57.0%；中型水电站6座，装机容量61.4万kW，分别占全省规模以上水电站数量和装机容量的0.4%和6.4%；小型水电站1406座，装机容量348.5万kW，分别占全省规模以上水电站数量和装机容量的99.1%和36.6%。全省大中型水电站工程分布图如图3-1-1所示。全省规模以上不同规模水电站数量和装机容量汇总见表3-1-1，全省规模以上不同规模的水电站数量及装机容量比例分别如图3-1-2和图3-1-3所示。全省大中型水电站名录见附表2。

表3-1-1　　全省规模以上不同规模水电站数量和装机容量汇总表

项目	合计	大型			中型	小型		
		小计	大（1）型	大（2）型		小计	小（1）型	小（2）型
数量/座	1419	7	2	5	6	1406	77	1329
装机容量/万kW	953.4	543.5	300.0	243.5	61.4	348.5	151.0	197.5

[1] 大型水电站：装机容量≥30万kW，其中，大（1）型水电站：装机容量≥120万kW；大（2）型水电站：120万kW>装机容量≥30万kW。中型水电站：30万kW>装机容量≥5万kW。小型水电站：装机容量<5万kW，其中，小（1）型水电站：5万kW>装机容量≥1万kW；小（2）型水电站：装机容量<1万kW。

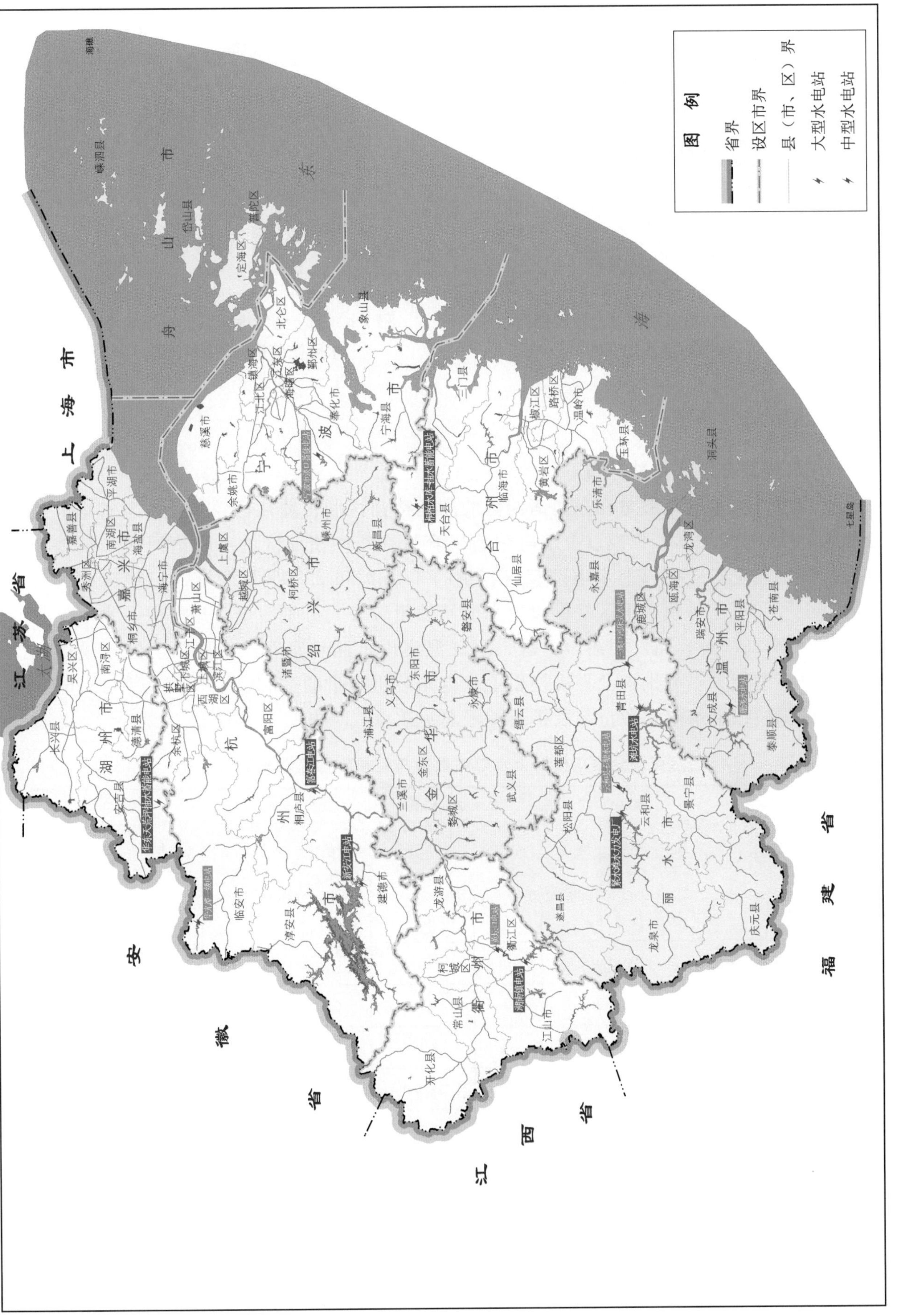

图 例

省界

设区市界

县（市、区）界

大型水电站

中型水电站

图 3-1-1　浙江省大中型水电站工程分布图

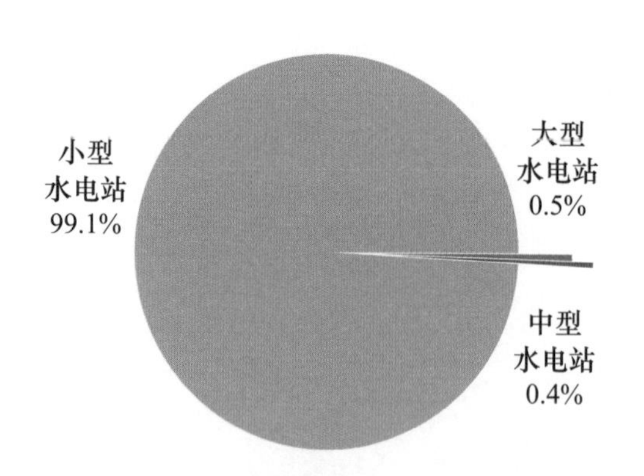

图 3-1-2　全省规模以上不同规模水电站数量比例图

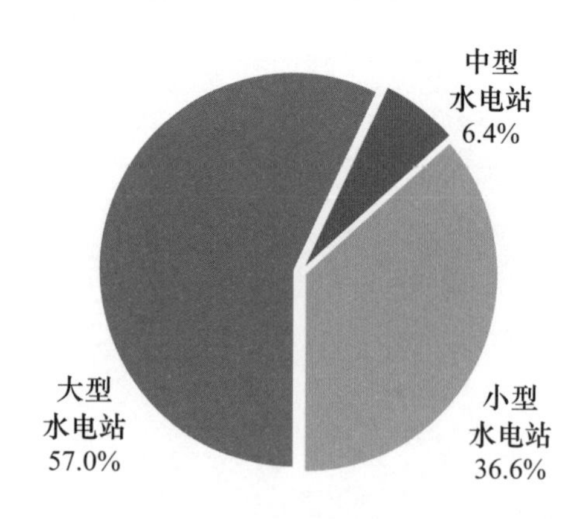

图 3-1-3　全省规模以上不同规模水电站装机容量比例图

二、水电站分布情况

（一）水资源分区水电站分布

全省规模以上水电站数量在东南诸河区的浙南诸河区和钱塘江区较多，占全省水电站数量的 55.6%和 32.9%；规模以上水电站装机容量在东南诸河区的浙南诸河区和钱塘江区较大，分别占全省规模以上水电站装机容量的 47.7%和 29.6%。水资源三级区中，瓯江温溪以上区和瓯江温溪以下区规模以上水电站数量较多，分别占全省规模以上水电站数量的 28.8%和 26.8%；瓯江温溪以下区、瓯江温溪以上区和富春江水库以上区规模以上水电站装机容量较大，分别占全省规模以上水电站装机容量的 23.9%、23.8%和 21.6%。水资源分区规模以上水电站数量与装机容量汇总见表 3-1-2。

表 3-1-2　水资源分区规模以上水电站数量与装机容量汇总表

水资源分区	合计		大型水电站		中型水电站		小型水电站	
	数量/座	装机容量/万 kW	数量/座	装机容量/万 kW	数量/座	装机容量/万 kW	数量/座	装机容量/万 kW
长江区	40	185.2	1	180.0	0	0	39	5.2
鄱阳湖水系	2	0.2	0	0	0	0	2	0.2
信江	1	0.1	0	0	0	0	1	0.1
饶河	1	0.1	0	0	0	0	1	0.1
太湖水系	38	185.0	1	180.0	0	0	37	5.0
湖西及湖区	38	185.0	1	180.0	0	0	37	5.0
杭嘉湖区	0	0	0	0	0	0	0	0
东南诸河区	1379	768.2	6	363.5	6	61.4	1367	343.3
钱塘江	467	282.6	3	153.0	2	14.8	462	114.8
富春江水库以上	290	206.0	2	117.0	1	8.8	287	80.2

续表

水资源分区	合计		大型水电站		中型水电站		小型水电站	
	数量/座	装机容量/万kW	数量/座	装机容量/万kW	数量/座	装机容量/万kW	数量/座	装机容量/万kW
富春江水库以下	177	76.6	1	36.0	1	6.0	175	34.6
浙东诸河	56	17.8	0	0	1	8.0	55	9.8
浙东沿海诸河（含象山港及三门湾）	56	17.8	0	0	1	8.0	55	9.8
舟山群岛	0	0	0	0	0	0	0	0
浙南诸河	789	455.2	3	210.5	3	38.6	783	206.1
瓯江温溪以上	408	226.9	2	90.5	2	18.6	404	117.8
瓯江温溪以下	381	228.2	1	120.0	1	20.0	379	88.2
闽东诸河	49	8.9	0	0	0	0	49	8.9
闽东诸河	49	8.9	0	0	0	0	49	8.9
闽江	18	3.7	0	0	0	0	18	3.7
闽江上游（南平以上）	18	3.7	0	0	0	0	18	3.7

全省规模以上大、中、小型水电站均在东南诸河区内的钱塘江区和浙南诸河区较多。大型水电站数量在富春江水库以上区、瓯江温溪以上区、湖西及湖区、富春江水库以下区和瓯江温溪以下区较多；中型水电站数量在瓯江温溪以上区、瓯江温溪以下区、浙东沿海诸河区（含象山港及三门湾）、富春江水库以上区和富春江水库以下区较多；小型水电站数量在瓯江温溪以上区和瓯江温溪以下区较多。

（二）设区市水电站分布

浙江省整体地势自西南向东北呈阶梯状分布，西南部为山地，中部为丘陵地区，东北部为冲积平原。水能资源相对集中在全省西部和南部地区。全省水电站分布情况与区域地形、降水相关，西南地区水电站数量多、总装机容量较大，东北地区水电站数量少、总装机容量较小。大型水电站多分布在省内的西部和南部地区，另有2座大型水电站位于全省的东部和北部，均为抽水蓄能电站，虽然湖州市和台州市分别位于全省的北部和东部，但是其总装机容量位于所有设区市的第2位和第4位。

丽水市和温州市水电站数量较多，占全省水电站数量的54.5%；装机容量较大的是丽水市、湖州市和杭州市，占全省水电站装机容量的63.0%；大型水电站仅分布在杭州市、湖州市、衢州市、台州市和丽水市；中型水电站仅分布在杭州市、宁波市、温州市、衢州市和丽水市；小型水电站数量丽水市和温州市较多，占全省小型水电站数量的54.6%。各设区市规模以上水电站数量与装机容量汇总见表3-1-3，各设区市规模以上水电站数量与装机容量分布分别如图3-1-4和图3-1-5所示。

表 3－1－3　各设区市规模以上水电站数量与装机容量汇总表

行政区划	合计		大型水电站		中型水电站		小型水电站	
	数量/座	装机容量/万 kW	数量/座	装机容量/万 kW	数量/座	装机容量/万 kW	数量/座	装机容量/万 kW
全省	1419	953.4	7	543.5	6	61.4	1406	348.5
杭州市	137	159.9	2	121.0	1	6.0	134	32.9
宁波市	52	17.3	0	0	1	8.0	51	9.3
温州市	279	83.8	0	0	1	20.0	278	63.8
嘉兴市	0	0	0	0	0	0	0	0
湖州市	29	183.7	1	180.0	0	0	28	3.7
绍兴市	66	8.8	0	0	0	0	66	8.8
金华市	125	22.7	0	0	0	0	125	22.7
衢州市	117	75.9	1	32.0	1	8.8	115	35.1
舟山市	0	0	0	0	0	0	0	0
台州市	120	143.8	1	120.0	0	0	119	23.8
丽水市	494	257.4	2	90.5	2	18.6	490	148.4

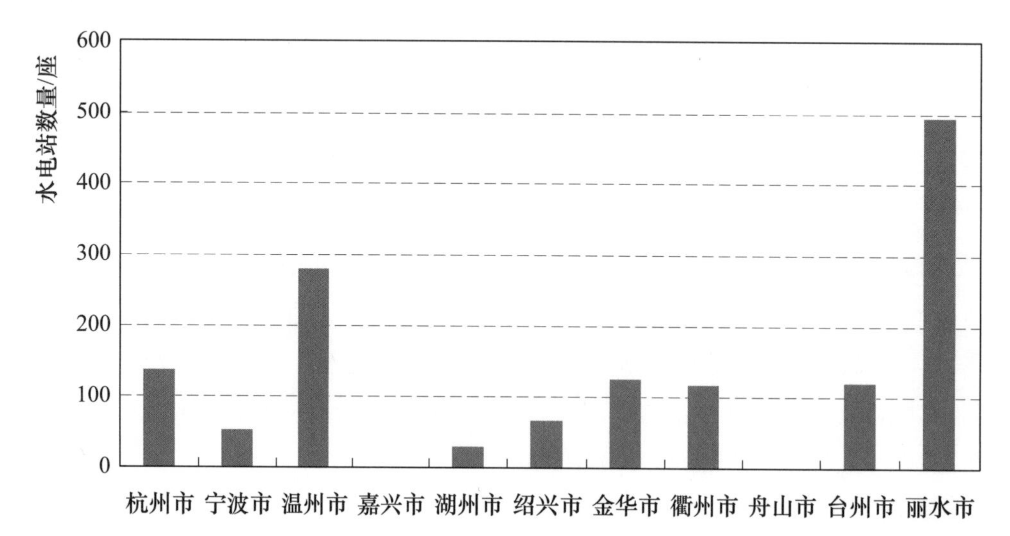

图 3－1－4　各设区市规模以上水电站数量分布图

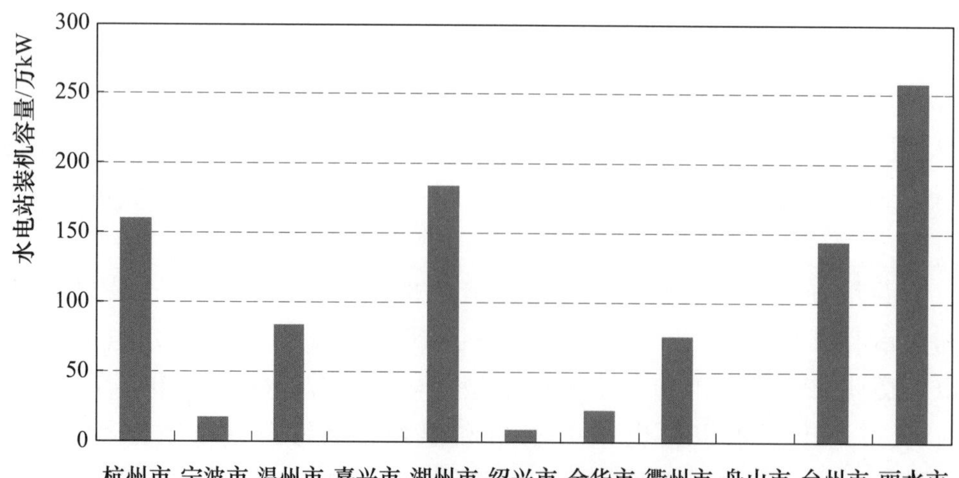

图 3－1－5　各设区市规模以上水电站装机容量分布图

（三）主要河流水电站分布

在浙江省的主要河流上，共有水电站478座，装机容量575.3万kW，分别占全省水电站数量和装机容量的33.7%和60.3%。其中，大型水电站6座，装机容量363.5万kW，分别占全省大型水电站数量和装机容量的85.7%和66.9%。全省主要河流水电站数量与装机容量汇总见表3-1-4，全省主要河流（干流）水电站数量与装机容量分布分别如图3-1-6和图3-1-7所示。

表3-1-4　　全省主要河流水电站数量与装机容量汇总表

序号	主要河流	合计		大型水电站		中型水电站		小型水电站	
		数量/座	装机容量/万kW	数量/座	装机容量/万kW	数量/座	装机容量/万kW	数量/座	装机容量/万kW
1	**苕溪水溪**	38	185	1	180	0	0	37	5
1.1	苕溪	5	0.8	0	0	0	0	5	0.8
1.2	西苕溪	4	1.1	0	0	0	0	4	1.1
2	**运河水系**	0	0	0	0	0	0	0	0
3	**钱塘江水系**	470	283	3	153	2	14.8	465	115.2
3.1	钱塘江	23	46.3	1	36	0	0	22	10.3
3.2	江山港	13	7.4	0	0	0	0	13	7.4
3.3	乌溪江	37	54.3	1	32	1	8.8	35	13.5
3.4	灵山港	7	5.1	0	0	0	0	7	5.1
3.5	金华江	13	3	0	0	0	0	13	3
3.6	新安江	4	85.3	1	85	0	0	3	0.3
3.7	分水江	27	20.1	0	0	1	6	26	14.1
3.8	渌渚江	4	0.5	0	0	0	0	4	0.5
3.9	壶源江	14	1.6	0	0	0	0	14	1.6
3.10	浦阳江	4	0.6	0	0	0	0	4	0.6
3.11	曹娥江	24	4.7	0	0	0	0	24	4.7
4	**甬江水系**	38	13.4	0	0	1	8	37	5.4
4.1	甬江	6	8.7	0	0	1	8	5	0.7
4.2	姚江	1	0.1	0	0	0	0	1	0.1
5	**椒江水系**	131	145.6	1	120	0	0	130	25.6
5.1	椒江	22	4.7	0	0	0	0	22	4.7
5.2	始丰溪	28	123.6	1	120	0	0	27	3.6
5.3	大田港	1	0.6	0	0	0	0	1	0.6
5.4	永宁江	8	3.8	0	0	0	0	8	3.8
6	**瓯江水系**	493	245.2	2	90.5	2	18.6	489	136.1
6.1	瓯江	39	73.3	1	30.5	2	18.6	36	24.2
6.2	松阴溪	25	6.5	0	0	0	0	25	6.5

续表

序号	主要河流	合　计		大型水电站		中型水电站		小型水电站	
		数量/座	装机容量/万 kW	数量/座	装机容量/万 kW	数量/座	装机容量/万 kW	数量/座	装机容量/万 kW
6.3	宣平溪	17	3.9	0	0	0	0	17	3.9
6.4	小安溪	9	1.9	0	0	0	0	9	1.9
6.5	好溪	16	1.6	0	0	0	0	16	1.6
6.6	小溪	58	73.3	1	60	0	0	57	13.3
6.7	楠溪江	12	5.7	0	0	0	0	12	5.7
7	**飞云江水系**	110	58.6	0	0	1	20	109	38.6
7.1	飞云江	35	34.2	0	0	1	20	34	14.2
8	**鳌江水系**	40	4.2	0	0	0	0	40	4.2
8.1	鳌江	22	2.6	0	0	0	0	22	2.6

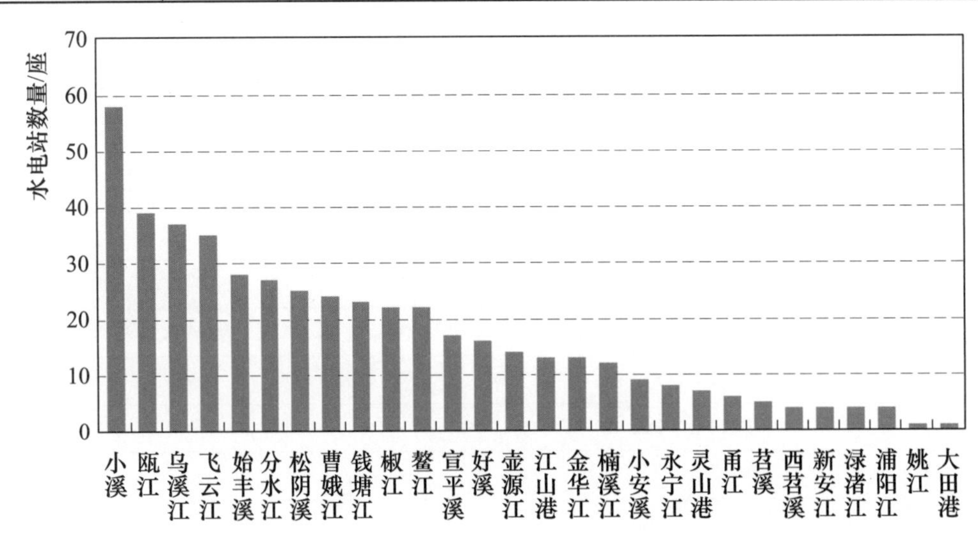

图 3-1-6　全省主要河流（干流）水电站数量分布图

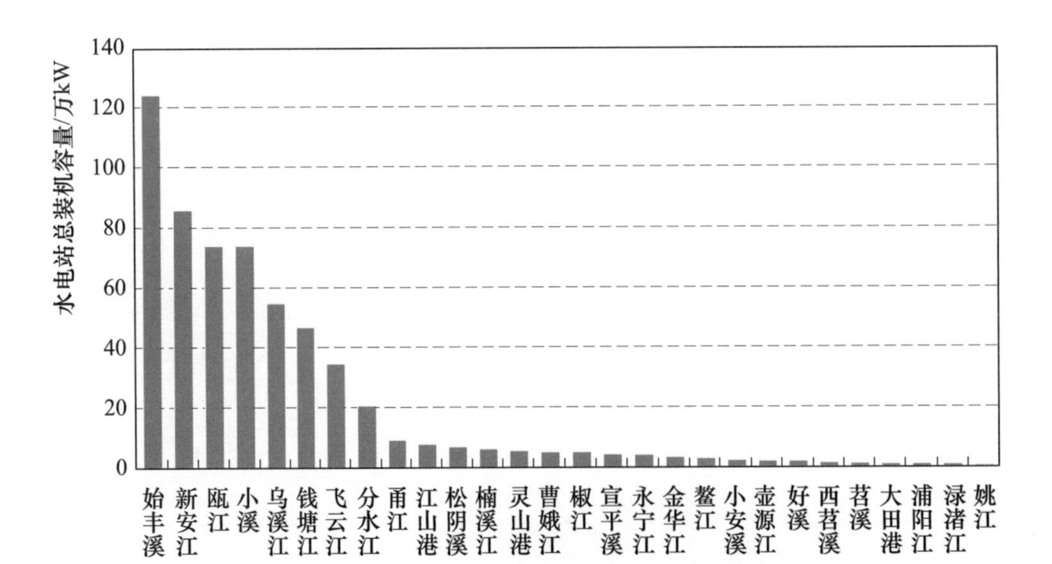

图 3-1-7　全省主要河流（干流）水电站装机容量分布图

从主要河流上的水电站分布看，小溪、瓯江、乌溪江、飞云江、始丰溪、分水江和松阴溪等7条江河的水电站数量较多，共计249座，占全省主要河流水电站数量的52.1%；装机容量较大的是始丰溪、新安江、小溪和瓯江，共355.5万kW，占主要河流水电站装机容量的61.8%。全省主要河流水电站数量和装机容量情况如下。

1. 苕溪水系

苕溪水系共有水电站38座，装机容量185万kW。其中，苕溪干流上均为小型水电站，共有5座，装机容量0.8万kW，占苕溪水系水电站装机容量的0.4%。

2. 运河水系

运河水系无水电站。

3. 钱塘江水系

钱塘江水系共有水电站470座，装机容量283.0万kW。其中，钱塘江干流有1座大型水电站，装机容量36.0万kW，占钱塘江水系水电站装机容量的12.7%。钱塘江的一级支流中，乌溪江干流有1座大型水电站，装机容量32.0万kW，占钱塘江水系水电站装机容量的11.3%；新安江干流有1座大型水电站，装机容量85.0万kW，占钱塘江水系水电站装机容量的30.0%。

4. 甬江水系

甬江水系共有水电站38座，装机容量13.4万kW。其中，甬江干流无大型水电站，中、小型水电站共有6座水电站，装机容量8.7万kW，占甬江水系水电站装机容量的65.0%。

5. 椒江水系

椒江水系共有水电站131座，装机容量145.6万kW。其中，椒江干流均为小型水电站，共有22座，装机容量4.7万kW，占椒江水系水电站装机容量的3.2%。

6. 瓯江水系

瓯江水系共有水电站493座，装机容量245.2万kW。其中，瓯江干流有1座大型水电站，装机容量30.5万kW，占瓯江水系水电站装机容量的12.4%。

7. 飞云江水系

飞云江水系共有水电站110座，装机容量58.6万kW。其中，飞云江干流无大型水电站，中、小型水电站共有35座，装机容量34.2万kW，占飞云江水系水电站装机容量的58.3%。

8. 鳌江水系

鳌江水系共有水电站40座，装机容量4.2万kW。其中，鳌江干流均为小型水电站，共有22座，装机容量2.6万kW，占鳌江水系水电站装机容量的63.1%。

第二节　水电站类型

一、总体情况

水电站类型有多种划分方式，按水电站开发方式划分，可分为闸坝式水电站、引水式水电站、混合式水电站和抽水蓄能电站等4种类型；按照水电站的额定水头大小划分，又可分为高水头电站、中水头电站和低水头电站等3种类型。

（一）按开发方式分

在全省规模以上的水电站中，闸坝式水电站133座，装机容量292.9万kW，分别占全省的9.4%和30.7%；引水式水电站794座，装机容量175.0万kW，分别占56.0%和18.4%；混合式水电站489座，装机容量177.5万kW，分别占34.4%和18.6%；抽水蓄能电站3座，装机容量308万kW，分别占0.2%和32.3%。全省引水式水电站数量较多，但装机容量相对较小，抽水蓄能电站数量较少，但装机容量较大。全省不同开发方式的水电站数量与装机容量汇总见表3-2-1，全省不同类型水电站数量及装机容量比例分别如图3-2-1和图3-2-2所示。

表3-2-1　全省不同开发方式的水电站数量与装机容量汇总表

项　目	合　计	闸坝式水电站	引水式水电站	混合式水电站	抽水蓄能电站
数量/座	1419	133	794	489	3
装机容量/万kW	953.4	292.9	175.0	177.5	308.0

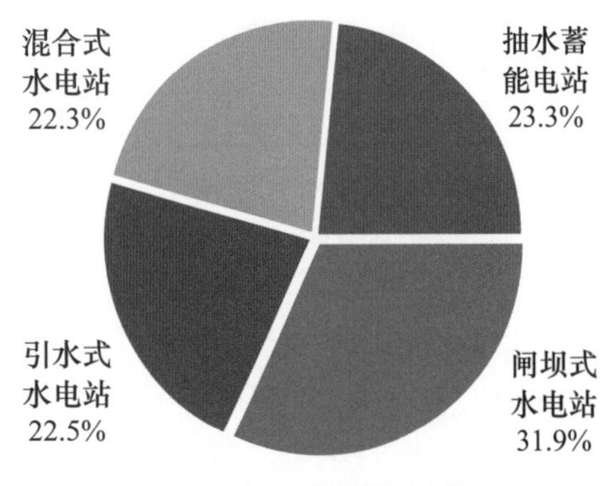

图3-2-1　全省不同类型水电站数量比例图

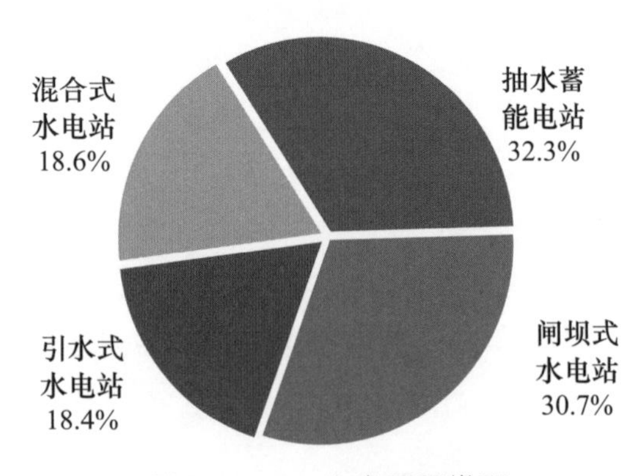

图3-2-2　全省不同类型水电站装机容量比例图

（二）按额定水头分

在全省规模以上的水电站中，高水头电站247座，装机容量379.6万kW，分别占17.4%和39.8%；中水头电站711座，装机容量400.1万kW，分别占50.1%和42.0%；低水头电站461座，装机容量173.7万kW，分别占32.5%和18.2%。全省中水头水电站数量较多，且装机容量较大；高水头电站的装机容量所占比例较大，但如果仅统计常规电站的装机容量，高水头电站的装机容量仅占总装机容量的11.1%。全省不同水头电站数量与装机容量汇总见表3-2-2，全省规模以上不同水头水电站数量及装机容量比例分别如图3-2-3和图3-2-4所示。

表3-2-2　全省不同水头电站数量与装机容量汇总表

项　目	合　计	高水头电站	中水头电站	低水头电站
数量/座	1419	247	711	461
装机容量/万kW	953.4	379.6	400.1	173.7

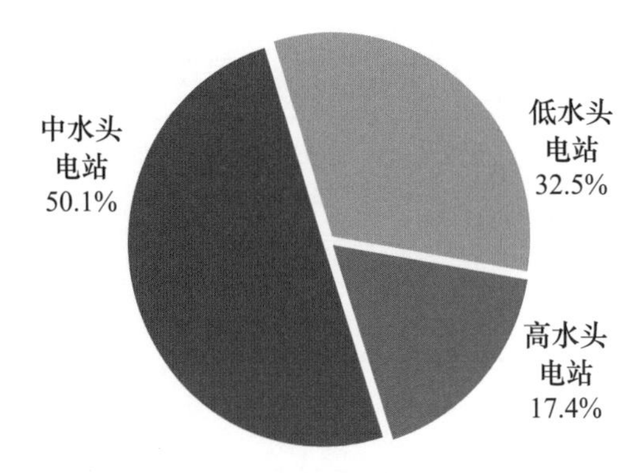

图 3-2-3　全省规模以上不同水头水电站数量比例图

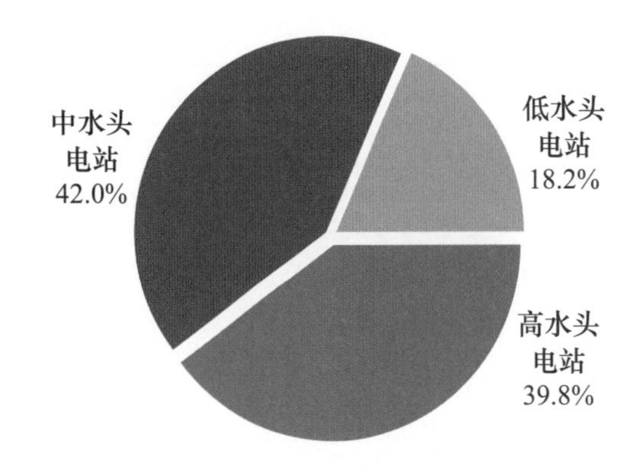

图 3-2-4　全省规模以上不同水头水电站装机容量比例图

二、不同类型水电站分布

（一）水资源分区水电站分布

1. 按开发方式分

全省闸坝式水电站在东南诸河区内的钱塘江区较多，引水式和混合式水电站在浙南诸河区较多，全省仅有3座抽水蓄能电站，分布在太湖水系、浙东诸河和浙南诸河。水资源三级区中，闸坝式水电站在富春江水库以上区和富春江水库以下区数量较多，占全省闸坝式水电站数量的67.7%；引水式水电站在瓯江温溪以下区和瓯江温溪以上区数量较多，占全省引水式水电站数量的59.6%；混合式水电站在富春江水库以上区和瓯江温溪以下区数量较多，占全省混合式水电站数量的58.1%；抽水蓄能电站仅分布在湖西及湖区区、浙东沿海诸河区（含象山港及三门湾）和瓯江温溪以下区。水资源分区不同开发方式水电站数量与装机容量汇总见表3-2-3。

表 3-2-3　　水资源分区不同开发方式水电站数量与装机容量汇总表

水资源分区	闸坝式水电站		引水式水电站		混合式水电站		抽水蓄能电站	
	数量/座	装机容量/万kW	数量/座	装机容量/万kW	数量/座	装机容量/万kW	数量/座	装机容量/万kW
长江区	5	1.5	26	2.6	8	1.2	1	180.0
鄱阳湖水系	0	0	1	0.1	1	0.1	0	0
信江	0	0	0	0	1	0.1	0	0
饶河	0	0	1	0.1	0	0	0	0
太湖水系	5	1.5	25	2.5	7	1.1	1	180.0
湖西及湖区	5	1.5	25	2.5	7	1.1	1	180.0
杭嘉湖区	0	0	0	0	0	0	0	0
东南诸河区	128	291.4	768	172.4	481	176.3	2	128.0
钱塘江	90	155.5	258	81.0	119	46.0	0	0
富春江水库以上	61	115.0	147	58.9	82	32.1	0	0

续表

水资源分区	闸坝式水电站		引水式水电站		混合式水电站		抽水蓄能电站	
	数量/座	装机容量/万 kW	数量/座	装机容量/万 kW	数量/座	装机容量/万 kW	数量/座	装机容量/万 kW
富春江水库以下	29	40.5	111	22.2	37	13.9	0	0
浙东诸河	7	1.0	17	1.6	31	7.3	1	8.0
浙东沿海诸河（含象山港及三门湾）	7	1.0	17	1.6	31	7.3	1	8.0
舟山群岛	0	0	0	0	0	0	0	0
浙南诸河	31	134.9	473	86.9	284	113.3	1	120.0
瓯江温溪以上	15	128.8	320	67.4	73	30.7	0	0
瓯江温溪以下	16	6.1	153	19.5	211	82.6	1	120.0
闽东诸河	0	0	17	2.0	32	7.0	0	0
闽东诸河	0	0	17	2.0	32	7.0	0	0
闽江	0	0	3	0.9	15	2.8	0	0
闽江上游（南平以上）	0	0	3	0.9	15	2.8	0	0

2. 按水头分

全省高水头和中水头水电站数量在东南诸河区内的浙南诸河区较多，低水头电站数量在东南诸河区内的钱塘江区和浙南诸河区较多。水资源三级区中，高水头电站数量在瓯江温溪以上区和瓯江温溪以下区较多，占全省高水头电站数量的72.1%；中水头电站数量在瓯江温溪以上区和瓯江温溪以下区较多，占全省中水头电站数量的61.7%；低水头电站数量在富春江水库以上区和瓯江温溪以上区较多，占全省低水头电站数量的54.2%。水资源分区不同水头水电站数量与装机容量汇总见表3-2-4。

表3-2-4　　水资源分区不同水头水电站数量与装机容量汇总表

水资源分区	高水头电站		中水头电站		低水头电站	
	数量/座	装机容量/万 kW	数量/座	装机容量/万 kW	数量/座	装机容量/万 kW
长江区	6	180.4	20	2.0	14	2.8
鄱阳湖水系	0	0	1	0.1	1	0.1
信江	0	0	1	0.1	0	0
饶河	0	0	0	0	1	0.1
太湖水系	6	180.4	19	1.9	13	2.7
湖西及湖区	6	180.4	19	1.9	13	2.7
杭嘉湖区	0	0	0	0	0	0
东南诸河区	241	199.2	691	398.1	447	170.9
钱塘江	51	11.5	184	174.2	232	96.9
富春江水库以上	33	7.7	112	155.7	145	42.6

续表

水资源分区	高水头电站		中水头电站		低水头电站	
	数量/座	装机容量/万 kW	数量/座	装机容量/万 kW	数量/座	装机容量/万 kW
富春江水库以下	18	3.8	72	18.5	87	54.3
浙东诸河	5	8.4	24	6.6	27	2.8
浙东沿海诸河（含象山港及三门湾）	5	8.4	24	6.6	27	2.8
舟山群岛	0	0	0	0	0	0
浙南诸河	178	177.5	439	210.1	172	67.5
瓯江温溪以上	88	30.6	215	142.5	105	53.8
瓯江温溪以下	90	147.0	224	67.6	67	13.7
闽东诸河	5	1.4	33	5.0	11	2.6
闽东诸河	5	1.4	33	5.0	11	2.6
闽江	2	0.4	11	2.2	5	1.2
闽江上游（南平以上）	2	0.4	11	2.2	5	1.2

（二）设区市水电站分布

1. 按开发方式分

全省闸坝式水电站、引水式水电站和混合式水电站主要分布在西部和南部，多为小型水电站。闸坝式水电站数量在衢州市、绍兴市和金华市较多，占全省闸坝式水电站数量的60.9%；引水式水电站数量在丽水市、杭州市和温州市较多，占全省引水式水电站数量的69.0%；混合式水电站数量在温州市和丽水市较多，占全省混合式水电站数量的60.9%；3座抽水蓄能电站分布在宁波市、湖州市和台州市。各设区市不同开发方式水电站数量与装机容量汇总见表3-2-5。

表3-2-5　　各设区市不同开发方式水电站数量与装机容量汇总表

行政区划	合计		闸坝式水电站		引水式水电站		混合式水电站		抽水蓄能电站	
	数量/座	装机容量/万 kW	数量/座	装机容量/万 kW	数量/座	装机容量/万 kW	数量/座	装机容量/万 kW	数量/座	装机容量/万 kW
全省	1419	953.4	133	292.9	794	175.0	489	177.5	3	308.0
杭州市	137	159.9	9	122.0	97	22.4	31	15.5	0	0
宁波市	52	17.3	7	1.0	13	1.1	31	7.2	1	8.0
温州市	279	83.8	8	3.6	91	8.7	180	71.5	0	0
嘉兴市	0	0	0	0	0	0	0	0	0	0
湖州市	29	183.7	5	1.5	22	2.1	1	0.1	1	180.0
绍兴市	66	8.8	22	3.7	37	3.2	7	1.9	0	0
金华市	125	22.7	21	5.3	44	5.5	60	11.9	0	0
衢州市	117	75.9	38	24.5	65	46.9	14	4.5	0	0
舟山市	0	0	0	0	0	0	0	0	0	0
台州市	120	143.8	7	2.5	65	7.6	47	13.8	1	120.0
丽水市	494	257.4	16	128.9	360	77.4	118	51.1	0	0

2. 按水头分

全省不同水头的水电站分布均为南部和西部多，东部和北部少。高水头水电站在丽水市和温州市较多，占全省高水头水电站数量的70%；中水头水电站在丽水市和温州市较多，占全省中水头水电站数量的62.3%；低水头水电站在丽水市、衢州市和金华市较多，占全省低水头水电站数量的56.4%。各设区市不同水头水电站数量与装机容量汇总见表3-2-6。

表3-2-6　各设区市不同水头水电站数量与装机容量汇总表

行政区划	高水头水电站		中水头水电站		低水头水电站	
	数量/座	装机容量/万kW	数量/座	装机容量/万kW	数量/座	装机容量/万kW
全省	247	379.6	711	400.1	461	173.7
杭州市	20	3.1	64	105.8	53	51.0
宁波市	4	8.3	22	6.3	26	2.7
温州市	67	20.0	173	54.0	39	9.7
嘉兴市	0	0	0	0	0	0
湖州市	6	180.4	16	1.3	7	2.0
绍兴市	1	1.3	22	3.2	43	4.4
金华市	9	1.0	46	10.2	70	11.5
衢州市	7	0.6	38	45.9	72	29.4
舟山市	0	0	0	0	0	0
台州市	27	127.3	60	11.2	33	5.4
丽水市	106	37.6	270	162.2	118	57.7

第三节　水电站年发电量

一、总体情况

年发电量反映水电站的效益，本次汇总的年发电量包括多年平均发电量和2011年发电量。全省水电站多年平均发电量为182.78亿kW·h，占全国多年平均发电量的1.6%；全省2011年发电量为146.7亿kW·h，占全国2011年发电量的2.2%，占全省多年平均发电量的80.3%。

闸坝式水电站的多年平均发电量和2011年发电量均较大，分别占全省水电站多年平均发电量和2011年发电量的30.7%和36.5%。全省不同开发方式水电站年发电量汇总见表3-3-1。全省不同开发方式水电站多年平均发电量和2011年发电量比例分别如图3-3-1和图3-3-2所示。

表 3-3-1　　全省不同开发方式水电站年发电量汇总表

项　目		合　计	闸坝式水电站	引水式水电站	混合式水电站	抽水蓄能电站
多年平均发电量/(亿 kW·h)	合计	182.78	58.31	41.13	40.73	42.61
	已建	177.91	54.73	40.72	39.85	42.61
	在建	4.87	3.58	0.41	0.88	0
2011 年发电量/(亿 kW·h)		146.75	53.63	32.53	31.08	29.51

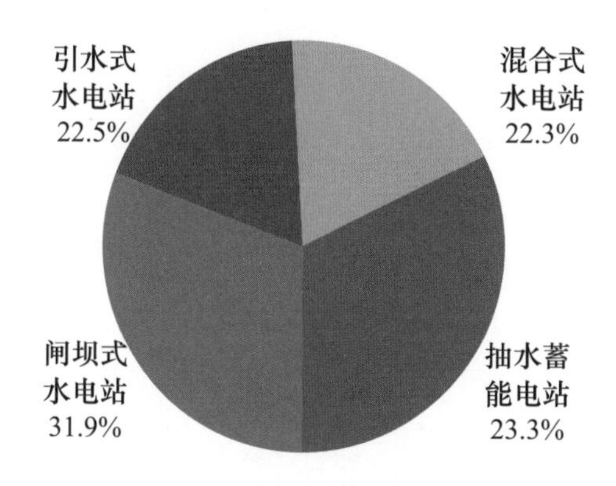

图 3-3-1　全省不同开发方式水电站多年平均发电量比例图

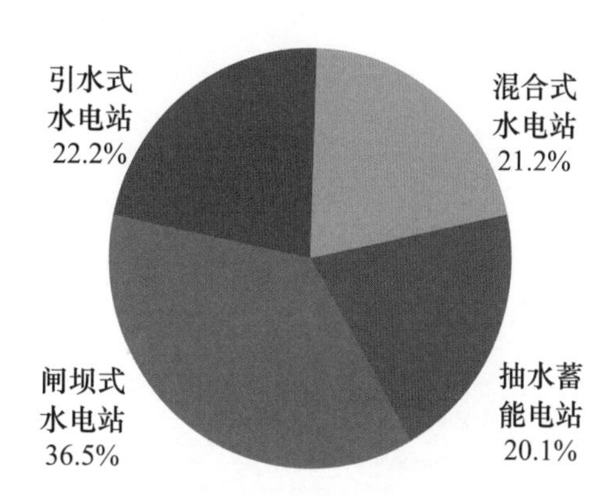

图 3-3-2　全省不同开发方式水电站 2011 年发电量比例图

二、水资源分区水电站年发电量

全省水电站多年平均发电量和 2011 年发电量较大的是东南诸河区内的浙南诸河区和钱塘江区。水资源三级区中，瓯江温溪以上区、瓯江温溪以下区和富春江水库以上区的水电站多年平均发电量较大，分别占全省水电站多年平均发电量的 27.0%、24.9%和 23.6%；富春江水库以上区、瓯江温溪以上区和瓯江温溪以下区的水电站 2011 年发电量较大，分别占全省水电站 2011 年发电量的 28.4%、25.1%和 19.5%。水资源分区规模以上水电站年发电量汇总见表 3-3-2。

表 3-3-2　　水资源分区规模以上水电站年发电量汇总表

水资源分区	多年平均发电量/(亿 kW·h)			2011 年发电量/(亿 kW·h)
	合　计	已　建	在　建	
长江区	21.27	21.27	0	18.38
鄱阳湖水系	0.05	0.05	0	0.03
信江	0.02	0.02	0	0.01
饶河	0.03	0.03	0	0.02
太湖水系	21.23	21.23	0	18.35
湖西及湖区	21.23	21.23	0	18.35
杭嘉湖区	0	0	0	0

续表

水资源分区	多年平均发电量/(亿 kW·h)			2011 年发电量/(亿 kW·h)
	合 计	已 建	在 建	
东南诸河区	161.51	156.64	4.87	128.37
钱塘江	59.82	58.24	1.58	57.21
富春江水库以上	43.06	41.48	1.58	41.62
富春江水库以下	16.76	16.76	0	15.59
浙东诸河	3.62	3.62	0	2.97
浙东沿海诸河（含象山港及三门湾）	3.62	3.62	0	2.97
舟山群岛	0	0	0	0
浙南诸河	94.86	91.61	3.25	65.49
瓯江温溪以上	49.36	46.58	2.78	36.82
瓯江温溪以下	45.51	45.03	0.48	28.67
闽东诸河	2.19	2.16	0.03	1.81
闽东诸河	2.19	2.16	0.03	1.81
闽江	1.01	1.01	0	0.90
闽江上游（南平以上）	1.01	1.01	0	0.90

三、设区市水电站年发电量

全省水电站多年平均发电量较大的是丽水市、杭州市和台州市，分别占全省多年平均发电量的 31.3%、16.4%和 14.5%；2011 年发电量较大的是丽水市和杭州市，分别占全省 2011 年发电量的 29.0%和 23.0%。各设区市规模以上水电站年发电量汇总见表 3-3-3，各设区市规模以上水电站年发电量分布如图 3-3-3 所示。

表 3-3-3　　各设区市规模以上水电站年发电量汇总表

行政区划	多年平均发电量/(亿 kW·h)			2011 年发电量/(亿 kW·h)
	合 计	已 建	在 建	
全省	182.78	177.91	4.87	146.75
杭州市	29.99	29.99	0	33.78
宁波市	3.53	3.53	0	2.90
温州市	18.96	18.67	0.29	14.03
嘉兴市	0	0	0	0
湖州市	20.97	20.97	0	18.14
绍兴市	1.91	1.91	0	1.56
金华市	4.91	4.85	0.06	3.71
衢州市	18.93	18.07	0.86	15.42

续表

行政区划	多年平均发电量/(亿 kW・h)			2011 年发电量/(亿 kW・h)
	合　计	已　建	在　建	
舟山市	0	0	0	0
台州市	26.46	26.29	0.16	14.64
丽水市	57.13	53.63	3.49	42.56

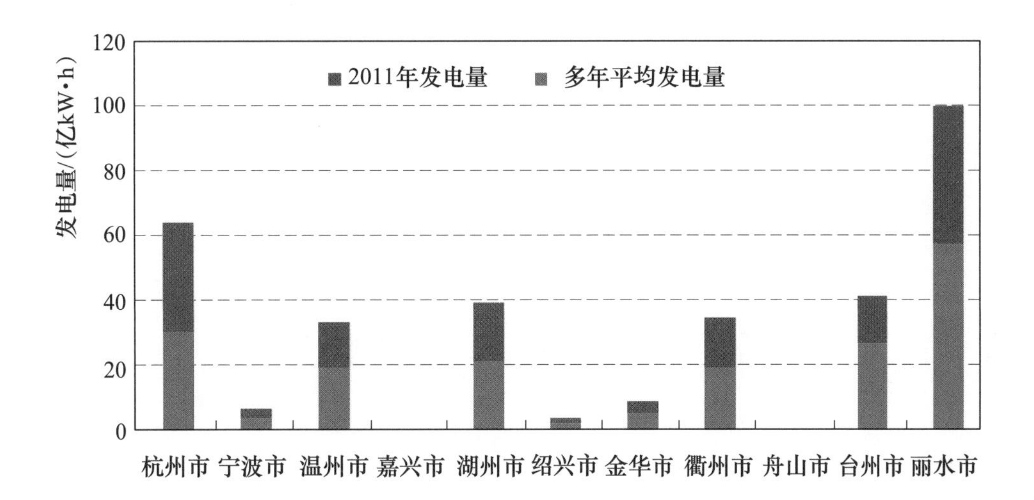

图 3-3-3　各设区市规模以上水电站年发电量分布图

四、水电站 2011 年发电量人均占有情况

全省 2011 年人均水电发电量低于全国水平。全省水电站 2011 年发电量 146.75 亿 kW・h，2011 年人均水电发电量 306.92kW・h，全国 2011 年人均水电发电量 487.84kW・h。丽水市、湖州市和衢州市 2011 年人均水电发电量较大，分别为 1628.69kW・h、694.96kW・h 和 610.39kW・h。除以上三个设区市以外，其他设区市 2011 年人均水电发电量均低于全国平均水平。各设区市 2011 年人均水电发量汇总见表 3-3-4，各设区市 2011 年人均水电发电量分布如图 3-3-4 所示。

表 3-3-4　　各设区市 2011 年人均水电发电量汇总表

行政区划	2011 年发电量/(亿 kW・h)	人均发电量/(kW・h)	行政区划	2011 年发电量/(亿 kW・h)	人均发电量/(kW・h)
全省	146.75	306.92	绍兴市	1.56	35.44
杭州市	33.78	485.59	金华市	3.71	79.06
宁波市	2.90	50.34	衢州市	15.42	610.39
温州市	14.03	175.80	舟山市	0	0
嘉兴市	0	0	台州市	14.64	249.50
湖州市	18.14	694.96	丽水市	42.56	1628.69

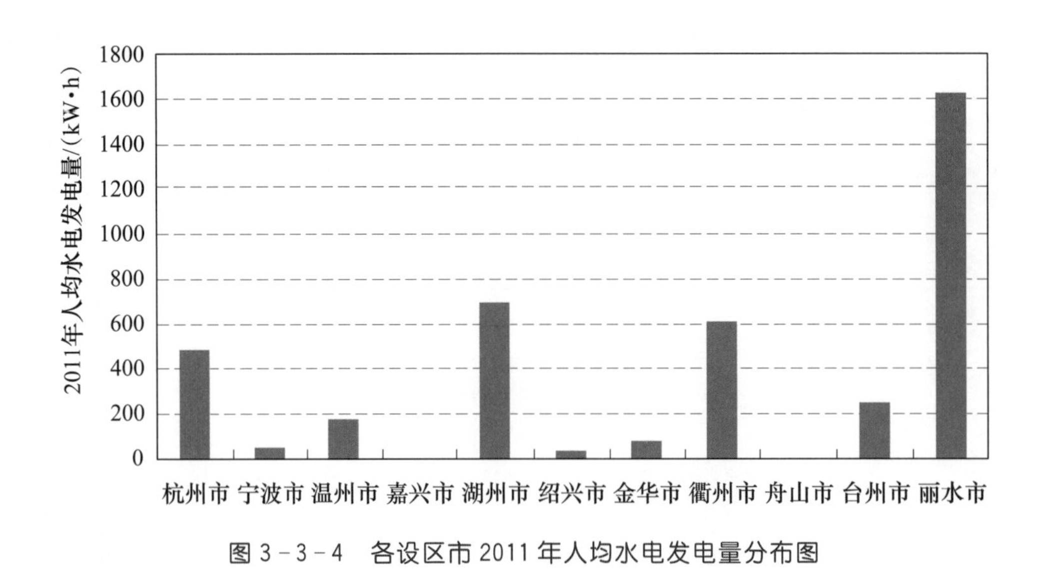

图 3-3-4 各设区市 2011 年人均水电发电量分布图

第四节 水电站建设情况

一、已建和在建情况

截至 2011 年年底，在全省规模以上的水电站中，已建水电站共 1388 座，装机容量 934.2 万 kW，分别占全省水电站数量和装机容量的 97.8%和 98.0%；在建水电站 31 座，装机容量 19.2 万 kW，分别占全省水电站数量和装机容量的 2.2%和 2.0%。

已建水电站数量在丽水市和温州市较多，占全省已建水电站数量的 54.5%；已建水电站装机容量较大的是丽水市、湖州市和杭州市，占全省已建水电站装机容量的 62.9%。在建水电站数量在丽水市和台州市较多，占全省在建水电站数量的 58.1%；在建水电站装机容量较大的是丽水市，占全省在建水电站装机容量的 72.1%。各设区市规模以上已建和在建水电站数量与装机容量汇总见表 3-4-1，各设区市已建和在建水电站数量和装机容量分布如图 3-4-1 和图 3-4-2 所示。

表 3-4-1 各设区市规模以上已建和在建水电站数量与装机容量汇总表

行政区划	已建水电站		在建水电站	
	数量/座	装机容量/万 kW	数量/座	装机容量/万 kW
全省	1388	934.2	31	19.2
杭州市	137	159.9	0	0
宁波市	52	17.3	0	0
温州市	274	82.6	5	1.2
嘉兴市	0	0	0	0
湖州市	29	183.7	0	0
绍兴市	65	8.8	1	0.1

续表

行政区划	已建水电站		在建水电站	
	数量/座	装机容量/万 kW	数量/座	装机容量/万 kW
金华市	122	22.2	3	0.5
衢州市	113	73.6	4	2.4
舟山市	0	0	0	0
台州市	113	142.5	7	1.3
丽水市	483	243.6	11	13.8

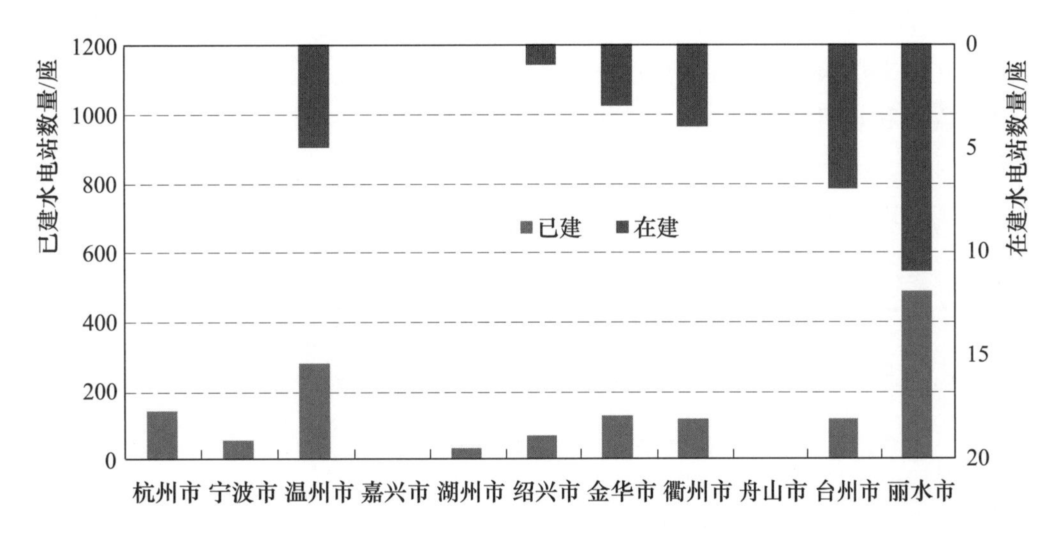

图 3-4-1　各设区市已建和在建水电站数量分布图

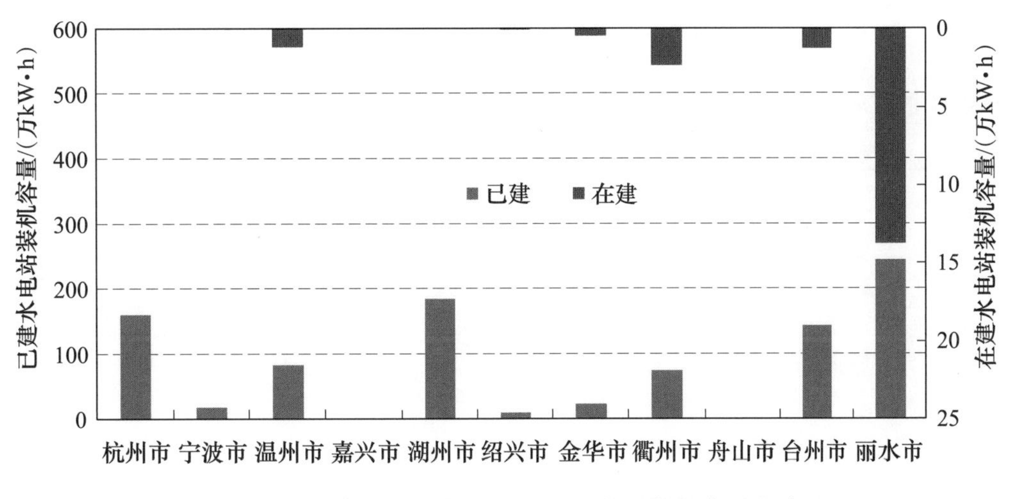

图 3-4-2　各设区市已建和在建水电站装机容量分布图

二、不同时期水电站建设情况

新中国成立以前，全省无建成的水电站；20 世纪 50 年代，全省建成水电站 6 座，均为中小型水电站，装机容量共 12.3 万 kW，分别占全省规模以上水电站数量和装机容量的0.4%和1.3%；20世纪60年代，建成水电站37座，装机容量131.7万kW，分别占全省规模以上水电站数量和装机容量的2.6%和13.8%，其中富春江和新安江2座大型水电站就在这一时期建成；20世纪70年代，水电站建设速度有所加快，建成水电站104座，均为小型水电站，装机容量17.7万kW，分别占全省规模以上水电站数量和装机容量的7.3%和1.9%；20世纪80年代，建成水电站143座（其中大型水电站2座），装机容量85.0万kW，分别占全省规模以上水电站数量和装机容量的10.1%和8.9%；20世纪90年代，随着社会经济的发展，用电需求增长，水电站建设速度进一步加快，建成水电站325座，装机容量94.6万kW，分别占全省规模以上水电站数量和装机容量的22.9%和9.9%。

2000年至普查时点（2011年12月31日），随着用电需求的进一步提高，全省水电站建设进入新中国成立以来最快时期，共建设水电站804座，装机容量612.1万kW，分别占全省规模以上水电站数量和装机容量的56.7%和64.2%，其中2座大型抽水蓄能电站在这一时期修建。全省不同时期、不同年代规模以上水电站数量与装机容量汇总见表3-4-2和表3-4-3，全省不同时期规模以上水电站建设数量与装机容量分布如图3-4-3和图3-4-4所示。

表3-4-2　　全省不同时期规模以上水电站建设数量与装机容量汇总表

建设时期	合计		大型水电站		中型水电站		小型水电站	
	数量/座	装机容量/万kW	数量/座	装机容量/万kW	数量/座	装机容量/万kW	数量/座	装机容量/万kW
1949年以前	0	0	0	0	0	0	0	0
20世纪50年代	6	12.3	0	0	1	8.8	5	3.5
20世纪60年代	37	131.7	2	121.0	0	0	35	10.7
20世纪70年代	104	17.7	0	0	0	0	104	17.7
20世纪80年代	143	85.0	2	62.5	0	0	141	22.5
20世纪90年代	325	94.6	0	0	2	16.6	323	78.0
2000—2011年	804	612.1	3	360.0	3	36.0	798	216.1
合　计	1419	953.4	7	543.5	6	61.4	1406	348.5

表3-4-3　　全省不同年代规模以上水电站数量与装机容量汇总表

建设时期	合计		大型水电站		中型水电站		小型水电站	
	数量/座	装机容量/万kW	数量/座	装机容量/万kW	数量/座	装机容量/万kW	数量/座	装机容量/万kW
1949年以前	0	0	0	0	0	0	0	0
1960年以前	6	12.3	0	0	1	8.8	5	3.5
1970年以前	43	144.0	2	121.0	1	8.8	40	14.2
1980年以前	147	161.7	2	121.0	1	8.8	144	31.9
1990年以前	290	246.7	4	183.5	1	8.8	285	54.4
2000年以前	615	341.3	4	183.5	3	25.4	608	132.4
2011年以前	1419	953.4	7	543.5	6	61.4	1406	348.5

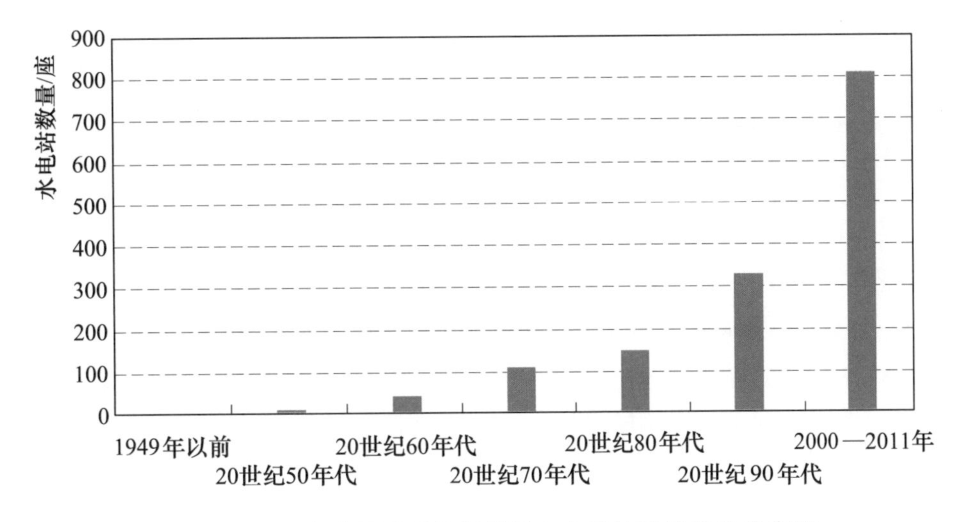

图 3-4-3 全省不同时期规模以上水电站建设数量分布图

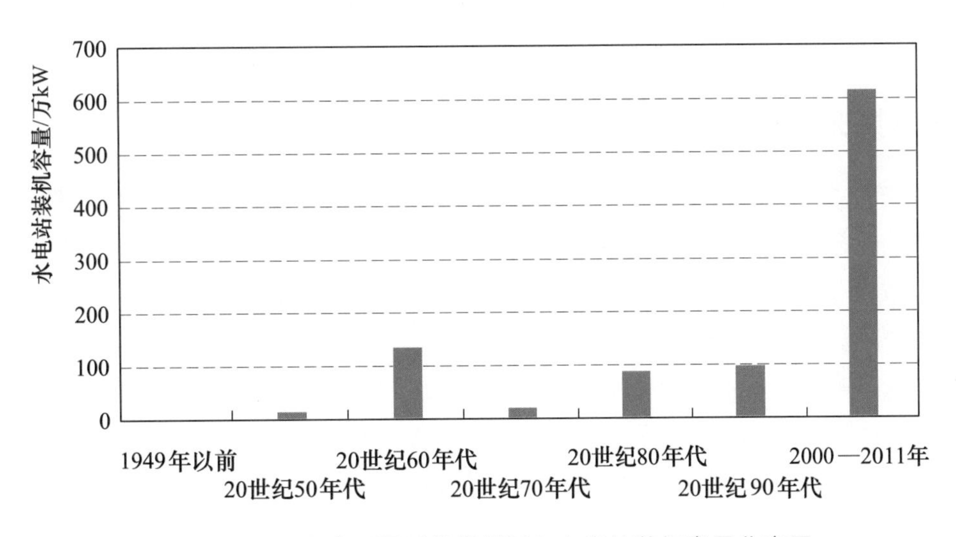

图 3-4-4 全省不同时期规模以上水电站装机容量分布图

第四章 水闸工程

水闸是指建在河道、湖泊、渠道、海堤上或水库岸边，具有挡水和泄（引）水功能的调节水位、控制流量的低水头水工建筑物。本章根据过闸流量 $5m^3/s$ 及以上（以下简称“规模以上”）水闸工程的普查数据，按照不同汇总单元，对不同分类（规模、类型建设情况等）的水闸数量、过闸流量和引（进）水闸的设计年引水量等指标进行汇总，并说明水闸分布情况。

第一节 水闸数量与分布

一、总体情况

浙江省共有过闸流量 $1m^3/s$ 及以上的水闸 12768 座，占全国同规模水闸数量的 4.8%。其中，规模以上水闸 8581 座，占全省 $1m^3/s$ 及以上水闸数量的 67.2%；过闸流量 5～1（含）m^3/s 的水闸 4187 座，占全省 1 m^3/s 及以上水闸数量的 32.8%。

在全省规模以上的水闸[1]中，共有大型水闸 18 座、中型水闸 338 座、小型水闸 8225 座，分别占全省规模以上水闸数量的 0.2%、3.9%和 95.9%。其中，建在海塘上的水闸共 1706 座。全省大中型水闸工程分布图如图 4-1-1 所示。全省规模以上不同规模水闸数量汇总见表 4-1-1。全省大中型水闸名录见附表 3。

表 4-1-1　全省规模以上不同规模水闸数量汇总表

项　目	合计	大　型			中型	小　型		
		小计	大（1）型	大（2）型		小计	小（1）型	小（2）型
水闸数量/座	8581	18	4	14	338	8225	1715	6510
占比/%	100.0	0.2	0.05	0.15	3.9	95.9	20.0	75.9

二、水闸分布情况

（一）水资源分区水闸分布

全省水闸数量在长江区内的太湖水系及东南诸河区内的浙东诸河区和浙南诸河区较多，其中大型水闸全部位于东南诸河区。水资源三级区中，大型水闸数量在富春江水库以

[1] 大型水闸：过闸流量≥$1000m^3/s$，其中，大（1）型水闸：过闸流量≥$5000m^3/s$；大（2）型水闸：$5000m^3/s$>过闸流量≥$1000m^3/s$。中型水闸：$1000m^3/s$>过闸流量≥$100m^3/s$。小型水闸：过闸流量<$100m^3/s$，其中，小（1）型水闸：$100m^3/s$>过闸流量≥$20m^3/s$；小（2）型水闸：过闸流量<$20m^3/s$。

图例

省界

设区市界

县（市、区）界

大型水闸

中型水闸

图 4-1-1 浙江省大中型水闸工程分布图

上区、瓯江温溪以下区和富春江水库以下区较多，占全省大型水闸数量的88.9%；中型水闸数量在浙东沿海诸河区（含象山港及三门湾）和瓯江温溪以下区较多，占全省中型水闸数量的64.5%；小型水闸数量在杭嘉湖区、浙东沿海诸河区（含象山港及三门湾）和瓯江温溪以下区较多，占全省小型水闸数量的76.1%。水资源分区规模以上水闸数量汇总见表4-1-2。

表4-1-2　　水资源分区规模以上水闸数量汇总表　　单位：座

水资源分区	合　计	大型水闸	中型水闸	小型水闸
长江区	3624	0	36	3588
鄱阳湖水系	4	0	0	4
信江	4	0	0	4
饶河	0	0	0	0
太湖水系	3620	0	36	3584
湖西及湖区	409	0	15	394
杭嘉湖区	3211	0	21	3190
东南诸河区	4957	18	302	4637
钱塘江	1074	11	65	998
富春江水库以上	372	7	9	356
富春江水库以下	702	4	56	642
浙东诸河	2233	2	133	2098
浙东沿海诸河（含象山港及三门湾）	1653	2	114	1537
舟山群岛	580	0	19	561
浙南诸河	1650	5	104	1541
瓯江温溪以上	10	0	0	10
瓯江温溪以下	1640	5	104	1531
闽东诸河	0	0	0	0
闽东诸河	0	0	0	0
闽江	0	0	0	0
闽江上游（南平以上）	0	0	0	0

（二）设区市水闸分布

浙江省东北部地区为冲积平原，地势平坦、河网密布，水闸数量较多，此外沿海地区的水闸数量也较多。水闸数量在嘉兴市、宁波市和温州市较多，分别占全省水闸数量的29.9%、16.2%和11.5%。其中，大型水闸数量在金华市和绍兴市较多，分别占全省大型水闸数量的27.8%和22.2%；中型水闸数量在宁波市和温州市较多，分别占全省中型水闸数量的31.1%和20.7%；小型水闸数量在嘉兴市、宁波市和温州市较多，分别占全省小型水闸数量的31.1%、15.6%和11.1%。各设区市不同规模水闸数量汇总见表4-1-3，各设区市规模以上水闸数量分布如图4-1-2所示。

表 4-1-3　　各设区市不同规模水闸数量汇总表　　单位：座

行政区划	合计		大型水闸	中型水闸	小型水闸
	水闸总数量	其中海塘上水闸数量			
全省	8581	1706	18	338	8225
杭州市	909	33	0	37	872
宁波市	1393	568	2	105	1286
温州市	990	340	3	70	917
嘉兴市	2563	13	0	8	2555
湖州市	490	0	0	25	465
绍兴市	362	20	4	25	333
金华市	303	0	5	8	290
衢州市	119	0	2	1	116
舟山市	580	450	0	19	561
台州市	862	282	2	40	820
丽水市	10	0	0	0	10

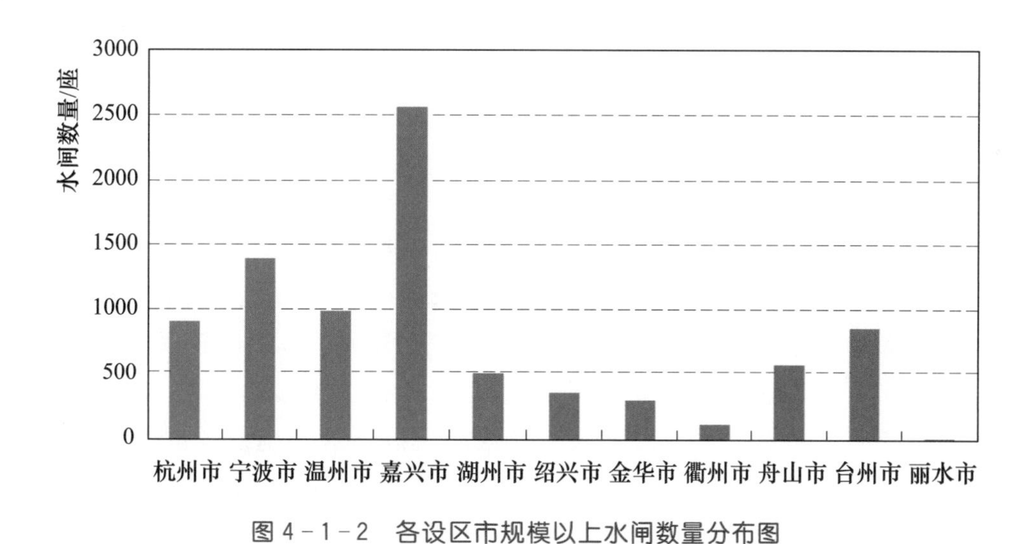

图 4-1-2　各设区市规模以上水闸数量分布图

第二节　水　闸　类　型

一、总体情况

本次普查按水闸的工程任务进行分类，包括引（进）水闸、节制闸、排（退）水闸、分（泄）洪闸和挡潮闸 5 种水闸类型。在全省规模以上的水闸中，有引（进）水闸 212 座，占全省规模以上水闸数量的 2.5%；节制闸 4979 座，占全省的 58.0%；排水闸 1414 座，占全省的 16.5%；分（泄）洪闸 263 座，占全省的 3.1%；挡潮闸 1713 座，占全省的19.9%。全省规模以上不同类型水闸数量和过闸流量汇总见表4-2-1，全省规模以上不同类型水闸数量比例和过闸流量比例分别如图4-2-1和图4-2-2所示。

表4-2-1　　全省规模以上不同类型水闸数量和过闸流量汇总表

项　目	合计	引（进）水闸	节制闸	排（退）水闸	分（泄）洪闸	挡潮闸
数量/座	8581	212	4979	1414	263	1713
过闸流量/(m^3/s)	275926	3846	102773	38102	37221	93984

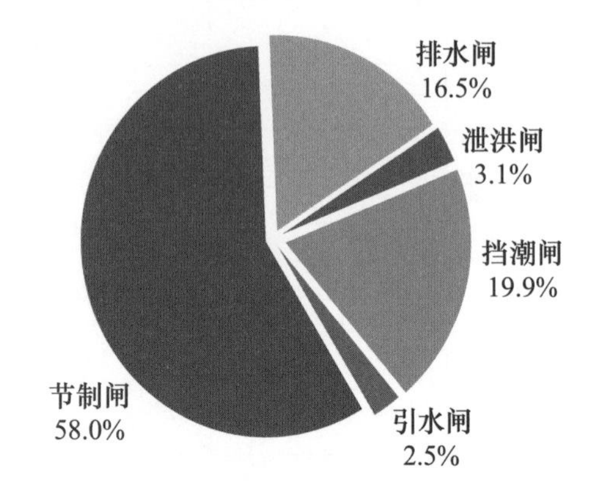

图4-2-1　全省规模以上不同类型水闸数量比例图

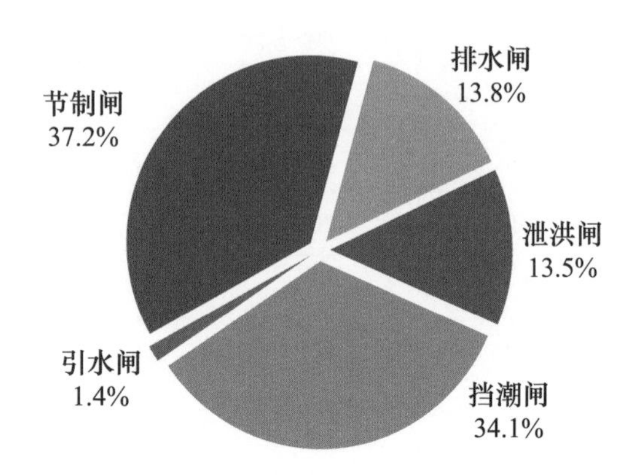

图4-2-2　全省规模以上不同类型水闸过闸流量比例图

二、水资源分区不同类型水闸分布

引（进）水闸和分（泄）洪闸数量在东南诸河区的钱塘江区较多；节制闸数量在长江区的太湖水系较多；排（退）水闸数量在长江区的太湖水系、东南诸河区的钱塘江区和浙南诸河区较多；挡潮闸数量在东南诸河区内的浙东诸河区和浙南诸河区较多。水资源三级区中，引（进）水闸数量在富春江水库以上区和富春江水库以下区较多，占全省引（进）水闸数量的84.0%；节制闸数量在杭嘉湖区较多，占全省节制闸数量的57.5%；排（退）水闸数量在杭嘉湖区、富春江水库以下区、瓯江温溪以下区和湖西及湖区较多，占全省排（退）水闸数量的81.0%；分（泄）洪闸数量在富春江水库以下区和富春江水库以上区较多，占全省分（泄）洪闸数量的55.5%；挡潮闸仅分布在浙东沿海诸河区（含象山港及三门湾）、瓯江温溪以下区、舟山群岛区、富春江水库以下和杭嘉湖区。全省水资源分区规模以上不同类型水闸数量与过闸流量汇总见表4-2-2。

三、设区市不同类型水闸分布

全省不同类型的水闸主要分布在东北部平原河网地区和东部沿海地区。其中，引水闸和分（泄）洪闸数量不多，主要分布在中部地区；节制闸数量较多，超过水闸总数量的半数，主要集中在东北部地区；排水闸主要集中在北部地区；挡潮闸则全部集中在东部沿海地区。

引（进）水闸数量在金华市和衢州市较多，占全省引（进）水闸数量的71.2%；节制闸数量在嘉兴市较多，占全省节制闸数量的51.0%；排（退）水闸数量在杭州市和湖州市较多，占全省排（退）水闸数量的50.7%；分（泄）洪闸数量在金华市、绍兴市、台州市和湖州市较多，占全省分（泄）洪闸数量的65.8%；挡潮闸数量在宁波市、舟山市、温州市和台州市较多，占全省挡潮闸数量的98.9%。各设区市规模以上不同类型水闸数量与过闸流量汇总见表4-2-3。

表4-2-2　全省水资源分区规模以上不同类型水闸数量与过闸流量汇总表

水资源分区	引（进）水闸		节制闸		排（退）水闸		分（泄）洪闸		挡潮闸	
	数量/座	过闸流量/(m^3/s)	数量/座	过闸流量/(m^3/s)	数量/座	过闸流量/(m^3/s)	数量/座	过闸流量/(m^3/s)	数量/座	过闸流量/(m^3/s)
长江区	9	116	2980	28534	576	7668	50	4401	9	1085
鄱阳湖水系	4	20	0	0	0	0	0	0	0	0
信江	4	20	0	0	0	0	0	0	0	0
饶河	0	0	0	0	0	0	0	0	0	0
太湖水系	5	96	2980	28534	576	7668	50	4401	9	1085
湖西及湖区	3	37	117	4325	252	3642	37	2061	0	0
杭嘉湖区	2	59	2863	24208	324	4027	13	2340	9	1085
东南诸河区	203	3730	1999	74239	838	30433	213	32821	1704	92899
钱塘江	178	3029	368	23363	372	11874	146	30913	10	14725
富春江水库以上	129	1835	115	11815	58	921	70	25762	0	0
富春江水库以下	49	1194	253	11549	314	10953	76	5151	10	14725
浙东诸河	13	279	818	17138	206	7319	17	475	1179	49932
浙东沿海诸河（含象山港及三门湾）	13	279	689	14282	206	7319	17	475	728	38958
舟山群岛	0	0	129	2856	0	0	0	0	451	10974
浙南诸河	12	422	813	33738	260	11240	50	1432	515	28242
瓯江温溪以上	3	70	2	45	5	176	0	0	0	0
瓯江温溪以下	9	353	811	33693	255	11065	50	1432	515	28242
闽东诸河	0	0	0	0	0	0	0	0	0	0
闽东诸河	0	0	0	0	0	0	0	0	0	0
闽江	0	0	0	0	0	0	0	0	0	0
闽江上游（南平以上）	0	0	0	0	0	0	0	0	0	0

表 4-2-3　　各设区市规模以上不同类型水闸数量与过闸流量汇总表

行政区划	引（进）水闸		节制闸		排（退）水闸		分（泄）洪闸		挡潮闸	
	数量/座	过闸流量/(m^3/s)	数量/座	过闸流量/(m^3/s)	数量/座	过闸流量/(m^3/s)	数量/座	过闸流量/(m^3/s)	数量/座	过闸流量/(m^3/s)
全省	212	3846	4979	102773	1414	38102	263	37221	1713	93984
杭州市	16	722	372	8984	489	8954	22	2833	10	1324
宁波市	10	143	642	12810	146	5590	14	389	581	34180
温州市	3	34	449	26802	177	6482	21	919	340	17153
嘉兴市	0	0	2537	16249	13	1468	8	1613	5	647
湖州市	3	37	231	8191	228	3399	28	1009	0	0
绍兴市	20	371	116	7445	168	5326	54	4005	4	13839
金华市	110	1612	86	11700	45	789	62	14095	0	0
衢州市	41	539	40	641	13	132	25	11846	0	0
舟山市	0	0	129	2856	0	0	0	0	451	10974
台州市	6	318	375	7050	130	5785	29	514	322	15867
丽水市	3	70	2	45	5	176	0	0	0	0

四、设计年引水量

（一）总体情况

全省规模以上的水闸中，有引（进）水闸 212 座，占全省规模以上水闸数量的 2.5%。其中，建在江（河）、湖泊和水库岸边的引（进）水闸（以下简称“河流引（进）水闸”）共 42 座，占全省规模以上引（进）水闸数量的 19.8%，总过闸流量 862m^3/s，设计年引水量 21.50 亿 m^3。

全省无大型河流引（进）水闸，有 1 座中型河流引（进）水闸，其他均为小型河流引（进）水闸，小型河流引（进）水闸数量和设计年引水量占全省河流引（进）水闸数量和设计年引水量的 97.6% 和 87.9%。全省规模以上河流引（进）水闸主要指标汇总见表 4-2-4。

表 4-2-4　　全省规模以上河流引（进）水闸主要指标汇总表

项　目	合　计	大型水闸	中型水闸	小型水闸
数量/座	42	0	1	41
过闸流量/(m^3/s)	862	0	100	762
过闸流量占比/%	100	0	11.6	88.4
设计年引水量/亿 m^3	21.50	0	2.59	18.91
设计年引水量占比/%	100	0	12.1	87.9

（二）水资源分区河流引（进）水闸设计年引水量

河流引（进）水闸数量在东南诸河区内的钱塘江区较多，其河流引（进）水闸的设计年引水量也较大。水资源三级区中，富春江水库以上区和富春江水库以下区的河流引（进）水闸设计年引水量较大，分别占全省规模以上河流引（进）水闸设计年引水量的38.3%和27.8%。水资源分区规模以上河流引（进）水闸主要指标汇总见表4-2-5。

表4-2-5　　水资源分区规模以上河流引（进）水闸主要指标汇总表

水资源分区	数量/座	过闸流量/(m^3/s)	设计年引水量/亿 m^3
长江区	3	55.28	1.65
鄱阳湖水系	0	0	0
信江	0	0	0
饶河	0	0	0
太湖水系	3	55.28	1.65
湖西及湖区	2	20.9	1.59
杭嘉湖区	1	34.38	0.06
东南诸河区	39	806.56	19.85
钱塘江	29	655.89	14.22
富春江水库以上	11	204.5	5.98
富春江水库以下	18	451.39	8.24
浙东诸河	6	96.11	2.44
浙东沿海诸河（含象山港及三门湾）	6	96.11	2.44
舟山群岛	0	0	0
浙南诸河	4	54.56	3.19
瓯江温溪以上	1	21.27	0.29
瓯江温溪以下	3	33.29	2.90
闽东诸河	0	0	0
闽东诸河	0	0	0
闽江	0	0	0
闽江上游（南平以上）	0	0	0

（三）设区市河流引（进）水闸设计年引水量

河流引（进）水闸数量较多的是绍兴市和金华市，分别占全省河流引（进）水闸数量的28.6%和21.4%。从规模以上河流引（进）水闸的设计年引水量看，杭州市、衢州市和金华市的河流引（进）水闸的设计年引水量较大，分别占全省河流引（进）水闸设计年引水量的28.5%、14.4%和13.4%。各设区市规模以上河流引（进）水闸主要指标汇总见表4-2-6。

表 4-2-6　　各设区市规模以上河流引（进）水闸主要指标汇总表

行政区划	数量/座	过闸流量/(m^3/s)	设计年引水量/亿 m^3
全省	42	862	21.50
杭州市	7	298	6.12
宁波市	6	96	2.44
温州市	2	19	1.40
嘉兴市	0	0	0
湖州市	2	21	1.59
绍兴市	12	187	2.18
金华市	9	85	2.88
衢州市	2	120	3.09
舟山市	0	0	0
台州市	1	14	1.50
丽水市	1	21	0.29

五、水闸密度情况

浙江省水闸密度高于全国平均水平。全省共有水闸 8581 座，每百平方公里水闸 8.24 座，高于全国每百平方公里水闸 1.01 座的水平。从各设区市看，密度较高的是嘉兴市、舟山市和宁波市，每百平方公里水闸 65.47 座、40.28 座和 14.19 座。除丽水市以外，其他设区市水闸密度均高于全国平均水平。各设区市水闸密度统计见表 4-2-7，各设区市水闸密度如图 4-2-3 所示。

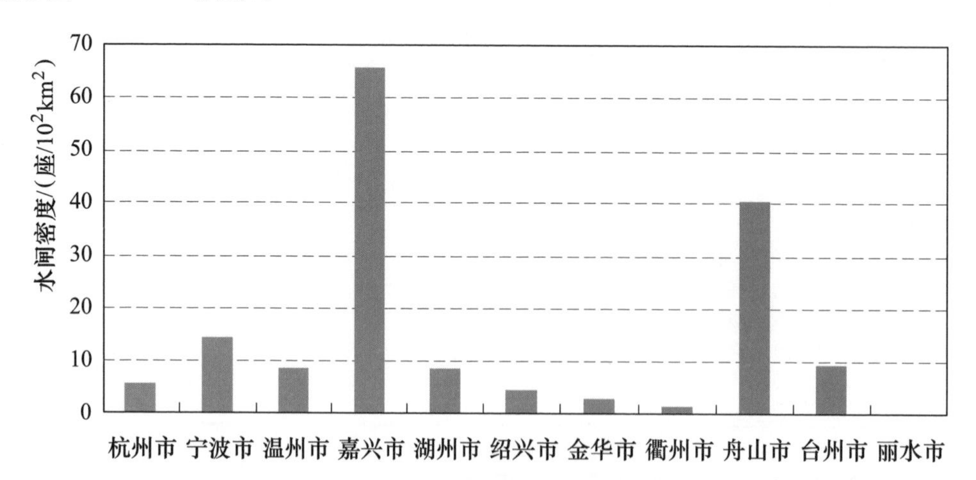

图 4-2-3　各设区市水闸密度

全省有引（进）水闸共 212 座，每百平方公里引（进）水闸 0.20 座，高于全国每百平方公里引（进）水闸 0.11 座的水平。密度较高的是金华市、衢州市和绍兴市，每百平方公里分别有引（进）水闸 1.01 座、0.46 座和 0.24 座，高于全国平均水平。各设区市引（进）水闸密度如图 4-2-4 所示。

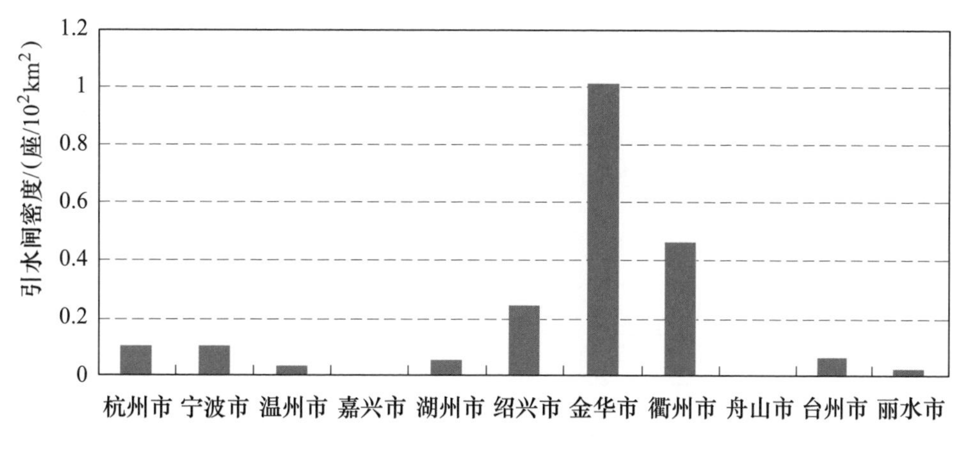

图 4-2-4　各设区市引（进）水闸密度

全省共有排（退）水闸 1414 座，每百平方公里有排（退）水闸 1.36 座，全国每百平方公里排（退）水闸 0.18 座，全省排（退）水闸工程密度高于全国平均水平。从各设区市看，密度较高的是湖州市、杭州市和绍兴市，每百平方公里分别有排（退）水闸 3.92 座、2.95 座和 2.03 座。除衢州市、丽水市和舟山市低于全国平均水平外，其他设区市排（退）水闸密度均在全国平均水平以上。各设区市排（退）水闸密度分布如图4-2-5所示。

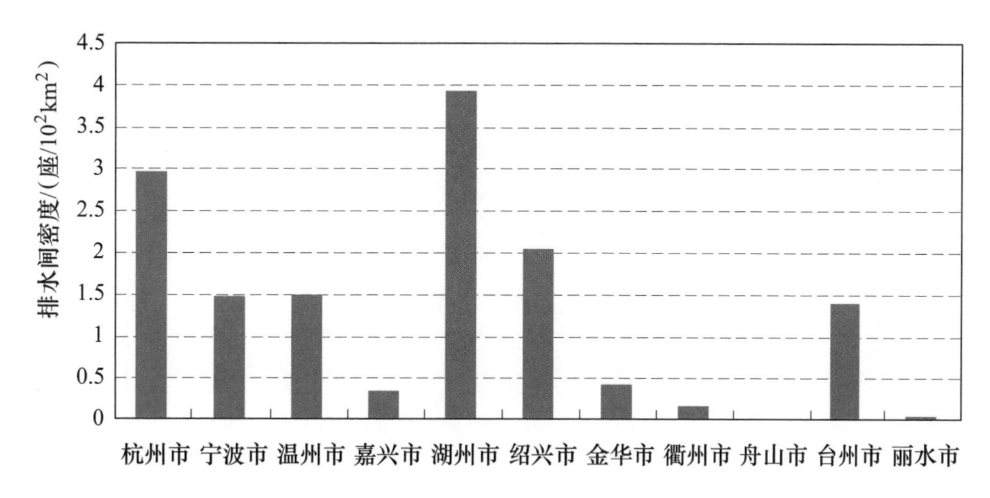

图 4-2-5　各设区市排（退）水闸密度

表 4-2-7　　**各设区市水闸密度统计表**

行政区划	水闸密度/(座/10^2km²)	引（进）水闸密度/(座/10^2km²)	排（退）水闸密度/(座/10^2km²)
全省	8.24	0.20	1.36
杭州市	5.48	0.10	2.95
宁波市	14.19	0.10	1.49
温州市	8.40	0.03	1.50
嘉兴市	65.47	0	0.33
湖州市	8.42	0.05	3.92

续表

行政区划	水闸密度 /(座/10^2km^2)	引(进)水闸密度 /(座/10^2km^2)	排(退)水闸密度 /(座/10^2km^2)
绍兴市	4.38	0.24	2.03
金华市	2.77	1.01	0.41
衢州市	1.35	0.46	0.15
舟山市	40.28	0	0
台州市	9.16	0.06	1.38
丽水市	0.06	0.02	0.03

第三节 水闸建设情况

一、已建和在建情况

截至2011年年底，全省规模以上的水闸中，已建水闸8386座，占全省规模以上水闸数量的97.7%，占全国已建水闸数量的8.7%；在建水闸195座，占全省规模以上水闸数量的2.3%，占全国在建水闸数量的24.6%。

已建水闸数量在嘉兴市、宁波市和温州市较多，分别占全省已建水闸数量的29.6%、16.4%和11.2%；在建水闸数量在嘉兴市、温州市和台州市较多，分别占全省在建水闸数量的42.1%、24.1%和10.3%。各设区市规模以上已建和在建水闸数量汇总见表4-3-1，各设区市规模以上已建和在建水闸数量分布如图4-3-1所示。

表4-3-1　各设区市规模以上已建和在建水闸数量汇总表

行政区划	已建水闸/座	在建水闸/座	行政区划	已建水闸/座	在建水闸/座
全省	8386	195	绍兴市	361	1
杭州市	902	7	金华市	302	1
宁波市	1377	16	衢州市	119	0
温州市	943	47	舟山市	570	10
嘉兴市	2481	82	台州市	842	20
湖州市	479	11	丽水市	10	0

二、不同时期建设情况

全省规模以上的水闸中，新中国成立以前建成的水闸共88座，占全省规模以上水闸数量的1.0%；20世纪50年代，水闸建设速度较为缓慢，建成水闸331座，占全省规模以上水闸数量的3.9%，其中大型水闸1座，占全省大型水闸数量的5.6%；20世纪60

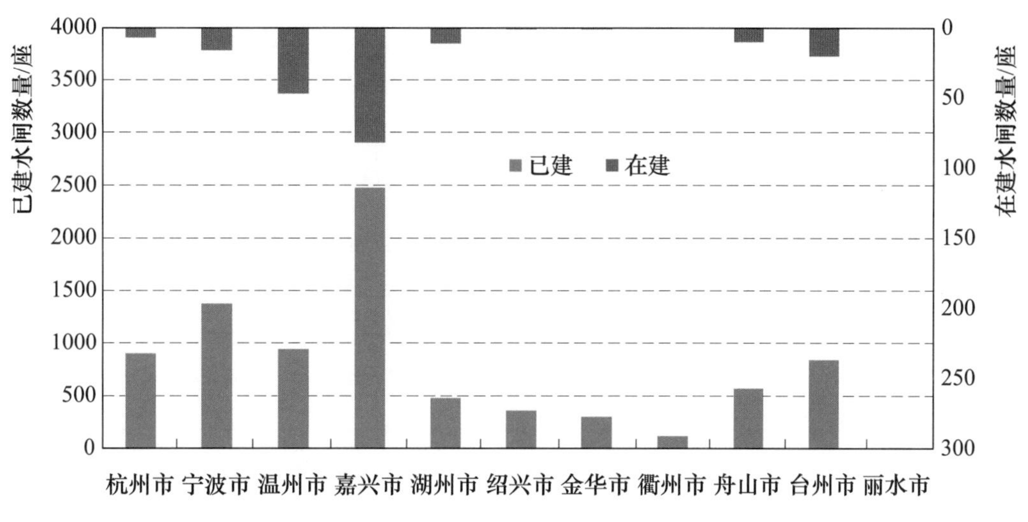

图 4-3-1　各设区市规模以上已建和在建水闸数量

年代，建设速度稍有加快，建成水闸 600 座，占全省规模以上水闸数量的 7.0%，其中大型水闸 1 座，占全省大型水闸数量的 5.6%；20 世纪 70 年代，建设速度加快，建成水闸 1015 座，占全省规模以上水闸数量的 11.8%，其中大型水闸 2 座，占全省大型水闸数量的 11.1%；20 世纪 80 年代，建成水闸 933 座，占全省规模以上水闸数量的 10.9%，其中大型水闸 2 座，占全省大型水闸数量的 11.1%；20 世纪 90 年代，全省水闸建设进入快速建设期，建成水闸 2150 座，占全省规模以上水闸数量的 25.1%，其中大型水闸 5 座，占全省大型水闸数量的 27.8%；2000 年至普查时点（2011 年 12 月 31 日），建设水闸 3464 座，占全省规模以上水闸数量的 40.4%，其中大型水闸 7 座，占全省大型水闸数量的 38.9%。全省不同时期、不同年代规模以上水闸数量汇总见表 4-3-2 和表 4-3-3，全省不同时期规模以上水闸数量如图 4-3-2 所示，全省不同时期大型水闸数量如图 4-3-3 所示。

表 4-3-2　　全省不同时期规模以上水闸数量汇总表　　单位：座

建设时期	合　计	大型水闸	中型水闸	小型水闸
合计	8581	18	338	8225
1949 年以前	88	0	3	85
20 世纪 50 年代	331	1	17	313
20 世纪 60 年代	600	1	30	569
20 世纪 70 年代	1015	2	46	967
20 世纪 80 年代	933	2	23	908
20 世纪 90 年代	2150	5	41	2104
2000—2011 年	3464	7	178	3279

表 4-3-3　　全省不同年代规模以上水闸数量汇总表　　单位：座

建设时期	合　计	大型水闸	中型水闸	小型水闸
1949 年以前	88	0	3	85
1960 年以前	419	1	20	398
1970 年以前	1019	2	50	967
1980 年以前	2034	4	96	1934
1990 年以前	2967	6	119	2842
2000 年以前	5117	11	160	4946
2011 年以前	8581	18	338	8225

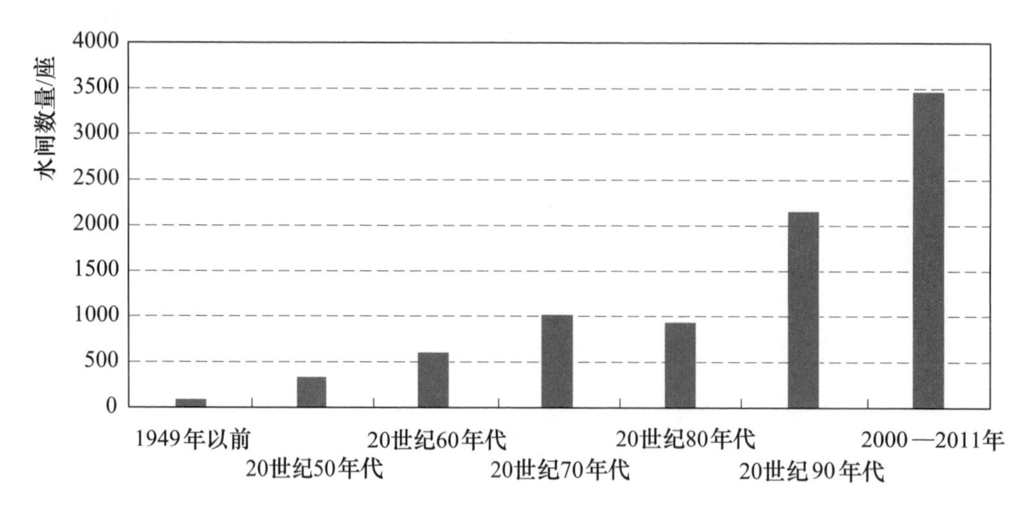

图 4-3-2　全省不同时期规模以上水闸数量

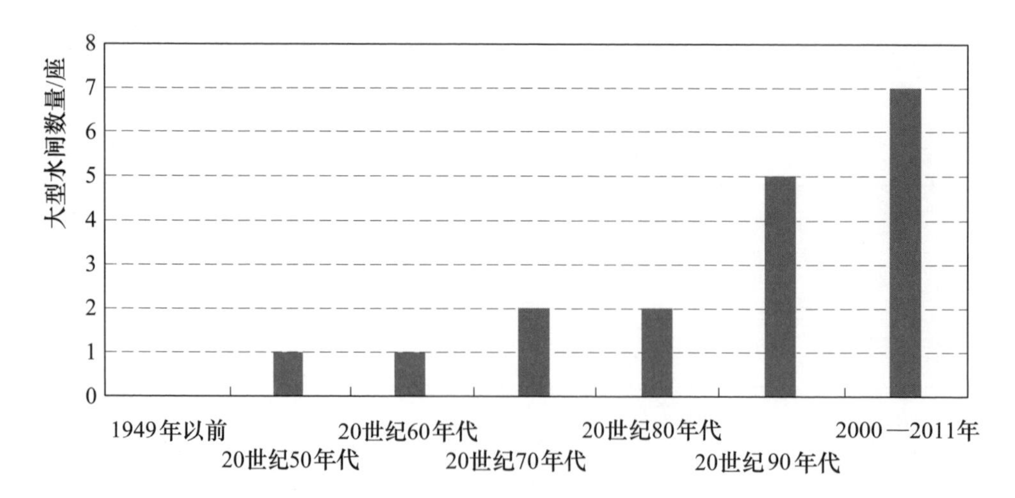

图 4-3-3　全省不同时期大型水闸数量

第五章 泵站工程

泵站指由泵和其他机电设备、泵房以及进出水建筑物组成，建在河道、湖泊、渠道上或水库岸边，可以将低处的水提升到所需的高度，用于排水、灌溉、城镇生活和工业供水等的水利工程。本章根据装机流量 $1m^3/s$ 及以上或装机功率 50kW 及以上（以下简称“规模以上”）泵站工程普查数据，按照水资源分区和各设区市对不同分类（规模、类型、建设情况等）的泵站数量、装机流量、装机功率和设计扬程等指标进行汇总，并说明泵站分布情况。

第一节 泵站数量与分布

一、泵站数量与规模

浙江省共有泵站 48081 处，占全国泵站数量的 11.3%。其中，规模以上泵站 2854 处，占全省泵站数量的 5.9%，占全国规模以上泵站数量的 3.2%；装机流量 $1m^3/s$ 以下且装机功率 50kW 以下的泵站 45227 处，占全省泵站数量的 94.1%。

在规模以上的泵站[1]中，共有大型泵站 10 处、中型泵站 128 处、小型泵站 2716 处，分别占全省规模以上泵站数量的 0.36%、4.48%和 95.16%。其中，建在海塘上的泵站共 53 座。全省大中型泵站工程分布图如图 5-1-1 所示。全省规模以上不同规模泵站数量汇总见表 5-1-1。全省大中型泵站名录见附表 4。

表 5-1-1　　全省规模以上不同规模泵站数量汇总表

项目	合计	大型			中型	小型		
		小计	大（1）型	大（2）型		小计	小（1）型	小（2）型
数量/处	2854	10	1	9	128	2716	1279	1437
占比/%	100.0	0.36	0.04	0.32	4.48	95.16	44.81	50.35

[1] 大型泵站：装机流量≥$50m^3/s$ 或装机功率≥1 万 kW，其中，大（1）型泵站：装机流量≥$200m^3/s$ 或装机功率≥3 万 kW；大（2）型泵站：$200m^3/s$>装机流量≥$50m^3/s$ 或 3 万 kW>装机功率≥1 万 kW。中型泵站：$50m^3/s$>装机流量≥$10m^3/s$ 或 1 万 kW>装机功率≥0.1 万 kW。小型泵站：装机流量<$10m^3/s$ 或装机功率<0.1 万 kW，其中，小（1）型泵站：$10m^3/s$>装机流量≥$2m^3/s$ 或 0.1 万 kW>装机功率≥0.01 万 kW；小（2）型泵站：装机流量<$2m^3/s$ 或装机功率<0.01 万 kW。

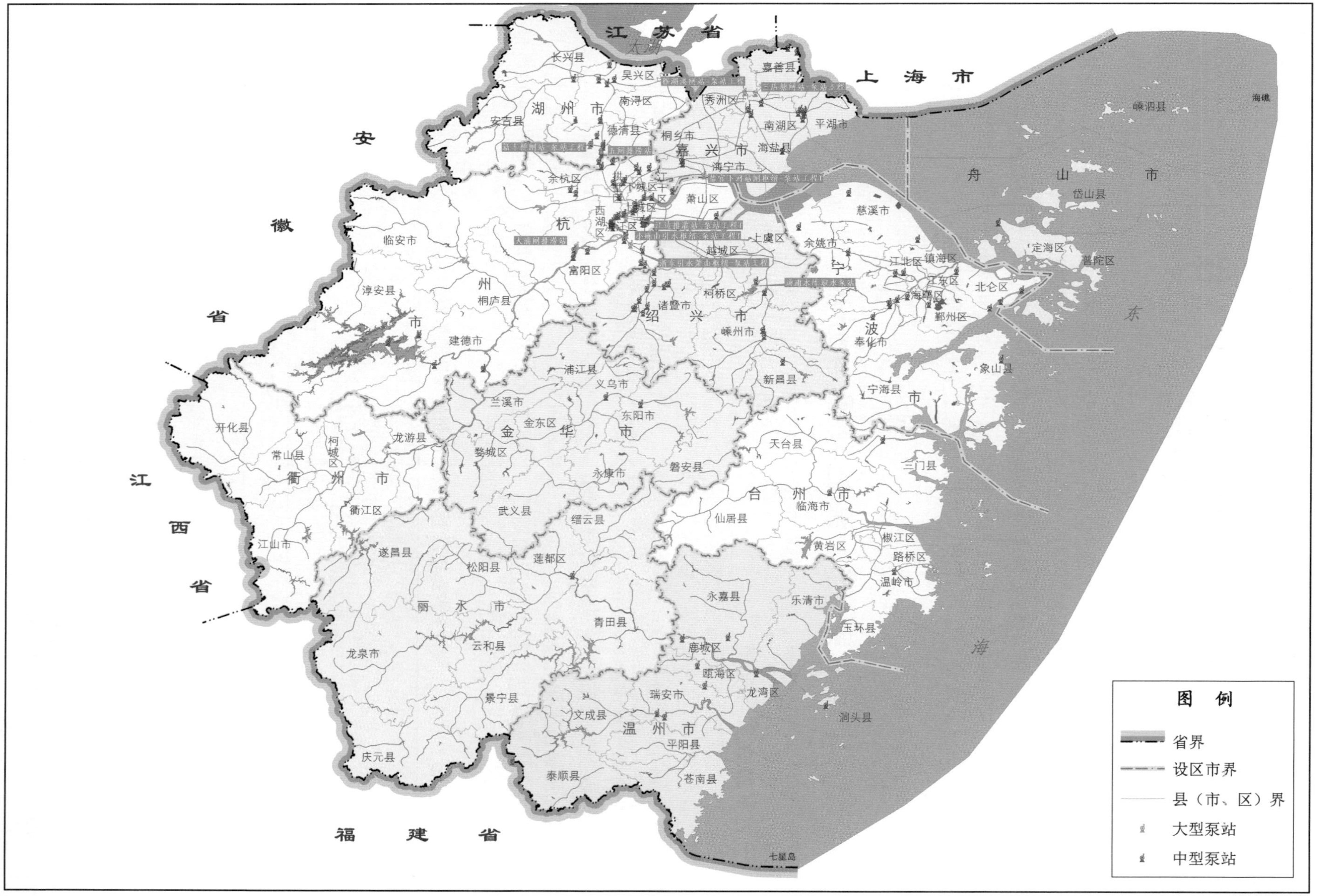

图例

省界

设区市界

县（市、区）界

大型泵站

中型泵站

图 5－1－1　浙江省大中型泵站工程分布图

二、泵站分布情况

（一）水资源分区泵站分布

全省泵站数量在长江区的太湖水系以及东南诸河区的钱塘江水系和浙东诸河区较多。在水资源三级区中，杭嘉湖区、浙东沿海诸河区（含象山港及三门湾）和富春江水库以下区的泵站数量较多，占全省泵站数量的76.4%；大型泵站仅分布在富春江水库以下区、杭嘉湖区和湖西及湖区；中型泵站数量在富春江水库以下区和杭嘉湖区较多，占全省中型泵站数量的58.6%；小型泵站数量在杭嘉湖区、浙东沿海诸河区（含象山港及三门湾）和富春江水库以下区较多，占全省小型泵站数量的76.6%。水资源分区规模以上泵站不同规模数量汇总见表5-1-2。

表5-1-2　水资源分区规模以上泵站不同规模数量汇总表　单位：处

水资源分区	合　计	大型泵站	中型泵站	小型泵站
长江区	1462	5	46	1411
鄱阳湖水系	0	0	0	0
信江	0	0	0	0
饶河	0	0	0	0
太湖水系	1462	5	46	1411
湖西及湖区	307	2	16	289
杭嘉湖区	1155	3	30	1122
东南诸河区	1392	5	82	1305
钱塘江	729	5	51	673
富春江水库以上	214	0	6	208
富春江水库以下	515	5	45	465
浙东诸河	561	0	19	542
浙东沿海诸河（含象山港及三门湾）	511	0	18	493
舟山群岛	50	0	1	49
浙南诸河	101	0	11	90
瓯江温溪以上	18	0	1	17
瓯江温溪以下	83	0	10	73
闽东诸河	1	0	1	0
闽东诸河	1	0	1	0
闽江	0	0	0	0
闽江上游（南平以上）	0	0	0	0

（二）设区市泵站分布

全省泵站数量在东北部地区较多，该地区地形平坦，河网密布，供、排水的需求较大。泵站数量在嘉兴市、杭州市、宁波市和湖州市较多，分别占全省泵站数量的27.9%、19.3%、17.5%和14.4%；大型泵站集中在杭州市、嘉兴市、湖州市和绍兴市；中型泵站数量在杭州市、宁波市、绍兴市、湖州市和嘉兴市较多，分别占全省中型泵站数量的39.1%、13.3%、12.5%、11.7%和10.9%；小型泵站数量在嘉兴市、杭州市、宁波市和湖州市较多，分别占全省小型泵站数量的28.7%、18.3%、17.7%和14.5%。各设区市规模以上泵站不同规模数量汇总见表5-1-3，各设区市规模以上泵站数量分布如图5-1-2所示。

表5-1-3　　各设区市规模以上泵站不同规模数量汇总表　　单位：处

行政区划	合计		大型泵站	中型泵站	小型泵站
	总数	其中海塘上泵站数量			
全省	2854	53	10	128	2716
杭州市	550	21	4	50	496
宁波市	499	22	0	17	482
温州市	62	0	0	9	53
嘉兴市	796	1	3	14	779
湖州市	412	0	2	15	395
绍兴市	274	0	1	16	257
金华市	93	0	0	2	91
衢州市	74	0	0	0	74
舟山市	50	9	0	1	49
台州市	26	0	0	3	23
丽水市	18	0	0	1	17

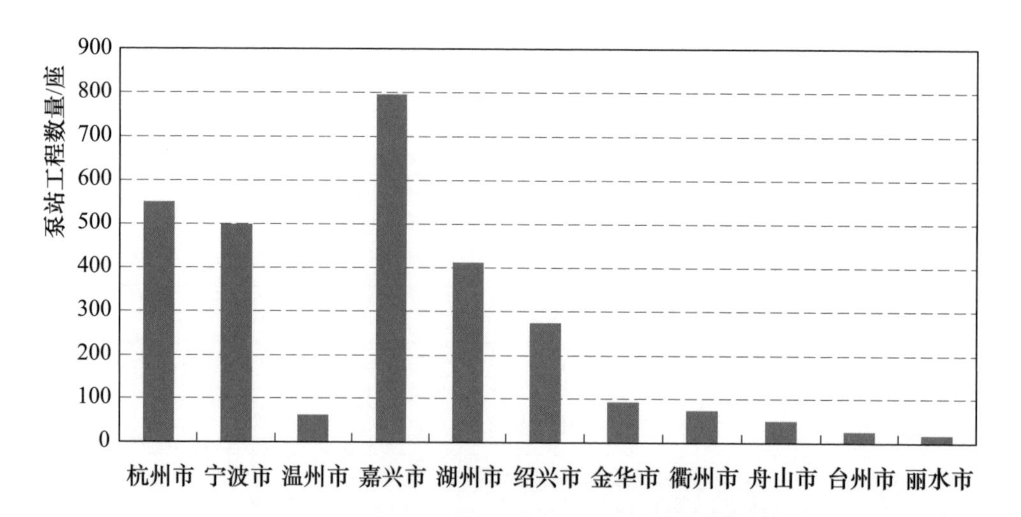

图5-1-2　各设区市规模以上泵站数量分布图

第二节 泵 站 类 型

一、总体情况

泵站按照类型分为供水泵站、排水泵站和供排结合泵站共3种类型。在全省规模以上泵站中，供水泵站793处，装机功率21.2万kW，分别占全省规模以上泵站数量和装机功率的27.8%和38.2%；排水泵站1700处，装机功率28.4万kW，分别占全省规模以上泵站数量和装机功率的59.6%和51.1%；供排结合泵站361处，装机功率6.0万kW，分别占全省规模以上泵站数量和装机功率的12.6%和10.7%。全省规模以上不同类型泵站主要指标汇总见表5-2-1，全省规模以上不同类型泵站数量及装机功率比例分别如图5-2-1和图5-2-2所示。

表5-2-1　　全省规模以上不同类型泵站主要指标汇总表

项　目	合　计	供水泵站	排水泵站	供排结合泵站
数量/处	2854	793	1700	361
装机流量/(m^3/s)	7425	1009	5359	1057
装机功率/万kW	55.6	21.2	28.4	6.0

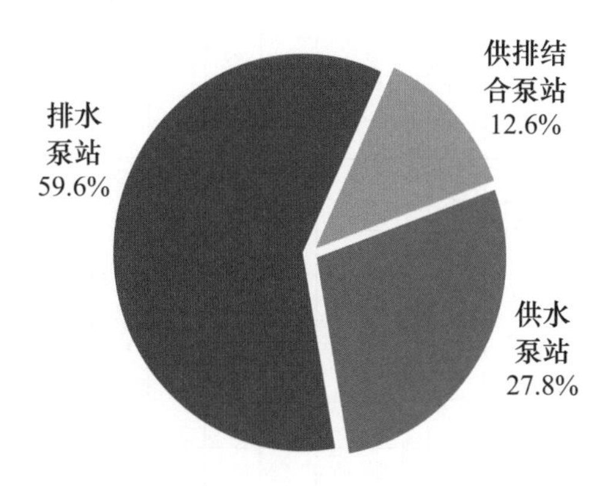

图5-2-1　全省规模以上不同类型泵站数量比例图

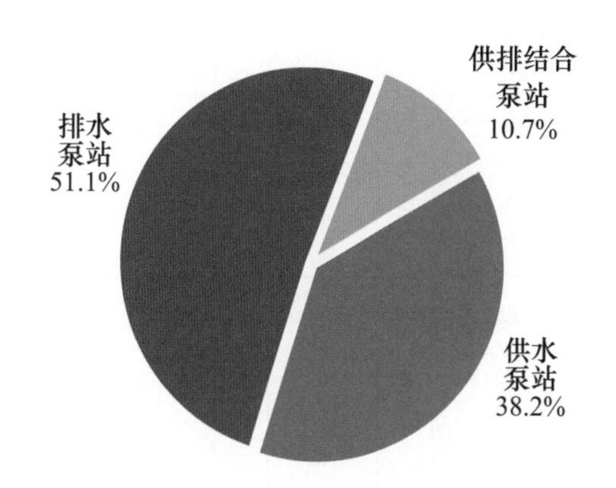

图5-2-2　全省规模以上不同类型泵站装机功率比例图

二、水资源分区不同类型泵站分布

全省供水泵站数量在东南诸河区内的钱塘江区较多，排水泵站和供排结合泵站在长江区的太湖水系较多。在水资源三级区中，供水泵站数量在富春江水库以下区和富春江水库以上区较多，共占全省供水泵站数量的52.0%；排水泵站数量在杭嘉湖区和浙东沿海诸河区（含象山港及三门湾）较多，共占全省排水泵站数量的67.1%；供排结合泵站在杭嘉湖区较多，共占全省供排结合泵站数量的64.5%。水资源分区规模以上不同类型泵站主要指标汇总见表5-2-2。

表 5-2-2　　水资源分区规模以上不同类型泵站主要指标汇总表

水资源分区	合计			供水泵站			排水泵站			供排结合泵站		
	数量/处	装机流量/(m^3/s)	装机功率/万 kW	数量/处	装机流量/(m^3/s)	装机功率/万 kW	数量/处	装机流量/(m^3/s)	装机功率/万 kW	数量/处	装机流量/(m^3/s)	装机功率/万 kW
长江区	1462	3816	20.9	139	250	4.3	1063	3119	14.3	260	447	2.2
鄱阳湖水系	0	0	0	0	0	0	0	0	0	0	0	0
信江	0	0	0	0	0	0	0	0	0	0	0	0
饶河	0	0	0	0	0	0	0	0	0	0	0	0
太湖水系	1462	3816	20.9	139	250	4.3	1063	3119	14.3	260	447	2.2
湖西及湖区	307	870	5.1	28	27	0.3	252	777	4.5	27	67	0.3
杭嘉湖区	1155	2945	15.8	111	223	4.1	811	2342	9.8	233	380	2.0
东南诸河区	1392	3609	34.7	654	759	16.9	637	2239	14.1	101	610	3.7
钱塘江	729	2049	21.3	412	432	10.1	264	1176	8.3	53	440	2.9
富春江水库以上	214	160	3.9	191	102	3.3	17	48	0.5	6	9	0.1
富春江水库以下	515	1889	17.4	221	330	6.8	247	1128	7.8	47	431	2.8
浙东诸河	561	1279	9.3	164	215	3.8	349	894	4.7	48	170	0.8
浙东沿海诸河（含象山港及三门湾）	511	1236	8.4	134	206	3.3	330	861	4.3	47	169	0.8
舟山群岛	50	43	0.9	30	9	0.5	19	34	0.4	1	1	0
浙南诸河	101	280	4.0	77	112	2.9	24	169	1.1	0	0	0
瓯江温溪以上	18	53	0.5	17	8	0.3	1	45	0.2	0	0	0
瓯江温溪以下	83	227	3.5	60	104	2.6	23	124	0.9	0	0	0
闽东诸河	1	1	0.1	1	1	0.1	0	0	0	0	0	0
闽东诸河	1	1	0.1	1	1	0.1	0	0	0	0	0	0
闽江	0	0	0	0	0	0	0	0	0	0	0	0
闽江上游（南平以上）	0	0	0	0	0	0	0	0	0	0	0	0

表 5-2-3　　各设区市规模以上不同类型泵站主要指标汇总表

行政区划	合计			供水泵站			排水泵站			供排结合泵站		
	数量/处	装机流量/(m^3/s)	装机功率/万 kW	数量/处	装机流量/(m^3/s)	装机功率/万 kW	数量/处	装机流量/(m^3/s)	装机功率/万 kW	数量/处	装机流量/(m^3/s)	装机功率/万 kW
全省	2854	7425	55.6	793	1009	21.2	1700	5359	28.4	361	1057	6.0
杭州市	550	1981	15.7	134	346	6.4	368	1169	6.3	48	466	3.0
宁波市	499	1201	8.1	128	200	3.2	324	832	4.1	47	169	0.8
温州市	62	163	3.1	46	88	2.6	16	75	0.5	0	0	0
嘉兴市	796	1890	9.1	79	101	1.9	544	1540	6.0	173	249	1.3
湖州市	412	1139	6.0	29	30	0.3	305	977	5.2	78	132	0.6
绍兴市	274	731	9.0	162	123	3.9	100	573	4.8	12	35	0.3
金华市	93	93	1.6	80	55	1.3	11	33	0.3	2	5	0
衢州市	74	41	0.9	73	33	0.8	1	8	0.1	0	0	0
舟山市	50	43	0.9	30	9	0.5	19	34	0.4	1	1	0.02
台州市	26	89	0.8	15	17	0.2	11	72	0.6	0	0	0
丽水市	18	53	0.5	17	8	0.3	1	45	0.2	0	0	0

三、设区市不同类型泵站分布

全省的泵站主要集中在东北地区。供水泵站数量在绍兴市、杭州市和宁波市较多，共占全省供水泵站数量的53.5%，分别为20.4%、16.9%和16.2%；排水泵站数量在嘉兴市、杭州市、宁波市和湖州市较多，共占全省排水泵站数量的90.6%，分别为32.0%、21.6%、19.1%和17.9%；供排结合泵站数量在嘉兴市和湖州市较多，共占全省供排结合泵站数量的69.5%，分别为47.9%和21.6%。位于东北部的杭州、绍兴等地的地域面积较大，人口众多，工农业发达，对供水和排水的需求较大，供水和排水泵站集中，其中嘉兴市地势低平，河网密布，邻近太湖，排水任务较重，排水泵站和供排结合泵站数量最多。各设区市规模以上不同类型泵站主要指标汇总见表5-2-3，各设区市规模以上不同类型泵站数量分布如图5-2-3～图5-2-5所示。

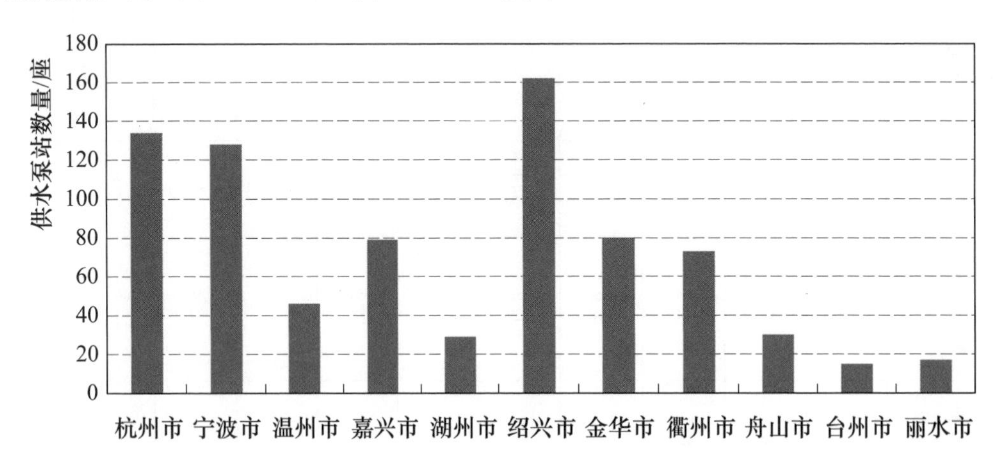

图5-2-3　各设区市规模以上供水泵站数量分布图

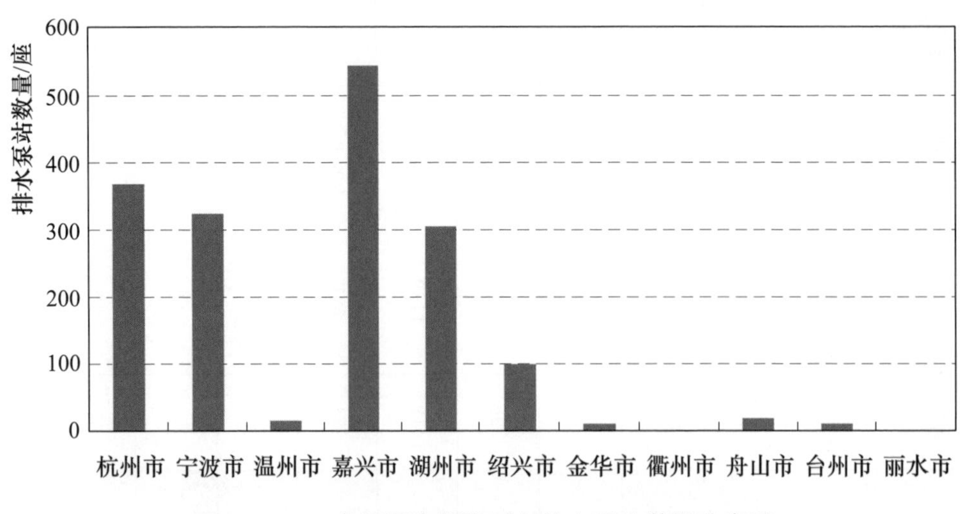

图5-2-4　各设区市规模以上排水泵站数量分布图

四、泵站工程密度情况

浙江省规模以上泵站工程密度高于全国平均水平。全省规模以上泵站2854处，每百平方公里泵站数量为2.74处，高于全国每百平方公里泵站数量0.93处。全省密度较高的

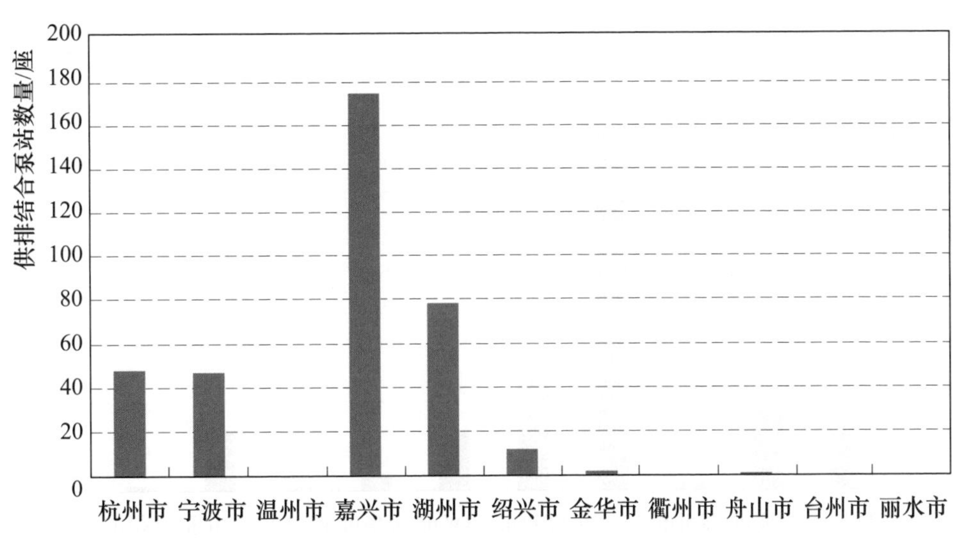

图 5-2-5　各设区市规模以上供排结合泵站数量分布图

是嘉兴市，每百平方公里泵站数量为 20.33 处。此外，湖州市、宁波市、舟山市、绍兴市和杭州市等 5 个设区市均超过了全国平均水平。台州市和丽水市泵站密度相对较低。各设区市泵站密度统计见表 5-2-4，各设区市泵站密度分布如图 5-2-6 所示。

表 5-2-4　　　　各设区市泵站密度统计表

行政区划	泵站密度 /(处/10^2km^2)	供水泵站密度 /(处/10^2km^2)	排水泵站密度 /(处/10^2km^2)	供排结合泵站密度 /(处/10^2km^2)
全省	2.74	0.76	1.63	0.35
杭州市	3.31	0.81	2.22	0.29
宁波市	5.08	1.30	3.30	0.48
温州市	0.53	0.39	0.14	0
嘉兴市	20.33	2.02	13.90	4.42
湖州市	7.08	0.50	5.24	1.34
绍兴市	3.32	1.96	1.21	0.15
金华市	0.85	0.73	0.10	0.02
衢州市	0.84	0.83	0.01	0
舟山市	3.47	2.08	1.32	0.07
台州市	0.28	0.16	0.12	0
丽水市	0.10	0.10	0.01	0

全省供水泵站 793 处，每百平方公里泵站数量为 0.76 处，高于全国每百平方公里供水泵站数量 0.54 处。全省供水泵站密度较高的设区市是舟山市、嘉兴市、绍兴市和宁波市，每百平方公里泵站数量分别为 2.08 处、2.02 处、1.96 处和 1.30 处，衢州市、杭州

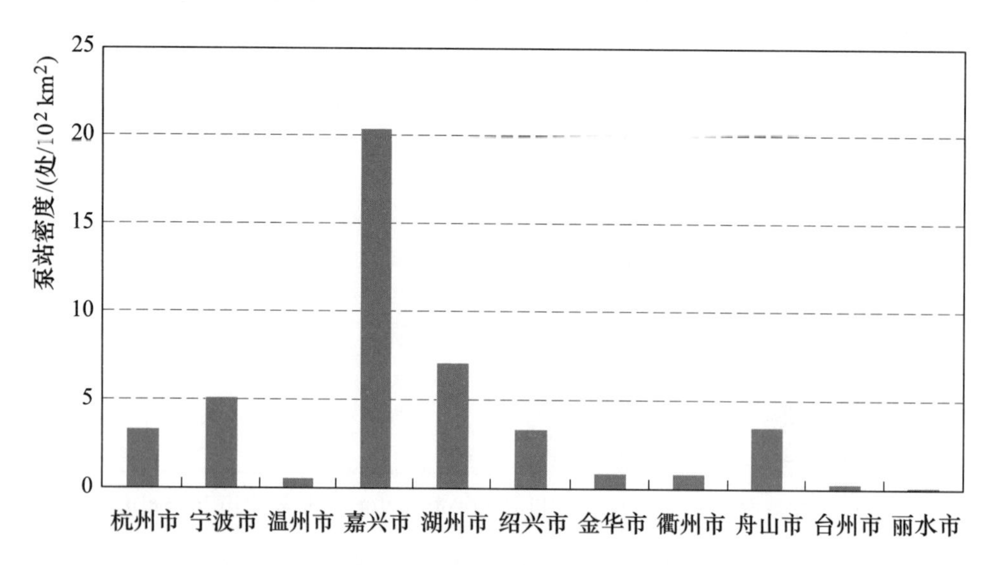

图 5-2-6 各设区市泵站密度分布图

市和金华市每百平方公里供水泵站数量均过了全国平均水平。台州市和丽水市供水泵站密度相对较低。各设区市供水泵站密度分布如图 5-2-7 所示。

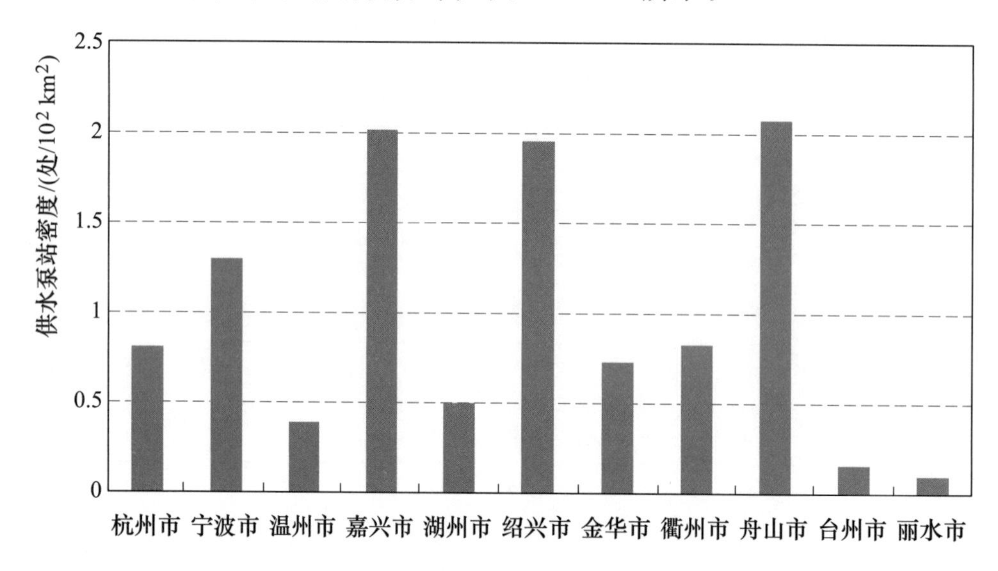

图 5-2-7 各设区市供水泵站密度分布图

全省排水泵站 1700 处，每百平方公里排水泵站数量为 1.63 处，高于全国每百平方公里排水泵站数量 0.30 处。全省密度较高的是嘉兴市，每百平方公里排水泵站数量为 13.90 处，湖州市、宁波市、杭州市、舟山市和绍兴市等 5 个设区市每平方公里排水泵站数量均超过了全国平均水平。衢州市和丽水市排水泵站密度相对较低。各设区市排水泵站密度分布如图 5-2-8 所示。

全省供排结合泵站 361 处，每百平方公里供排结合泵站数量为 0.35 处，高于全国每百平方公里供排结合泵站数量 0.09 处。全省密度较高的是嘉兴市和湖州市，每百平方公里供排结合泵站数量分别为 4.42 处和 1.34 处，宁波市、杭州市和绍兴市每百平方公里供排结合泵站数量均超过全国平均水平。温州市、衢州市、台州市和丽水市等 4 个市没有供排结合泵站。各设区市供排结合泵站密度分布如图 5-2-9 所示。

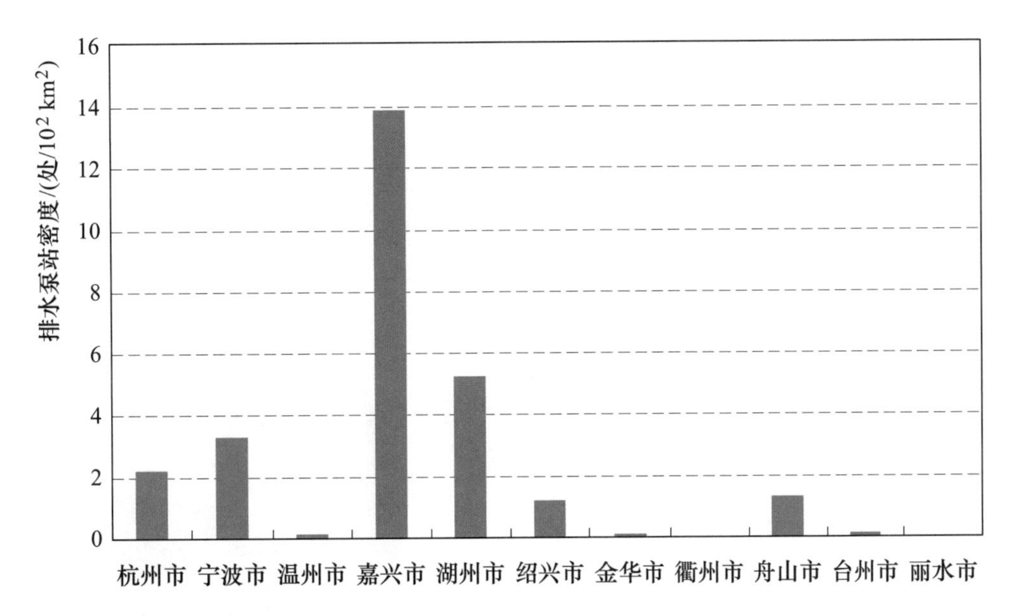

图 5-2-8　各设区市排水泵站密度分布图

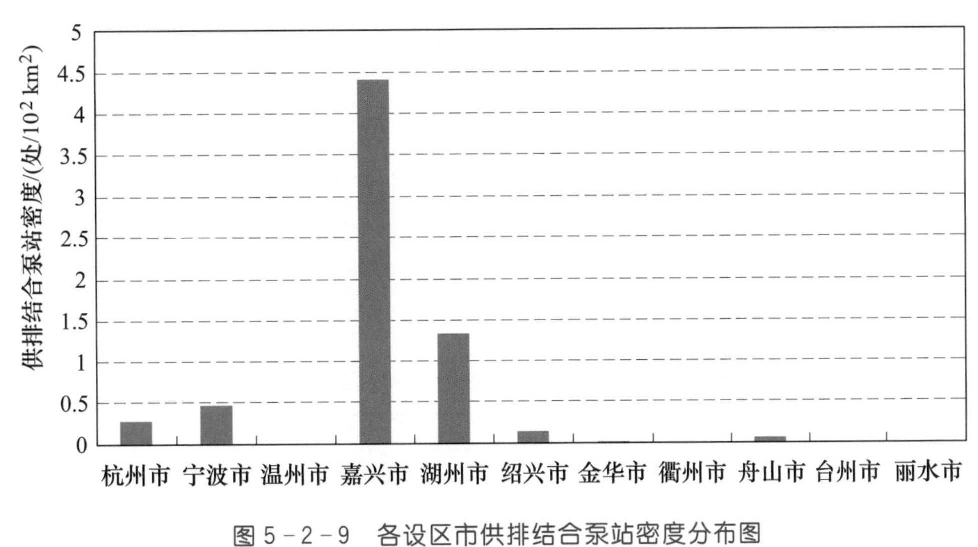

图 5-2-9　各设区市供排结合泵站密度分布图

第三节　泵站设计扬程

一、总体情况

规模以上泵站按设计扬程的大小分为 3 种，分别为设计扬程＜10m 的泵站、50m＞设计扬程≥10m 的泵站以及设计扬程≥50m 的泵站。在全省规模以上的泵站中，设计扬程≥50m 的泵站共 101 处，占全省规模以上泵站数量的 3.5%；50m＞设计扬程≥10m 的泵站共 490 处，占全省的 17.2%；设计扬程＜10m 的泵站共 2263 处，占全省的 79.3%。全省规模以上不同扬程泵站主要指标汇总见表 5-3-1，规模以上不同扬程泵站数量比例如图 5-3-1 所示。

表 5-3-1　全省规模以上不同扬程泵站主要指标汇总表

设计扬程	合计	设计扬程≥50m	50m>设计扬程≥10m	设计扬程<10m
数量/处	2854	101	490	2263
装机流量/(m^3/s)	7425	57	423	6945
装机功率/万 kW	55.6	4.8	13.2	37.6

二、不同类型泵站设计扬程

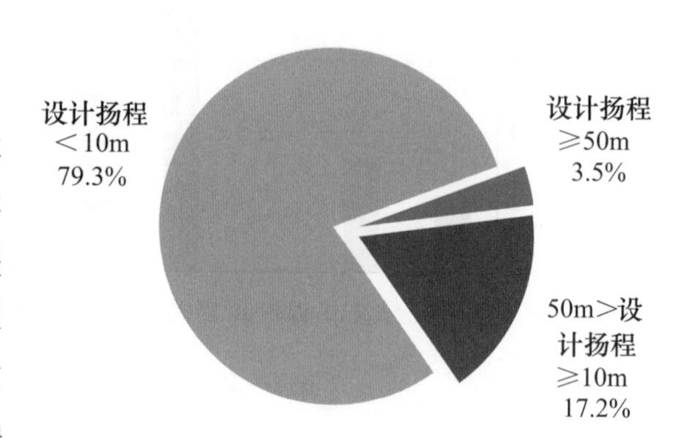

图 5-3-1　全省规模以上不同扬程泵站数量比例图

全省设计扬程 10m 以上的泵站，主要是供水泵站，设计扬程 10m 以下的泵站多为排水泵站和供排结合泵站。设计扬程≥50m的泵站，供水泵站 100 处、排水泵站 1 处，分别占设计扬程≥50m 泵站数量的 99.0%和 1.0%；50m>设计扬程≥10m 的泵站，供水泵站 453 处、排水泵站 36 处、供排结合泵站 1 处，分别占 50m>设计扬程≥10m 的泵站数量的 92.5%、7.3%和 0.2%；设计扬程<10m 的泵站，供水泵站 240 处、排水泵站 1663 处、供排结合泵站 360 处，分别占设计扬程<10m 的泵站数量的 10.6%、73.5%和 15.9%。全省规模以上不同扬程和类型的泵站数量汇总见表 5-3-2，全省规模以上不同扬程和类型的泵站数量比例如图 5-3-2 所示。

表 5-3-2　全省规模以上不同扬程和类型的泵站数量汇总表　单位：处

项　目	合　计	供水泵站	排水泵站	供排结合泵站
合计	2854	793	1700	361
设计扬程≥50m	101	100	1	0
50m>设计扬程≥10m	490	453	36	1
设计扬程<10m	2263	240	1663	360

三、设区市不同扬程泵站分布

设计扬程≥50m 的泵站数量在杭州市、绍兴市和衢州市较多，分别占全省设计扬程≥50m 泵站数量的 27.7%、28.8%和 14.9%；50m>设计扬程≥10m 的泵站数量在绍兴市、宁波市、嘉兴市、杭州市和金华市较多，分别占全省 50m>设计扬程≥10m 泵站数量的 24.9%、13.1%、12.7%、12.4%和 12.2%；设计扬程<10m 的泵站数量在嘉兴市、杭州市、宁波市和湖州市较多，分别占全省设计扬程<10m 泵站数量的 32.3%、20.4%、18.8%和 17.8%。各设区市规模以上不同扬程泵站和类型泵站数量汇总见表 5-3-3，各设区市规模以上不同扬程泵站数量分布分别如图 5-3-3～图 5-3-5 所示。

表 5-3-3　各设区市规模以上不同扬程和类型泵站数量汇总表　单位：处

行政区划	设计扬程≥50m 的泵站				50m＞设计扬程≥10m 的泵站				设计扬程＜10m 的泵站			
	合计	供水泵站	排水泵站	供排结合泵站	合计	供水泵站	排水泵站	供排结合泵站	合计	供水泵站	排水泵站	供排结合泵站
全省	101	100	1	0	490	453	36	1	2263	240	1663	360
杭州市	28	28	0	0	61	57	4	0	461	49	364	48
宁波市	9	9	0	0	64	42	22	0	426	77	302	47
温州市	5	5	0	0	21	21	0	0	36	20	16	0
嘉兴市	3	3	0	0	62	62	0	0	731	14	544	173
湖州市	1	1	0	0	8	8	0	0	403	20	305	78
绍兴市	19	19	0	0	122	122	0	0	133	21	100	12
金华市	7	6	1	0	60	60	0	0	26	14	10	2
衢州市	15	15	0	0	47	47	0	0	12	11	1	0
舟山市	7	7	0	0	31	20	10	1	12	3	9	0
台州市	3	3	0	0	6	6	0	0	17	6	11	0
丽水市	4	4	0	0	8	8	0	0	6	5	1	0

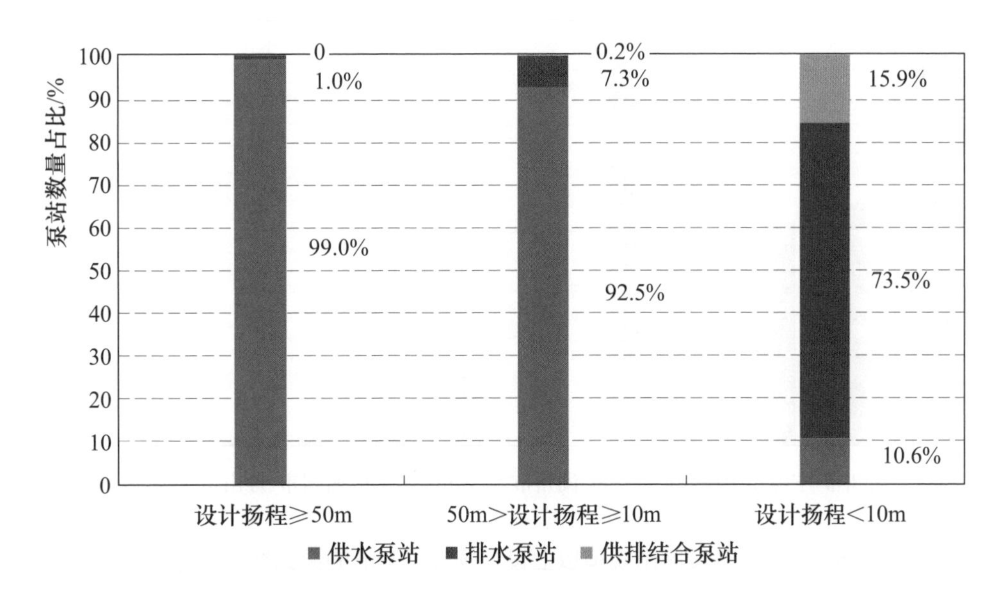

图 5-3-2　全省规模以上不同扬程和类型泵站数量比例分布图

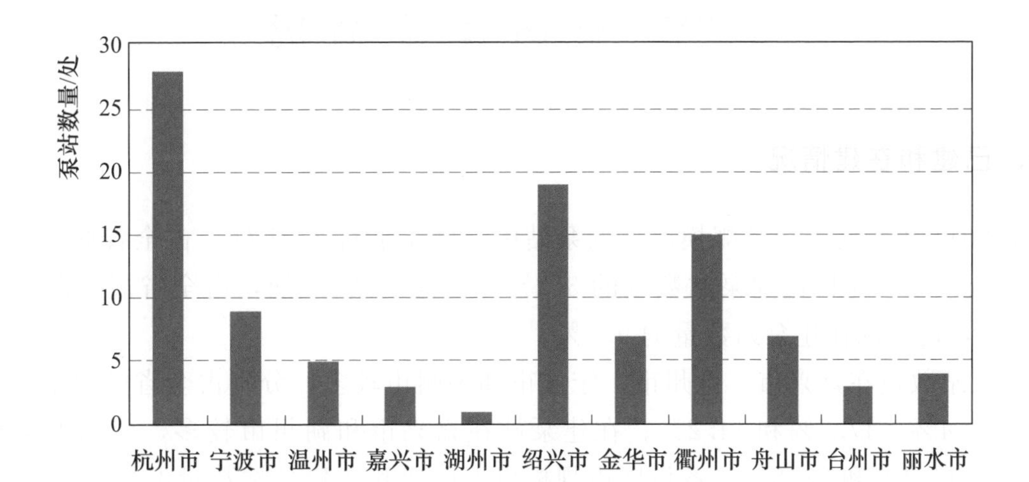

图 5-3-3　各设区市规模以上设计扬程≥50m 的泵站数量分布图

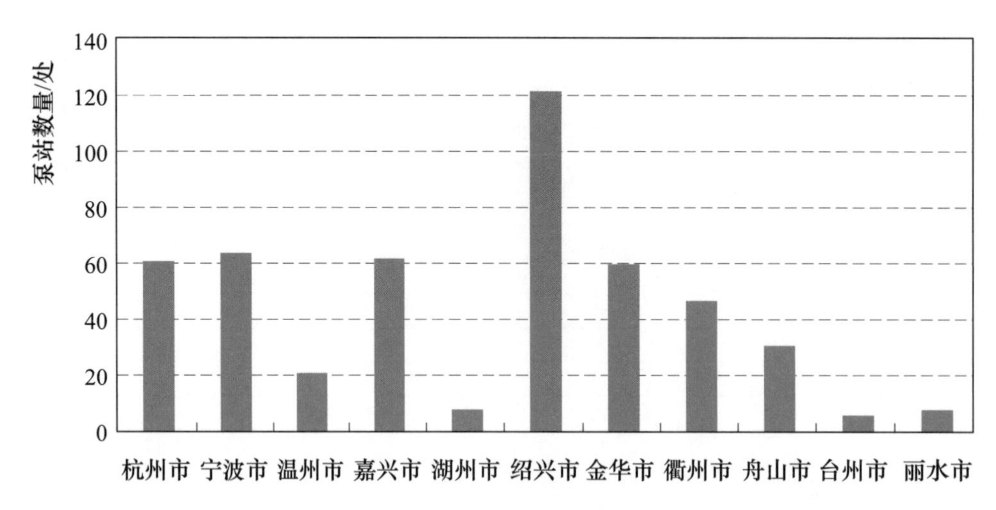

图 5-3-4 各设区市规模以上 50m>设计扬程≥10m 的泵站数量分布图

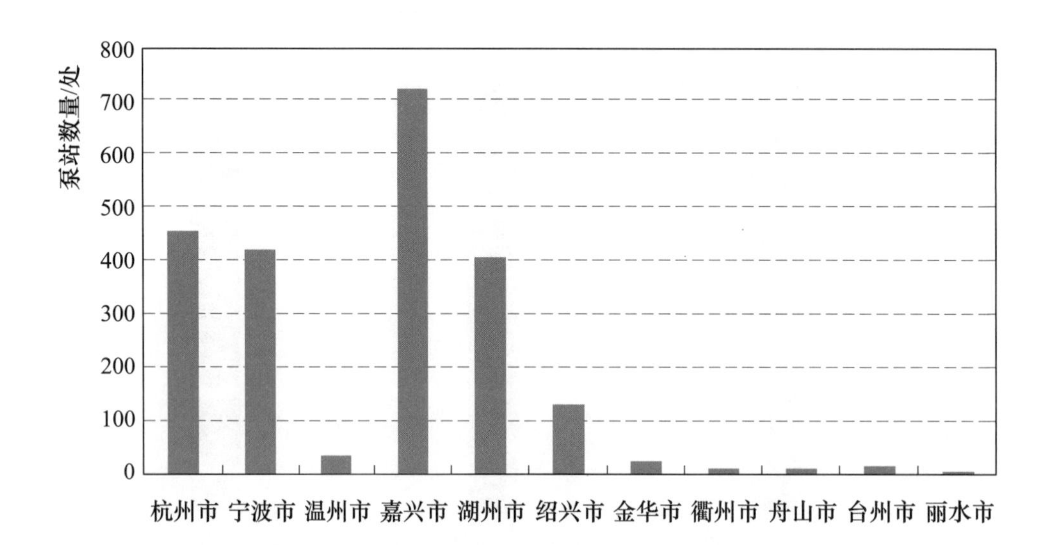

图 5-3-5 各设区市规模以上设计扬程<10m 的泵站数量分布图

第四节 泵站建设情况

一、已建和在建情况

截至 2011 年年底，全省规模以上的泵站中，已建泵站 2791 处，占全省规模以上泵站数量的 97.8%，占全国已建泵站数量的 3.2%；在建泵站 63 处，占全省规模以上泵站数量的 2.2%，占全国在建泵站数量的 9.0%。

已建泵站数量在嘉兴市、杭州市、宁波市和湖州市较多，分别占全省已建泵站数量的 27.5%、19.4%、17.7%和 14.2%；在建泵站在嘉兴市和湖州市较多，分别占全省在建泵站数量的 44.4%和 23.8%。各设区市规模以上已建和在建泵站数量汇总见表 5-4-1，各设区市规模以上已建和在建泵站数量分布如图 5-4-1 所示。

表 5-4-1　　各设区市规模以上已建和在建泵站数量汇总表　　单位：处

行政区划	已建泵站	在建泵站	行政区划	已建泵站	在建泵站
全省	2791	63	绍兴市	274	0
杭州市	541	9	金华市	92	1
宁波市	494	5	衢州市	73	1
温州市	58	4	舟山市	50	0
嘉兴市	768	28	台州市	26	0
湖州市	397	15	丽水市	18	0

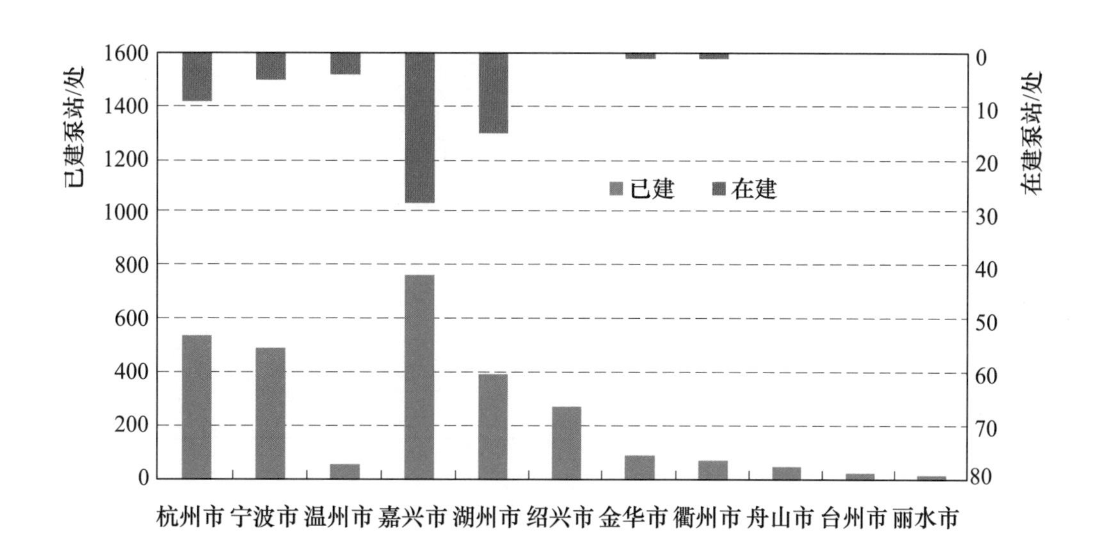

图 5-4-1　各设区市规模以上已建和在建泵站数量分布见图

二、不同时期建设情况

20 世纪 50 年代，全省建成泵站 27 处，占全省规模以上泵站数量的 0.9%，均为小型泵站；20 世纪 60 年代，建成泵站 173 处，占全省规模以上泵站数量的 6.1%，无大型泵站；20 世纪 70 年代，泵站建设速度有所加快，建成泵站 338 处，占全省规模以上泵站数量的 11.8%，其中大型泵站 1 处；20 世纪 80 年代，建成泵站 352 处，占全省规模以上泵站数量的 12.3%，全部为中小型泵站；20 世纪 90 年代，随着经济的快速发展，泵站的建设速度显著加快，建成泵站 554 处，占全省规模以上泵站数量的 19.4%，其中大型泵站 1 处；2000 年至普查时点（2011 年 12 月 31 日），建设泵站 1410 处，占全省规模以上泵站数量的 49.4%，其中大型泵站 8 处。全省不同时期、不同年代规模以上泵站数量汇总见表 5-4-2 和表 5-4-3，全省不同时期规模以上泵站数量如图 5-4-2 所示。

表 5-4-2　　全省不同时期规模以上泵站数量汇总表　　单位：处

建设时期	合　计	大型泵站	中型泵站	小型泵站
合计	2854	10	128	2716
1949 年以前	0	0	0	0
20 世纪 50 年代	27	0	0	27
20 世纪 60 年代	173	0	19	154
20 世纪 70 年代	338	1	7	330
20 世纪 80 年代	352	0	3	349
20 世纪 90 年代	554	1	29	524
2000—2011 年	1410	8	70	1332

表 5-4-3　　全省不同年代规模以上泵站数量汇总表　　单位：处

建设时期	合　计	大型泵站	中型泵站	小型泵站
1949 年以前	0	0	0	0
1960 年以前	27	0	0	27
1970 年以前	200	0	19	181
1980 年以前	538	1	26	511
1990 年以前	890	1	29	860
2000 年以前	1444	2	58	1384
2011 年以前	2854	10	128	2716

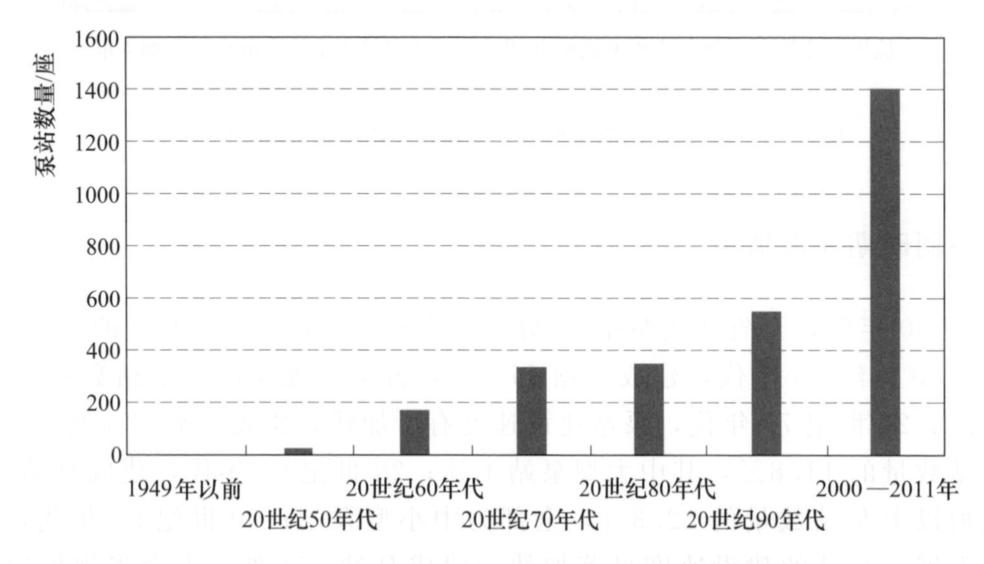

图 5-4-2　全省不同时期规模以上泵站数量分布图

第六章 堤防工程

堤防是指沿江、河、湖和海等岸边或行洪区、分蓄洪区和围垦区边缘修筑的挡水建筑物。本章根据5级❶及以上堤防工程普查数据，按照不同汇总单元，对不同分类（堤防级别❷、堤防类型、建设情况等）堤防长度、达标长度等指标进行汇总分析，并说明堤防分布情况。

第一节 堤防长度

一、堤防级别与长度

浙江省堤防长度为36524km，占全国堤防总长度的8.8%。其中，5级及以上堤防长度为17441km，占全省堤防总长度的47.8%，占全国5级及以上堤防长度的6.3%；5级以下的堤防长度为19083km，占全省堤防总长度的52.2%，占全国5级及以下堤防长度的13.8%。

全省5级及以上的堤防中，共有1、2级堤防长度1027km，占全国1、2级堤防长度的2.7%，占全省5级及以上堤防长度的5.9%；3级堤防2245km，占全国3级堤防长度的6.9%，占全省5级及以上堤防长度的12.9%；4、5级堤防14169km，占全国4、5级堤防长度的6.9%，占全省5级及以上堤防长度的81.2%。全省堤防工程分布图如图6-1-1所示。全省5级及以上不同级别堤防长度汇总见表6-1-1，全省5级及以上不同级别堤防长度比例如图6-1-2所示。全省1、2级堤防名录见附表5。

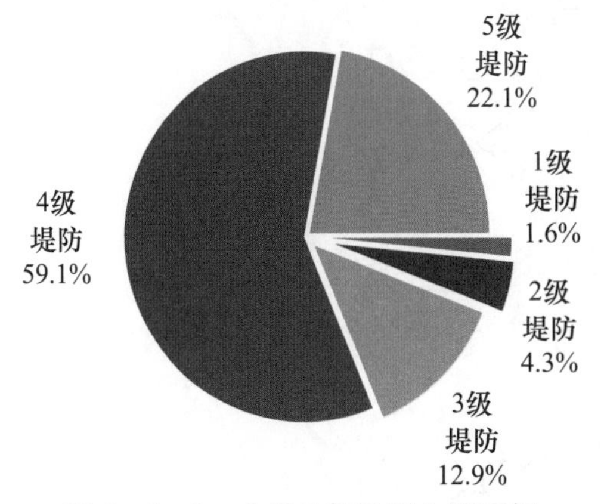

图6-1-2 全省5级及以上不同级别堤防长度比例图

表6-1-1 全省5级及以上不同级别堤防长度汇总表

项 目	1级	2级	3级	4级	5级	合计
堤防长度/km	277	750	2245	10310	3859	17441

❶ 1级堤防：防洪标准≥100年；2级堤防：100年>防洪标准≥50年；3级堤防：50年>防洪标准≥30年；4级堤防：30年>防洪标准≥20年；5级堤防：20年>防洪标准≥10年；5级以下堤防：防洪标准<10年。

❷ 堤防级别：堤防级别按工程设计批复级别填报。

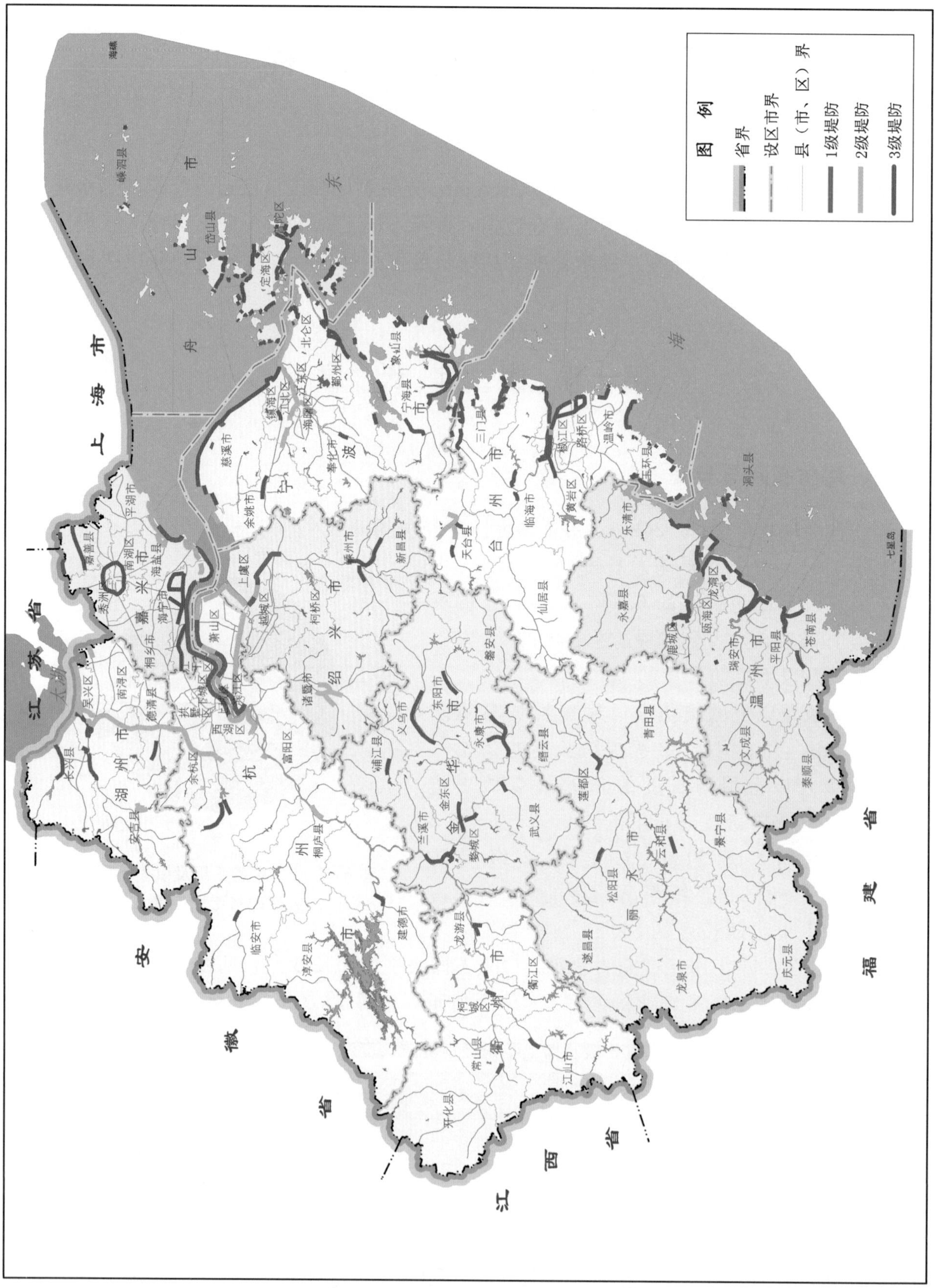

图6－1－1　浙江省堤防工程分布图

全省1、2级堤防长度所占比例低于全国平均水平，低级别堤防所占比例较高。全省1、2级堤防长度分别为277km和750km，占5级及以上堤防长度的5.9%，而全国1、2级堤防占5级及以上堤防总长度的比例13.8%。1、2级堤防所占比例较高的地区是绍兴市、杭州市、宁波市和湖州市，分别为16.1%、13.3%、10.2%和9.2%。其中，绍兴市达16.1%，高于全国平均水平。其他设区市1、2级堤防所占比例均较低，其中衢州市、舟山市和丽水市，行政区域内没有1、2级堤防。各设区市1、2级堤防长度占比统计见表6-1-2，各设区市1、2级堤防长度占比如图6-1-3所示。

表6-1-2　　各设区市1、2级堤防长度占比统计表

行政区划	5级及以上堤防长度/km	1、2级堤防长度/km	1、2级堤防长度所占比例/%
全省	17441	1027	5.9
杭州市	1706	227	13.3
宁波市	1538	156	10.2
温州市	1157	48	4.2
嘉兴市	5034	176	3.5
湖州市	2153	198	9.2
绍兴市	1037	167	16.1
金华市	1729	4	0.2
衢州市	479	0	0
舟山市	724	0	0
台州市	1367	50	3.7
丽水市	517	0	0

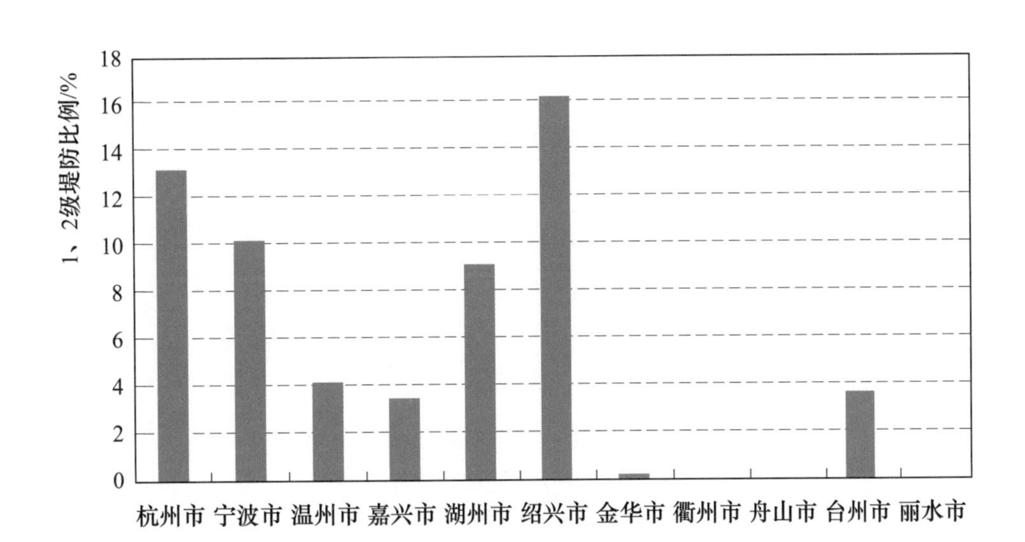

图6-1-3　各设区市1、2级堤防长度占比图

二、堤防类型与长度

按照堤防所处的地理位置，分为河（江）堤、湖堤、海堤和围（圩、圈）堤4种类型。在全省5级及以上的堤防中，河（江）堤13001km，占全省5级及以上堤防长度的74.6%，占全国河（江）堤长度的5.7%；湖堤61km，占全省的0.3%，占全国湖堤长度的1.1%；海堤2723km，占全省的15.6%，占全国海堤长度的26.9%；围（圩、圈）堤1656km，占全省的9.5%，占全国围（圩、圈）长度的5.4%。全省5级及以上不同类型堤防长度汇总见表6-1-3，全省5级及以上不同类型堤防长度比例如图6-1-4所示。

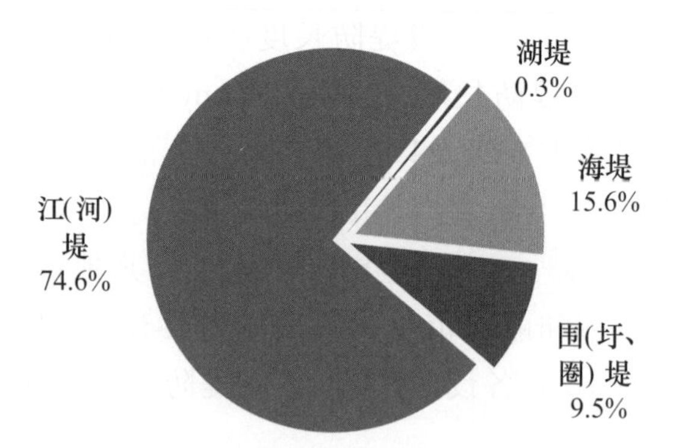

图6-1-4　全省5级及以上不同类型堤防长度比例图

表6-1-3　全省5级及以上不同类型堤防长度汇总表　单位：km

项　目	河（江）堤	湖堤	海堤	围（圩、圈）堤	合　计
堤防长度	13001	61	2723	1656	17441

第二节　堤　防　分　布

一、设区市堤防分布

（一）不同级别堤防分布

全省堤防主要分布在北部地区，该地区有多条河流入海，同时又邻近太湖，地区地势低平，需要进行的防护对象较多。5级及以上堤防长度在嘉兴市、湖州市、金华市和杭州市数量较大，其堤防长度分别占全省5级及以上堤防长度的28.9%、12.3%、9.9%和9.8%。其中，1级堤防长度在杭州市、嘉兴市和绍兴市较大，共占全省1级堤防长度的79.3%；2级堤防长度在宁波市、湖州市和杭州市较大，共占全省2级堤防长度的60.3%；3级堤防长度在宁波市、台州市、金华市和嘉兴市较大，共占全省3级堤防长度的61.9%；4级堤防长度在嘉兴市和湖州市较大，共占全省4级堤防长度的57.8%；5级堤防长度在杭州市、金华市、台州市和温州市较大，共占全省5级堤防长度的58.1%。各设区市5级及以上不同级别堤防长度汇总见表6-2-1，各设区市堤防长度分布如图6-2-1所示。

表6-2-1　各设区市5级及以上不同级别堤防长度汇总表　单位：km

行政区划	合计	1级堤防	2级堤防	3级堤防	4级堤防	5级堤防
全省	17441	277	750	2245	10310	3859
杭州市	1706	79	148	50	651	778
宁波市	1538	2	154	392	660	330

续表

行政区划	合计	1级堤防	2级堤防	3级堤防	4级堤防	5级堤防
温州市	1157	2	46	251	477	381
嘉兴市	5034	79	98	311	4352	194
湖州市	2153	48	150	98	1606	250
绍兴市	1037	62	106	83	472	315
金华市	1729	4	0	313	770	643
衢州市	479	0	0	74	287	118
舟山市	724	0	0	246	364	114
台州市	1367	2	48	374	503	440
丽水市	517	0	0	53	168	296

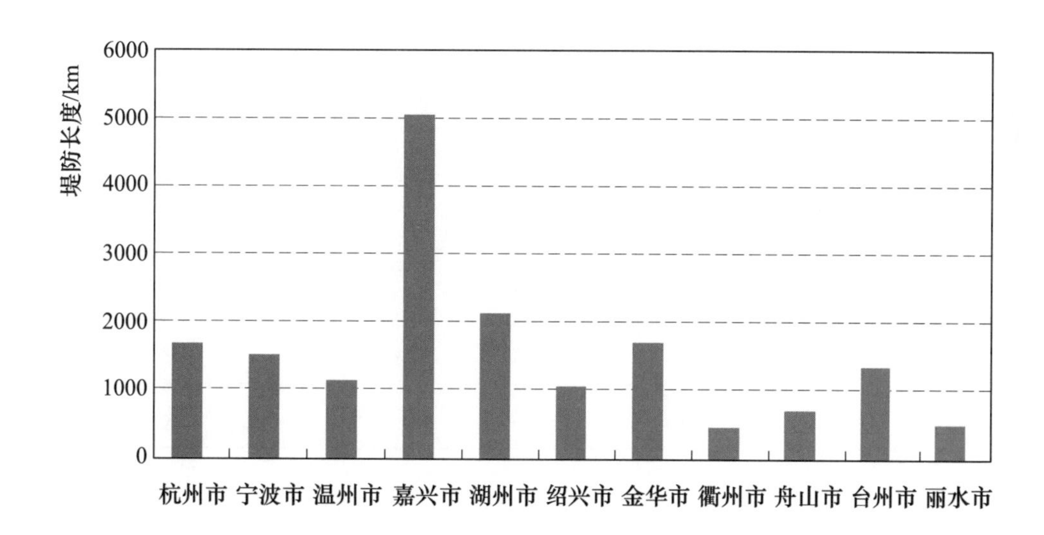

图6-2-1 各设区市堤防长度分布图

（二）不同类型堤防分布

1. 河（江）堤

全省共有河（江）堤13001km，占全国河（江）堤长度的5.7%。其中，1级堤防57km，占全省河（江）堤长度的0.5%；2级堤防364km，占全省河（江）堤长度的2.8%；3级堤防1184km，占全省河（江）堤长度的9.1%。全省5级及以上不同级别河（江）堤长度比例如图6-2-2所示。

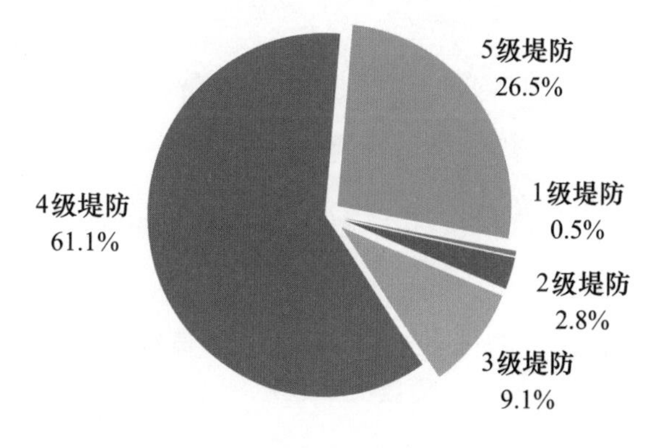

图6-2-2 全省5级及以上不同级别河（江）堤长度比例图

全省河（江）堤长度在嘉兴市、湖州市和金华市较大，共占全省河（江）堤长度的54.6%。其中，1级河（江）堤长度湖州市较大，全省1级河（江）堤长度的83.3%；2级河（江）堤长度宁波市和湖州市较大，共占全省2级河（江）堤长度的53.5%；3级河

（江）堤长度金华市和嘉兴市较大，共占全省3级河（江）堤长度的51.9%。各设区市5级及以上不同级别河（江）堤长度汇总见表6-2-2。

表6-2-2　各设区市5级及以上不同级别河（江）堤长度汇总表　单位：km

行政区划	合　计	1级堤防	2级堤防	3级堤防	4级堤防	5级堤防
全省	13001	57	364	1184	7946	3449
杭州市	1201	0	51	50	429	670
宁波市	918	0	105	93	468	252
温州市	698	0	0	45	305	348
嘉兴市	3304	0	16	301	2792	194
湖州市	2064	48	89	94	1601	232
绍兴市	827	6	62	73	455	231
金华市	1726	4	0	313	767	643
衢州市	479	0	0	74	287	118
舟山市	341	0	0	2	266	73
台州市	925	0	40	87	408	391
丽水市	517	0	0	53	168	296

2. 湖堤

全省共有湖堤61km，占全国湖堤长度的1.1%，均为2级堤防，分布在湖州市境内。

3. 海堤

全省共有海堤2723km，占全国海堤长度的26.9%。其中，1级堤防219km，占全省海堤长度的8.1%；2级堤防320km，占全省海堤长度的11.7%；3级堤防1045km，占全省海堤长度的38.4%。全省5级及以上不同级别海堤长度比例如图6-2-3所示。

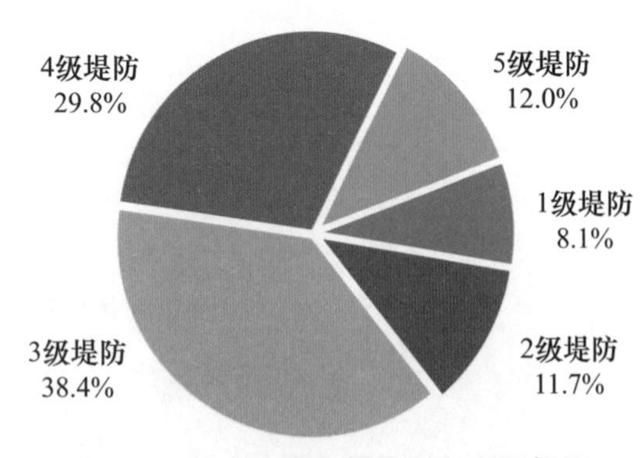

图6-2-3　全省5级及以上不同级别海堤长度比例

海堤长度在宁波市、温州市、台州市、杭州市和舟山市较大，共占全省海堤长度的84.1%。其中，1级海堤长度在杭州市、嘉兴市和绍兴市较大，共占全省1级海堤长度的97.3%；2级海堤长度在杭州市和嘉兴市较大，共占全省2级海堤长度的53.8%；3级海堤长度在宁波市、台州市、舟山市和温州市较大，共占全省3级海堤长度的98.2%。各设区市5级及以上不同级别海堤长度汇总见表6-2-3。

4. 围（圩、圈）堤

全省共有围（圩、圈）堤1656km，占全国围（圩、圈）长度的5.4%。其中，2级堤防6km，占全省围（圩、圈）堤长度的0.4%；3级堤防15km，占全省围（圩、圈）堤长度的0.9%。全省5级及以上不同级别围（圩、圈）堤长度比例如图6-2-4所示。

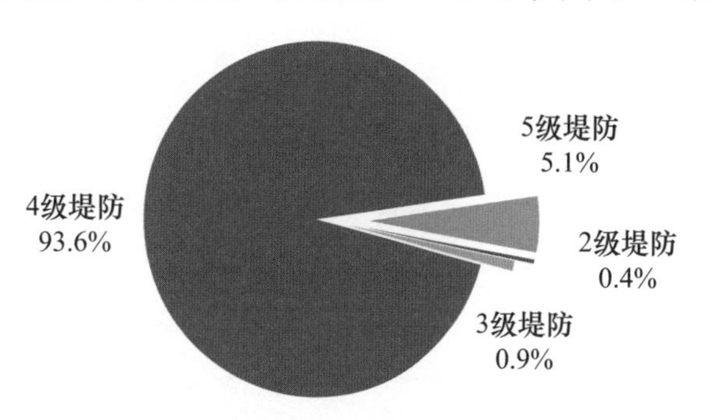

图6-2-4　全省5级及以上不同级别围（圩、圈）堤长度比例图

围（圩、圈）堤主要分布在嘉兴市，占全省围（圩、圈）堤长度的90.9%。其中，2级围（圩、圈）堤分布在杭州市；3级围（圩、圈）堤分布在台州市和湖州市。各设区市5级及以上不同级别围（圩、圈）堤长度汇总见表6-2-4。

表6-2-3　各设区市5级及以上不同级别海堤长度汇总表　单位：km

行政区划	合计	其中一线海塘	其中二线海塘	1级堤防	2级堤防	3级堤防	4级堤防	5级堤防
全省	2723	2105	521	219	320	1045	813	326
杭州市	412	170	242	79	91	0	183	59
宁波市	621	561	28	2	49	299	192	78
温州市	459	399	39	2	46	206	172	33
嘉兴市	224	119	84	79	81	10	55	0
湖州市	0	0	0	0	0	0	0	0
绍兴市	210	124	76	56	44	9	17	83
金华市	0	0	0	0	0	0	0	0
衢州市	0	0	0	0	0	0	0	0
舟山市	382	372	10	0	0	244	98	40
台州市	416	360	42	2	9	277	96	33
丽水市	0	0	0	0	0	0	0	0

表6-2-4　各设区市5级及以上不同级别围（圩、圈）堤长度汇总表　单位：km

行政区划	合计	1级堤防	2级堤防	3级堤防	4级堤防	5级堤防
全省	1656	0	6	15	1551	84
杭州市	93	0	6	0	38	49
宁波市	0	0	0	0	0	0
温州市	0	0	0	0	0	0
嘉兴市	1505	0	0	0	1505	0
湖州市	28	0	0	5	5	18
绍兴市	0	0	0	0	0	0
金华市	3	0	0	0	3	0
衢州市	0	0	0	0	0	0
舟山市	0	0	0	0	0	0
台州市	27	0	0	11	0	16
丽水市	0	0	0	0	0	0

二、主要河流堤防分布

全省主要河流上，5 级以上堤防长度 4239km，占全省 5 级以上堤防长度的 24.3%。其中 1 级堤防 271km，占全省 1 级堤防长度的 97.8%；2 级堤防 474km，占全省 2 级堤防长度的 63.2%。全省主要河流 5 级及以上堤防长度汇总见表 6－2－5，全省主要河流（干流）5 级及以上堤防长度分布如图 6－2－5 所示。

表 6－2－5　　全省主要河流 5 级及以上堤防长度汇总表　　单位：km

序号	主要河流	合计	堤防长度				
			1 级	2 级	3 级	4 级	5 级
1	**苕溪水溪**	1414	48	92	131	831	313
1.1	苕溪	256	48	45	13	108	42
1.2	西苕溪	224	0	0	21	127	76
2	**运河水系**	6318	0	59	314	5713	232
3	**钱塘江水系**	5117	223	298	583	2179	1834
3.1	钱塘江	1151	158	192	74	516	212
3.2	江山港	30	0	0	17	4	10
3.3	乌溪江	18	0	0	0	5	13
3.4	灵山港	64	0	0	6	53	5
3.5	金华江	377	3	0	100	145	129
3.6	新安江	26	0	0	12	13	1
3.7	分水江	61	0	0	5	37	19
3.8	渌渚江	65	0	0	0	8	58
3.9	壶源江	29	0	0	0	0	29
3.10	浦阳江	274	0	32	16	141	86
3.11	曹娥江	380	62	36	25	98	158
4	**甬江水系**	531	0	105	63	216	148
4.1	甬江	128	0	69	0	17	42
4.2	姚江	159	0	36	29	94	0
5	**椒江水系**	655	0	44	119	200	293
5.1	椒江	168	0	4	42	55	66
5.2	始丰溪	162	0	24	21	56	61
5.3	大田港	14	0	0	6	0	8
5.4	永宁江	96	0	0	39	46	11
6	**瓯江水系**	772	0	38	149	302	283
6.1	瓯江	239	0	36	89	91	23
6.2	松阴溪	73	0	0	12	50	11

续表

序号	主要河流	合计	堤防长度				
			1级	2级	3级	4级	5级
6.3	宣平溪	4	0	0	0	3	1
6.4	小安溪	2	0	0	0	1	1
6.5	好溪	44	0	0	11	23	10
6.6	小溪	17	0	0	2	6	9
6.7	楠溪江	30	0	0	1	13	16
7	**飞云江水系**	285	0	0	61	122	101
7.1	飞云江	52	0	0	7	13	32
8	**鳌江水系**	191	0	0	53	95	43
8.1	鳌江	96	0	0	36	51	9

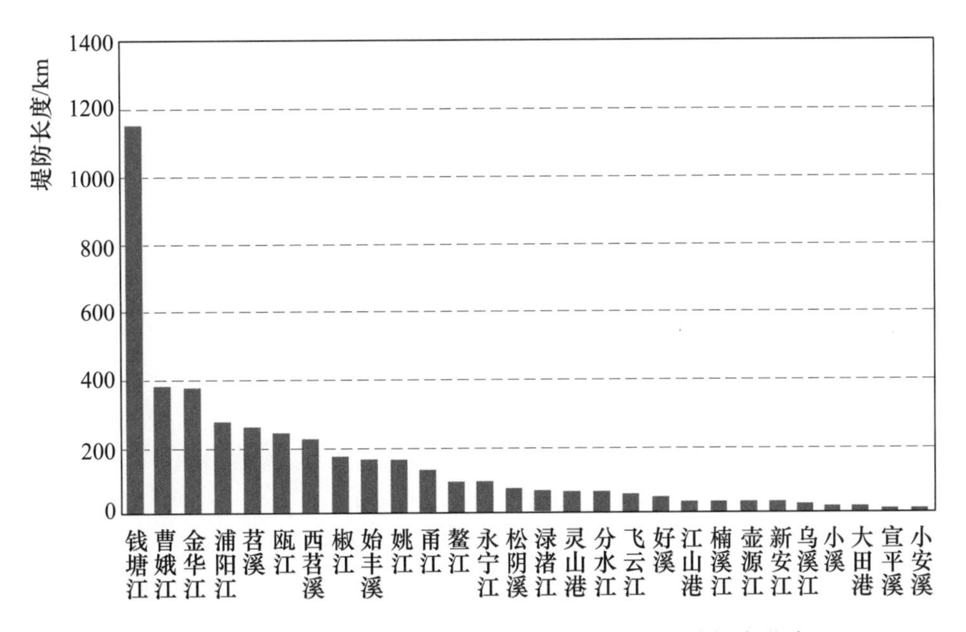

图 6-2-5　全省主要河流（干流）5级及以上堤防长度分布图

堤防较多的河流是钱塘江、曹娥江、金华江、浦阳江和苕溪等5条河流，共有堤防2438km，占主要河流堤防长度的57.5%；1级堤防较多的河流是钱塘江、曹娥江和苕溪等3条河流，共有堤防267km，占主要河流1级堤防的98.7%；2级堤防较多的河流是钱塘江和甬江，共有堤防261km，占主要河流2级堤防的55.2%。全省主要河流5级及以上堤防分布情况如下。

1. 苕溪水系

苕溪水系共有堤防1414km，占全省堤防长度的8.1%。其中，1、2级堤防140km，占全省1、2级堤防长度的13.6%。

2. 运河水系

运河水系共有堤防6138km，占全省堤防长度的36.2%。其中，1、2级堤防59km，占全省1、2级堤防长度的5.7%。

3. 钱塘江水系

钱塘江水系共有堤防5117km，占全省堤防长度的29.3%。其中，1、2级堤防521km，占全省1、2级堤防长度的50.7%。

4. 甬江水系

甬江水系共有堤防531km，占全省堤防长度的3.0%。其中，1、2级堤防105km，占全省1、2级堤防长度的10.2%。

5. 椒江水系

椒江水系共有堤防655km，占全省堤防长度的3.8%。其中，1、2级堤防44km，占全省1、2级堤防长度的4.3%。

6. 瓯江水系

瓯江水系共有堤防772km，占全省堤防长度的4.4%。其中，1、2级堤防38km，占全省1、2级堤防长度的3.7%。

7. 飞云江水系

飞云江水系共有堤防285km，占全省堤防长度的1.6%。无1、2级堤防。

8. 鳌江水系

鳌江水系共有堤防191km，占全省堤防长度的1.1%。无1、2级堤防。

第三节 堤防建设情况

一、已建和在建情况

截至2011年年底，全省5级及以上的堤防中，已建堤防16323km，在建堤防1118km，分别占全省5级及以上堤防长度的93.6%和6.4%，分别占全国已建和在建堤防长度的6.1%和14.0%。

已建堤防长度在嘉兴市、湖州市和杭州市较大，共占全省已建堤防长度的53.3%；在建堤防长度在金华市、宁波市和温州市较大，共占全省已建堤防长度的65.4%。各设区市5级及以上已建和在建堤防长度汇总见表6-3-1，各设区市5级及以上已建和在建堤防长度分布如图6-3-1所示。

表6-3-1 各设区市5级及以上已建和在建堤防长度汇总表 单位：km

行政区划	已建堤防长度	在建堤防长度	行政区划	已建堤防长度	在建堤防长度
全省	16323	1118	绍兴市	1035	2
杭州市	1661	44	金华市	1435	294
宁波市	1309	229	衢州市	413	67
温州市	949	208	舟山市	716	8
嘉兴市	4976	58	台州市	1281	86
湖州市	2065	87	丽水市	482	35

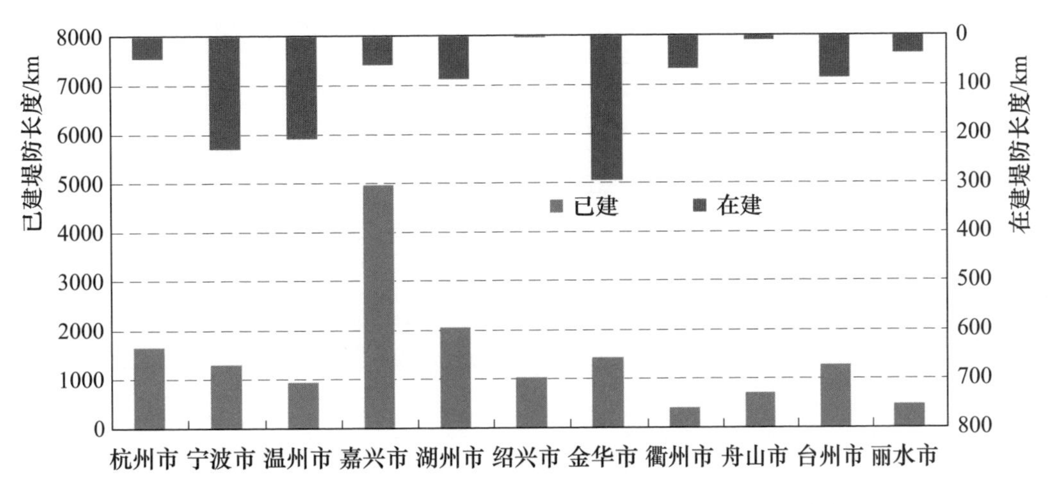

图 6-3-1　各设区市 5 级及以上已建和在建堤防长度分布图

二、不同时期建设情况

全省 5 级及以上的堤防中，新中国成立以前，建成的堤防共 331km，占全省 5 级及以上堤防总长度的 1.9%；20 世纪 50 年代，建成堤防 592km，占全省 5 级及以上堤防长度的 3.4%，其中 1、2 级堤防 17km，占全省 1、2 级堤防长度的 1.7%；20 世纪 60 年代，建成堤防 725km，占全省 5 级及以上堤防长度的 4.2%，其中 1、2 级堤防 3km，占全省 1、2 级堤防长度的 0.2%；20 世纪 70 年代，建成堤防 1106km，占全省 5 级及以上堤防长度的 6.3%，其中 1、2 级堤防 4km，占全省 1、2 级堤防长度的 0.4%；20 世纪 80 年代，建成堤防 996km，占全省 5 级及以上堤防长度的 5.7%，其中 1、2 级堤防 24km，占全省 1、2 级堤防长度的 2.4%；20 世纪 90 年代，建成堤防 3400km，占全省 5 级及以上堤防长度的 19.5%，其中 1、2 级堤防 172km，占全省 1、2 级堤防长度的 16.8%；2000 年至普查时点（2011 年 12 月 31 日），建设堤防 10291km，占全省 5 级及以上堤防长度的 59.0%，其中 1、2 级堤防 790km，占全省 1 级堤防长度的 76.9%。全省不同时期、不同年代 5 级及以上堤防长度汇总见表 6-3-2 和表 6-3-3，全省不同时期 5 级及以上堤防长度分布如图 6-3-2 所示，全省不同时期 1、2 级堤防长度分布如图 6-3-3 所示。

表 6-3-2　　全省不同时期 5 级及以上堤防长度汇总表　　单位：km

建设时期	合　计	1、2 级堤防	3 级堤防	4、5 级堤防
合计	17441	1027	2245	14169
1949 年以前	331	17	6	308
20 世纪 50 年代	592	17	19	556
20 世纪 60 年代	725	3	37	685
20 世纪 70 年代	1106	4	137	965
20 世纪 80 年代	996	24	170	802
20 世纪 90 年代	3400	172	295	2933
2000—2011 年	10291	790	1581	7920

表 6-3-3　　全省不同时期 5 级及以上堤防长度汇总表　　单位：km

建设时期	合　计	1、2 级堤防	3 级堤防	4、5 级堤防
1949 年以前	331	17	6	308
1960 年以前	923	34	25	864
1970 年以前	1648	36	63	1549
1980 年以前	2753	40	199	2514
1990 年以前	3750	65	369	3316
2000 年以前	7150	237	664	6249
2011 年以前	17441	1027	2245	14169

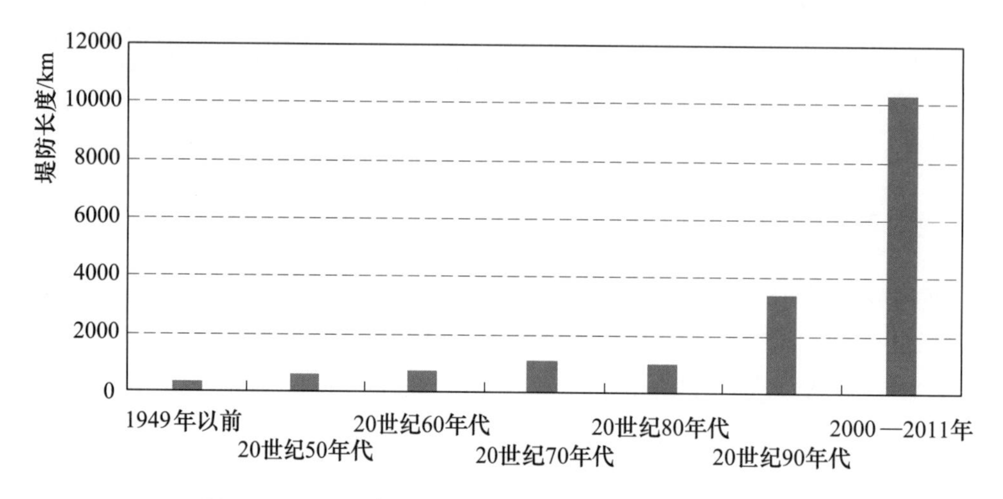

图 6-3-2　全省不同时期 5 级及以上堤防长度分布图

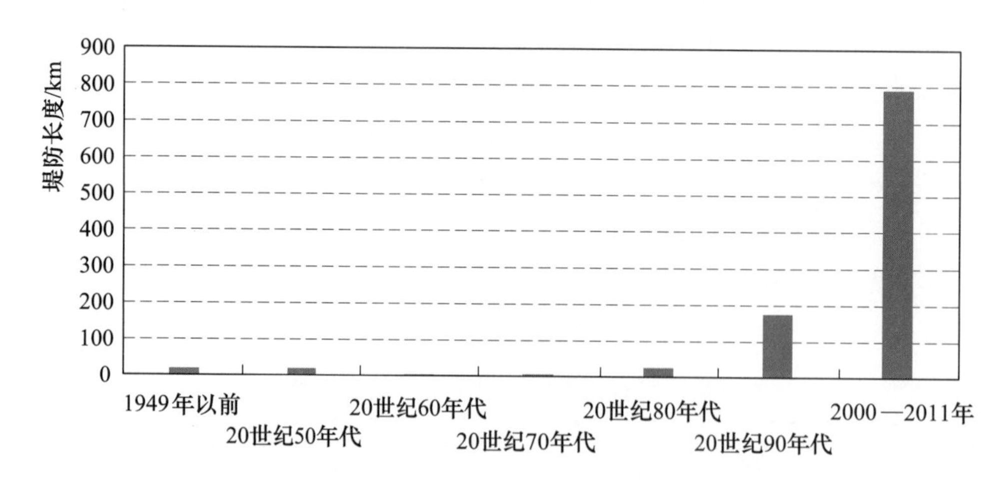

图 6-3-3　全省不同时期 1、2 级堤防长度分布图

第七章　农 村 供 水 工 程

农村供水工程又称村镇供水工程，指向广大农村的镇区、村庄等居民点和分散农户供给生活和生产等用水，以满足村镇居民和企事业单位日常用水需要为主的供水工程。本章根据农村供水工程普查数据，按照不同汇总单元，汇总不同分类（包括工程规模、水源类型、工程类型、供水方式和管理主体等）的工程数量和受益人口，并说明农村供水工程分布情况。

第一节　农村供水工程总体情况

一、农村供水工程数量和受益人口

（一）总体情况

浙江省共有农村供水工程21.7万处，受益人口3114.4万人。其中，集中式供水工程3.1万处，受益人口2976.7万人，分别占全省农村供水工程工程数量和受益人口的14.4%和95.6%；分散式供水工程18.6万处，受益人口137.7万人，分别占全省农村供水工程数量和受益人口的85.6%和4.4%。全省不同供水方式农村供水工程数量和受益人口比例分别如图7－1－1和图7－1－2所示。

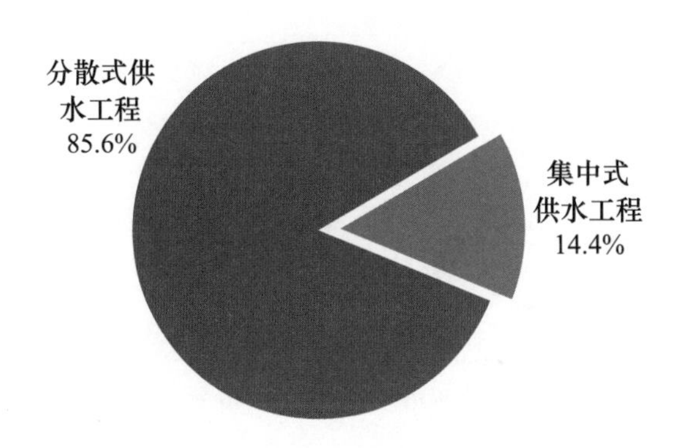

图7－1－1　全省不同供水方式农村供水工程数量比例图

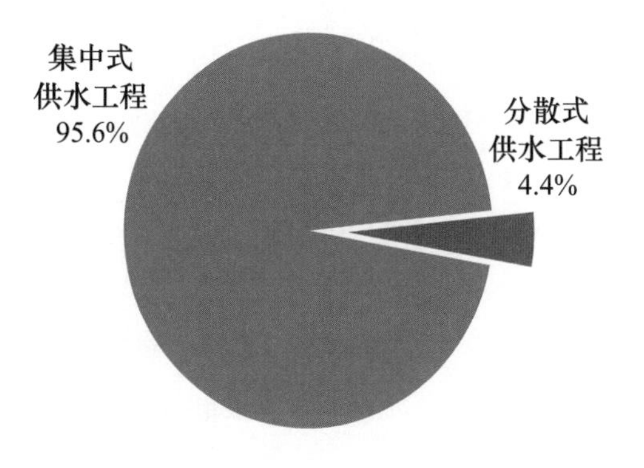

图7－1－2　全省不同供水方式农村供水工程受益人口比例图

（二）设区市工程分布情况

1. 工程数量

全省农村供水工程数量较多的是衢州市、台州市、湖州市和绍兴市，共占全省农村供水工程总数的77.9%，分别为29.1%、18.4%、15.5%和14.9%。农村供水工程数量较少的是嘉兴市、宁波市和舟山市，嘉兴市仅有农村供水工程25处，宁波和舟山工程数量均占全省农村供水工程总数的1.2%。各设区市农村供水工程数量汇总见表7-1-1，各设区市农村供水工程数量分布如图7-1-3所示。

表7-1-1　各设区市不同供水方式农村供水工程数量和受益人口数量汇总表

行政区划	工程数量/处	受益人口/万人	集中式供水工程		分散式供水工程	
			工程数量/处	受益人口/万人	工程数量/处	受益人口/万人
全省	217378	3114.4	31333	2976.7	186045	137.7
杭州市	9289	218.7	4034	203.4	5255	15.3
宁波市	2541	439.2	1331	437.9	1210	1.3
温州市	16311	587.5	5641	564.6	10670	22.9
嘉兴市	25	224.9	25	224.9	0	0
湖州市	33743	148.7	436	130.9	33307	17.8
绍兴市	32477	269.8	5207	252.6	27270	17.2
金华市	8815	350.2	2877	344.4	5938	5.8
衢州市	63267	139.9	2376	109.7	60891	30.2
舟山市	2701	56.3	64	55.0	2637	1.3
台州市	39986	500.8	5130	479.9	34856	20.9
丽水市	8223	178.4	4212	173.4	4011	5.0

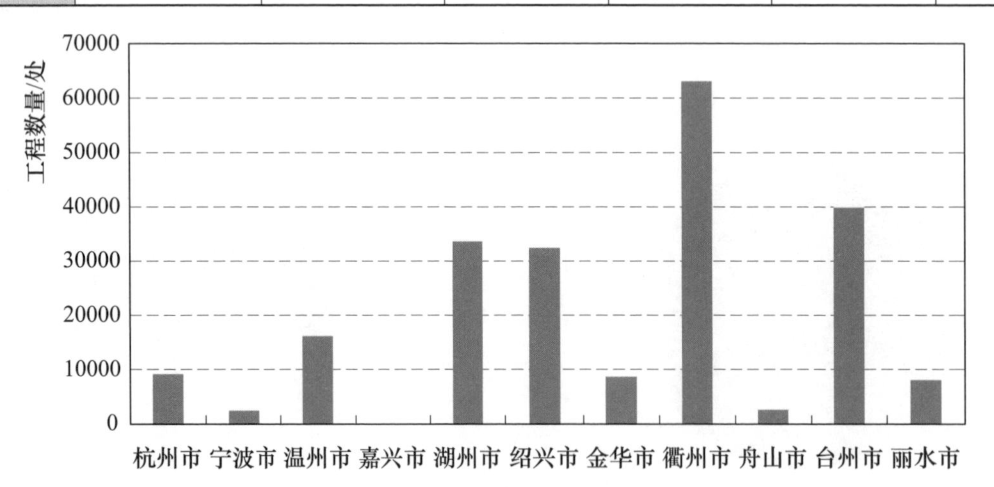

图7-1-3　各设区市农村供水工程数量分布图

2. 受益人口

全省农村供水工程受益人口较多的是温州市、台州市、宁波市和金华市，共占全省农村供水工程总受益人口的60.3%，分别为18.9%、16.1%、14.1%和11.2%。受益人口较少的是舟山市、衢州市和湖州市，共占全省农村供水工程总受益人口的11.1%，分别为1.8%、4.5%和4.8%。各设区市农村供水工程受益人口汇总见表7-1-1，各设区市农村供水工程受益人口分布如图7-1-4所示。

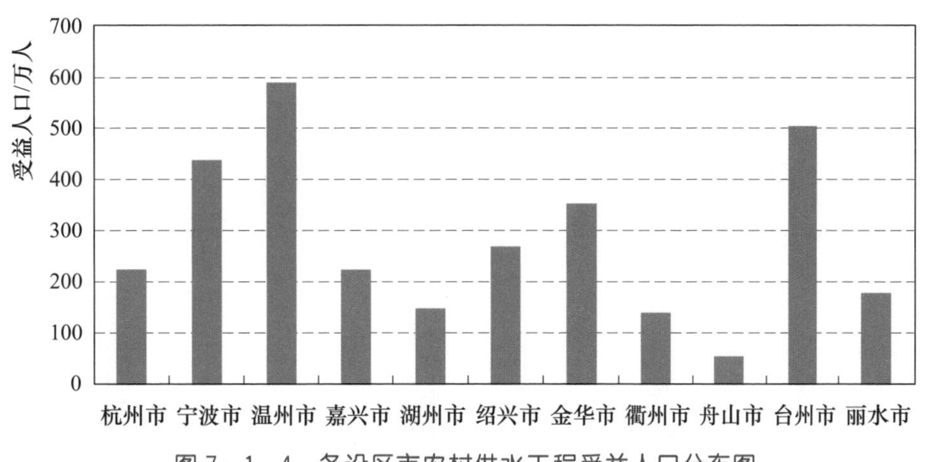

图 7-1-4　各设区市农村供水工程受益人口分布图

二、集中式供水工程

（一）总体情况

全省农村集中式供水工程 3.1 万处中，千吨万人以上工程[1] 567 处，受益人口 1976.5 万人，分别占全省农村集中式供水工程数量和受益人口的 1.8%和 66.4%；1000～200m³/d 规模工程[2] 1092 处，受益人口 201.3 万人，分别占全省农村集中式供水工程数量和受益人口的 3.5%和 6.7%；200～20m³/d 规模工程[3] 14399 处，受益人口 713.4 万人，分别占全省农村集中式供水工程数量和受益人口的 46.0%和 24.0%；20m³/d 以下[4]规模工程数量 15275 处，受益人口 85.5 万人，分别占全省农村集中式供水工程数量和受益人口的 48.7%和 2.9%。全省不同规模农村集中式供水工程和受益人口比例分别如图 7-1-5 和图 7-1-6 所示。

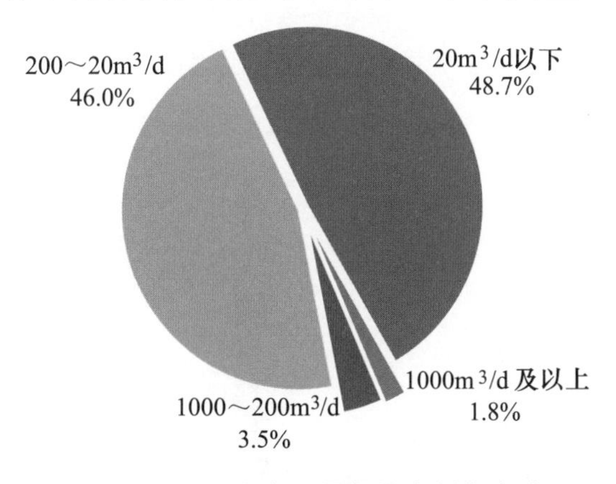

图 7-1-5　全省不同规模农村集中式供水工程比例图

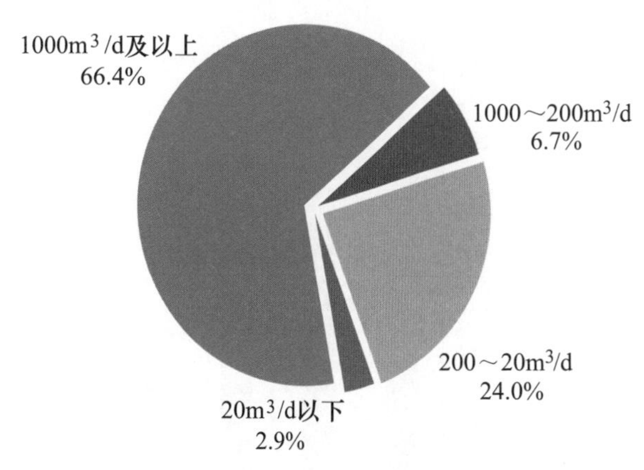

图 7-1-6　全省不同规模农村集中式供水工程受益人口比例图

（二）设区市情况

1. 工程数量

农村集中式供水工程数量较多的是温州市、绍兴市、台州市、丽水市和杭州市，共占

---

[1] 千吨万人以上工程：设计供水规模≥1000m³/d 或设计供水人口≥10000 人。

[2] 1000～200m³/d 规模工程：1000m³/d>设计供水规模≥200m³/d 或 10000 人>设计供水人口≥2000 人。

[3] 200～20m³/d 规模工程：200m³/d>设计供水规模≥20m³/d 或 2000 人>设计供水人口≥200 人。

[4] 20m³/d 以下规模工程：设计供水规模<20m³/d 或设计供水人口<200 人。

全省农村集中式供水工程总数的 77.3%，分别为 18.0%、16.6%、16.4%、13.4%和 12.9%。农村集中式供水工程数量较少的是嘉兴市和舟山市，分别占农村集中式供水工程总数的 0.1%和 0.2%。各设区市农村集中式供水工程数量汇总见表 7-1-1，各设区市农村集中式供水工程数量分布如图 7-1-7 所示。

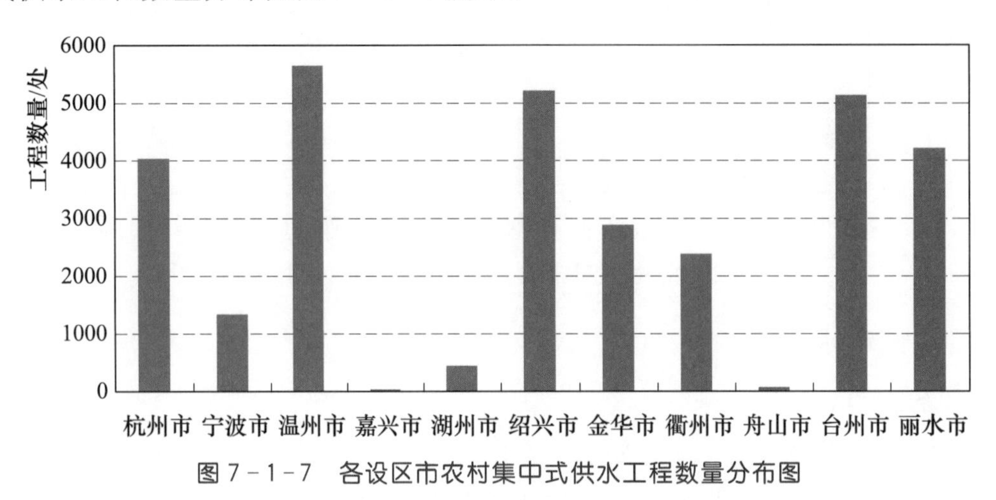

图 7-1-7 各设区市农村集中式供水工程数量分布图

2. 受益人口

全省农村集中式供水工程受益人口较多的是温州市、台州市、宁波市和金华市，共占全省农村集中式受益人口总数的 61.4%，分别为 19.0%、16.1%、14.7%和 11.6%。受益人口较少的是舟山市、衢州市和湖州市，分别占全省农村集中式受益人口总数的 1.8%、3.7%和 4.4%。各设区市农村集中式供水工程受益人口汇总见表 7-1-1，各设区市农村集中式供水工程受益人口分布如图 7-1-8 所示。

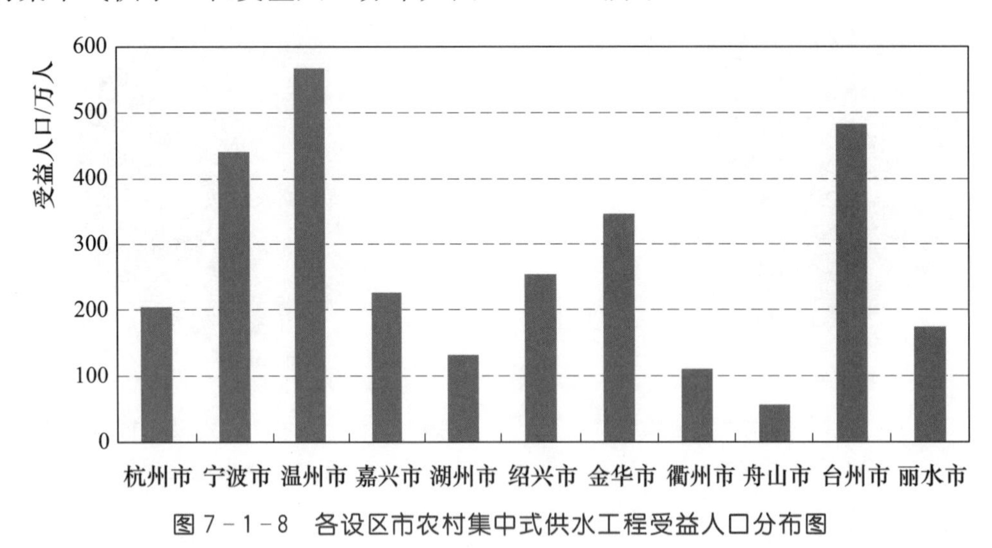

图 7-1-8 各设区市农村集中式供水工程受益人口分布图

三、分散式供水工程

全省农村分散式供水工程 18.6 万处，受益人口 137.7 万人，分别占全省农村供水工程数量和受益人口的 85.6%和 4.4%。

农村分散式供水工程数量较多的是衢州市、台州市、湖州市和绍兴市，共占全省分散式农村供水工程总数的 84.0%，分别为 32.7%、18.7%、17.9%和 14.7%。嘉兴市无分散式供水工程，其余7个设区市的农村分散式供水工程数量均较少。各设区市农村分散式供水工程数量汇总见表7-1-1，各设区市农村分散式供水工程数量分布如图7-1-9所示。

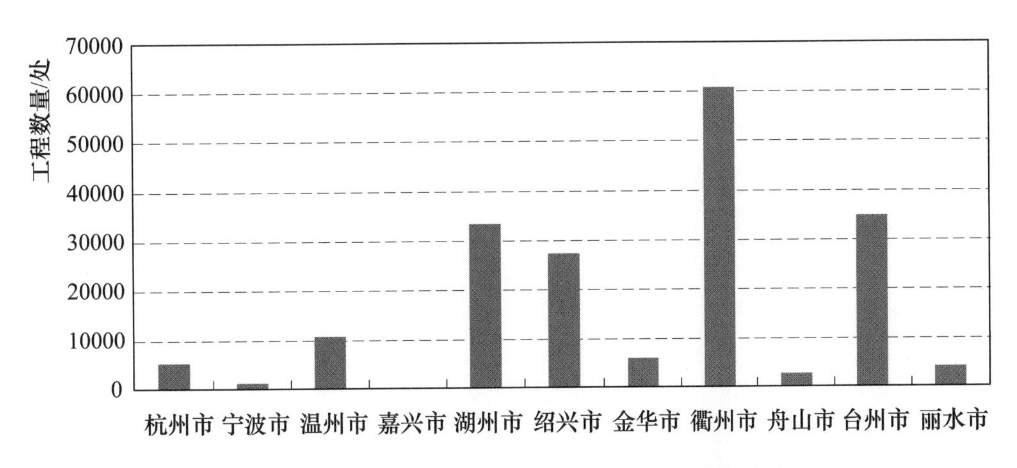

图7-1-9　各设区市农村分散式供水工程数量分布图

全省农村分散式供水工程受益人口较多的是衢州市、温州市、台州市、湖州市、绍兴市和杭州市，共占全省农村分散式供水工程受益人口总数的90.1%，分别为21.9%、16.6%、15.2%、12.9%、12.4%和11.1%。嘉兴市无分散式供水受益人口，其余5个设区市农村分散式供水工程受益人口均较少。各设区市农村分散式供水工程受益人口数量汇总见表7-1-1，各设区市农村分散式供水工程受益人口分布如图7-1-10所示。

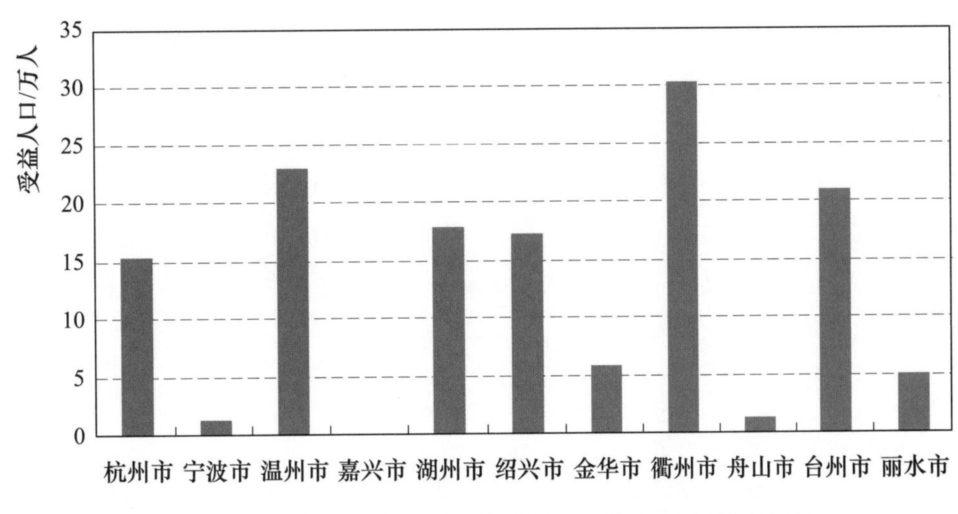

图7-1-10　各设区市农村分散式供水工程受益人口分布图

第二节　200m³/d（或2000人）及以上集中式供水工程

一、总体情况

全省200m³/d（或2000人）及以上集中式供水工程1659处，受益人口2177.6万人，分别占全省农村集中式供水工程数量和受益人口的5.3%和73.2%。

（一）工程数量

全省 200m³/d（或 2000 人）及以上集中式供水工程数量较多的是温州市、杭州市、丽水市和宁波市，共占全省同规模集中式供水工程数量的 64.2%，分别为 27.3%、15.6%、11.3%和 10.0%。该规模集中式供水工程数量较少的是嘉兴市、舟山市、衢州市和湖州市，共占全省同规模集中式供水工程数量的 11.1%，分别为 1.5%、2.5%、3.4%和 3.7%。各设区市 200m³/d 及以上供水工程[1]数量汇总见表 7-2-1，各设区市 200m³/d 及以上集中式供水工程数量分布如图 7-2-1 所示。

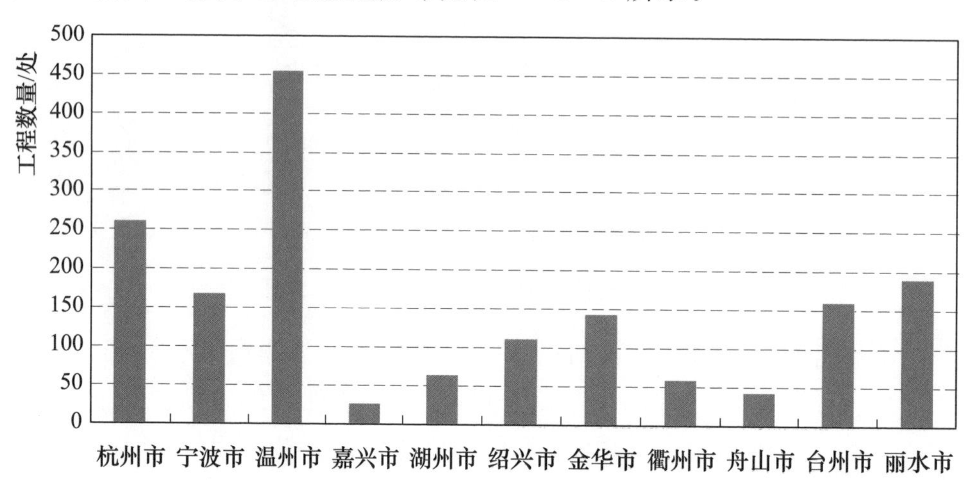

图 7-2-1　各设区市 200m³/d 及以上集中式供水工程数量分布图

（二）受益人口

全省 200m³/d（或 2000 人）及以上集中式供水工程受益人口较多的是温州市、宁波市、台州市、金华市和嘉兴市，共占全省同规模集中式供水工程受益人口总数的 74.4%，分别为 19.0%、17.8%、16.7%、10.6%和 10.3%。其他设区市该规模集中式供水工程受益人口均较少，舟山市、衢州市和丽水市，共占全省同规模集中式供水工程受益人口总数的 8.2%，分别为 2.4%、2.8%和 3.0%。各设区市 200m³/d 及以上集中式供水工程受益人口数量汇总见表 7-2-1，各设区市 200m³/d 及以上集中式供水工程受益人口分布如图 7-2-2 所示。

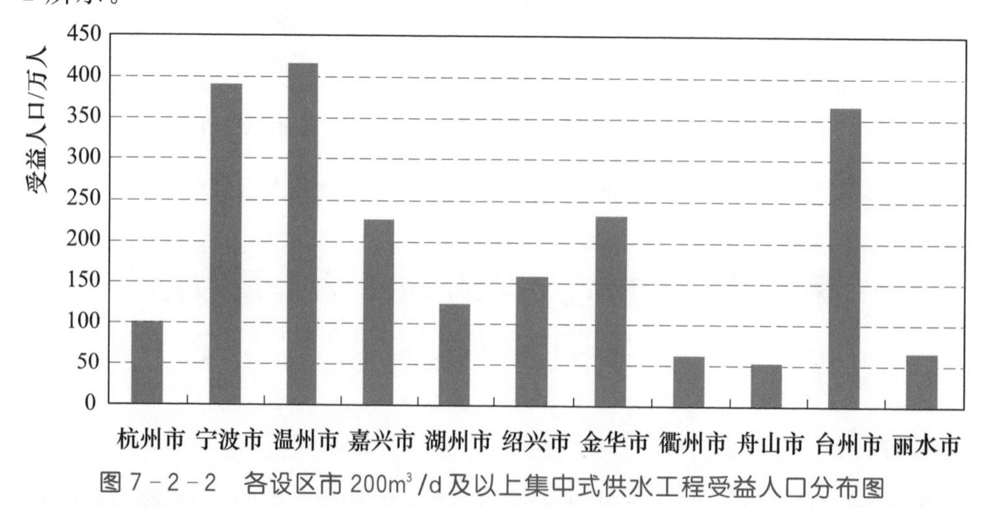

图 7-2-2　各设区市 200m³/d 及以上集中式供水工程受益人口分布图

[1] 200m³/d 规模以上供水工程指设计供水规模在 200m³/d 及以上或设计供水人口在 2000 人及以上的集中式供水工程。

二、水源类型

水源类型按地表水和地下水分为两种大类型，本章仅对 $200m^3/d$（或 2000 人）及以上集中式供水工程的水源类型进行统计。

（一）总体情况

全省 $200m^3/d$（或 2000 人）及以上集中式供水工程，以地表水为水源的工程共 1579 处，受益人口 2125.2 万人，分别占全省同规模供水工程数量和受益人口的 95.2%和 97.6%；以地下水为水源的工程共 80 处，受益人口 52.4 万人，分别占 4.8%和 2.4%。全省 $200m^3/d$ 及以上不同水源供水工程数量和受益人口比例分别如图 7-2-3 和图 7-2-4 所示。

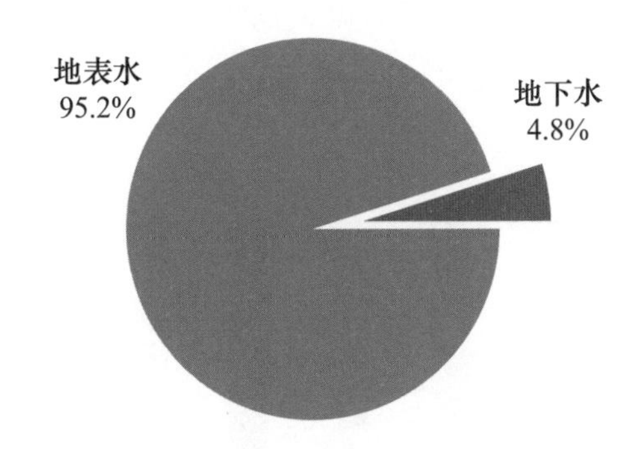

图 7-2-3　全省 $200m^3/d$ 及以上不同水源供水工程数量比例图

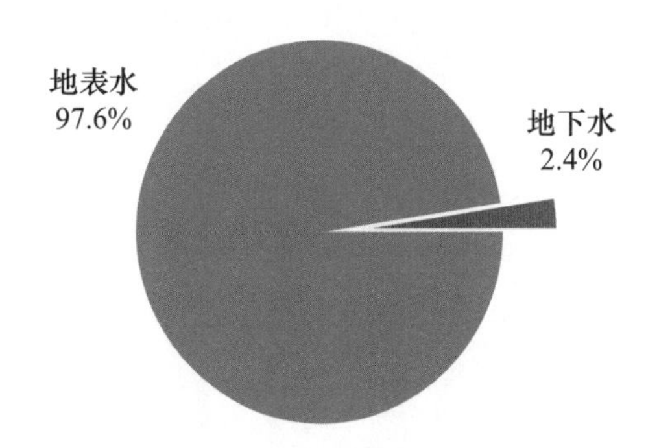

图 7-2-4　全省 $200m^3/d$ 及以上不同水源供水工程受益人口比例图

（二）设区市情况

1. 工程数量

各设区市以地表水为水源的 $200m^3/d$（或 2000 人）及以上集中式供水工程数量占本设区市同规模集中式供水工程数量比例均较高，除嘉兴市占 84.0%和台州市占 87.3%外，其他 9 个市以地表水为水源的该规模工程数量比例均超过 90%，舟山市该规模工程 100%为地表水水源。各设区市以地下水为水源的 $200m^3/d$（或 2000 人）及以上集中式供水工程数量占本设区市同规模集中式供水工程总数量比例均较低，除嘉兴市占 16.0%和台州市占 12.7%外，其他 9 个市以地下水为水源的该规模工程比例均低于 10%，舟山市无地下水水源工程。各设区市不同水源 $200m^3/d$ 及以上工程数量汇总见表 7-2-1，各设区市 $200m^3/d$ 及以上不同水源工程数量比例如图 7-2-5 所示。

2. 受益人口

全省各设区市以地表水为水源的 $200m^3/d$（或 2000 人）及以上集中式供水工程受益人口占本设区市同规模集中式供水工程受益人口比例均超过 90%，舟山市以地表水为水源的该规模工程受益人口比例 100%。各设区市以地下水为水源的 $200m^3/d$（或 2000 人）及以上集中式供水工程数量占本设区市同规模集中式供水工程受益人口比例均较低，除潮州市 6.5%和台州市 4.2%外，其他 9 个市以地下水为水源的该规模工程受益人口比例均低于 3%，舟山市无地下水水源工程。各设区市 $200m^3/d$ 及以上不同水源工程数量汇总见表 7-2-1，各设区市 $200m^3/d$ 及以上不同水源工程受益人口比例如图 7-2-6 所示。

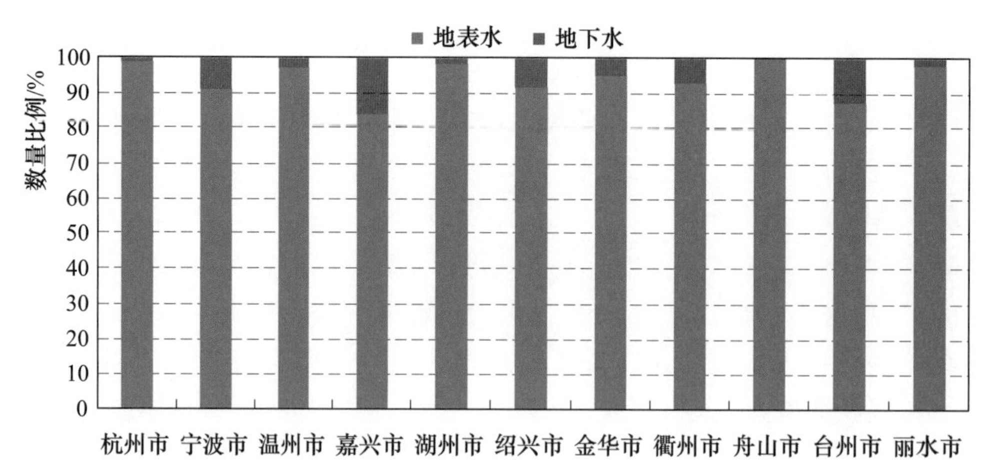

图 7-2-5　各设区市 200m³/d 及以上不同水源工程数量比例图

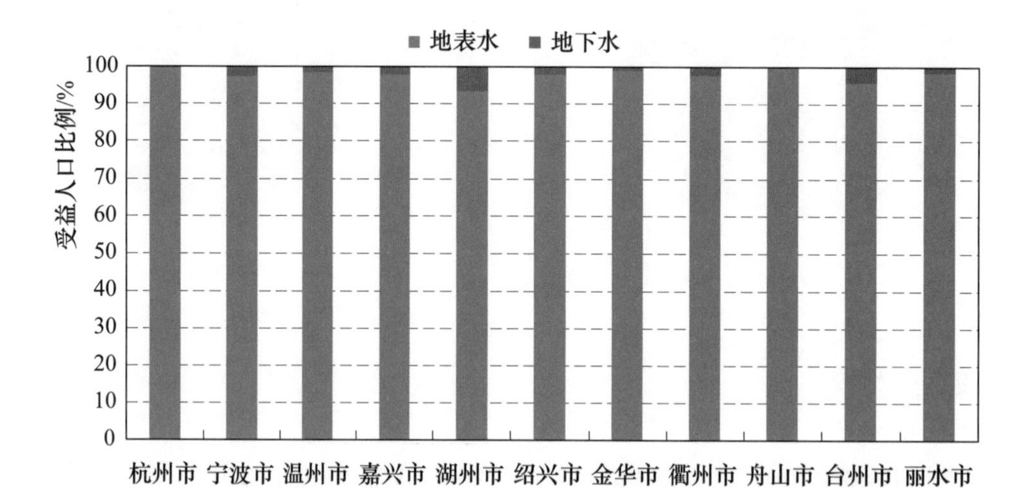

图 7-2-6　各设区市 200m³/d 及以上不同水源工程受益人口比例图

表 7-2-1　各设区市 200m³/d 及以上不同水源工程数量和受益人口汇总表

行政区划	工程数量/处	受益人口/万人	地表水		地下水	
			工程数量/处	受益人口/万人	工程数量/处	受益人口/万人
全省	1659	2177.6	1579	2125.2	80	52.4
杭州市	259	99.3	256	99.0	3	0.3
宁波市	166	388.2	151	378.1	15	10.1
温州市	453	414.3	440	408.1	13	6.2
嘉兴市	25	224.9	21	220.2	4	4.7
湖州市	62	122.7	61	114.7	1	8.0
绍兴市	109	156.4	100	153.2	9	3.2
金华市	141	230.4	134	228.2	7	2.2
衢州市	57	61.0	53	59.6	4	1.4
舟山市	41	51.7	41	51.7	0	0
台州市	158	363.9	138	348.6	20	15.3
丽水市	188	64.9	184	63.8	4	1.0

三、工程类型

工程类型按城镇管网延伸工程、联村工程和单村工程分三种大类型，对 200m³/d（或 2000 人）及以上集中式供水工程的类型进行汇总分析。

（一）总体情况

全省 200m³/d（或 2000 人）及以上集中式供水工程中，城镇管网延伸工程共 284 处，受益人口 1376.1 万人，分别占全省同规模集中式供水工程数量和受益人口的 17.1%和 63.2%；联村工程共 507 处，受益人口 642.8 万人，分别占 30.6%和 29.5%；单村工程共 868 处，受益人口 158.7 万人，分别占 52.3%和 7.3%。全省 200m³/d 及以上不同类型集中式供水工程和受益人口比例如图 7-2-7 和图 7-2-8 所示。

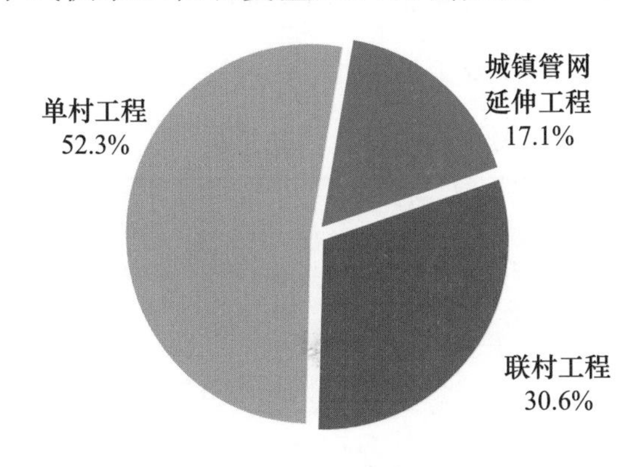

图 7-2-7　全省 200m³/d 及以上不同类型集中式供水工程比例图

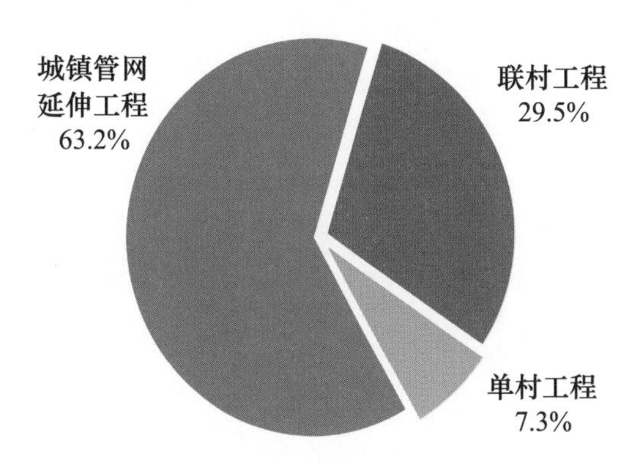

图 7-2-8　全省不同类型 200m³/d 及以上集中式供水工程受益人口比例图

（二）设区市情况

1. 工程数量

各设区市 200m³/d（或 2000 人）及以上集中式供水工程中，城镇管网延伸工程数量占本设区市同规模集中式供水工程数量比例较高的是嘉兴市、湖州市和台州市，分别为 88.0%、41.9%和 34.2%；联村工程数量占本设区市同规模工程数量比例较高的是舟山市、宁波市和金华市，分别为 48.8%、47.0%和 43.3%；单村工程数量占本设区市同规模工程数量比例较高的是杭州市、温州市、丽水市和绍兴市，分别为 73.0%、66.4%、64.9%和 55.0%。各设区市 200m³/d 及以上不同类型工程数量汇总见表 7-2-2，各设区市 200m³/d 及以上不同类型工程比例如图 7-2-9 所示。

2. 受益人口

各设区市 200m³/d（或 2000 人）及以上集中式供水工程中，城镇管网延伸工程受益人口占本设区市同规模集中式供水工程受益人口比例较高的是嘉兴市、绍兴市和台州市，分别为 98.7%、83.6%和 82.0%；联村工程受益人口占本设区市同规模工程受益人口比例较高的是温州市、宁波市和丽水市，分别为 46.6%、45.6%和 44.9%；单村工程受益人口占本设区市同规模工程受益人口比例较高的是丽水市、杭州市、舟山市和温州市，分别为 31.5%、27.4%、12.9%和 12.2%。各设区市 200m³/d 及以上不同类型工程受益人口汇总见表 7-2-2，各设区市 200m³/d 及以上不同类型工程受益人口比例如图 7-2-10 所示。

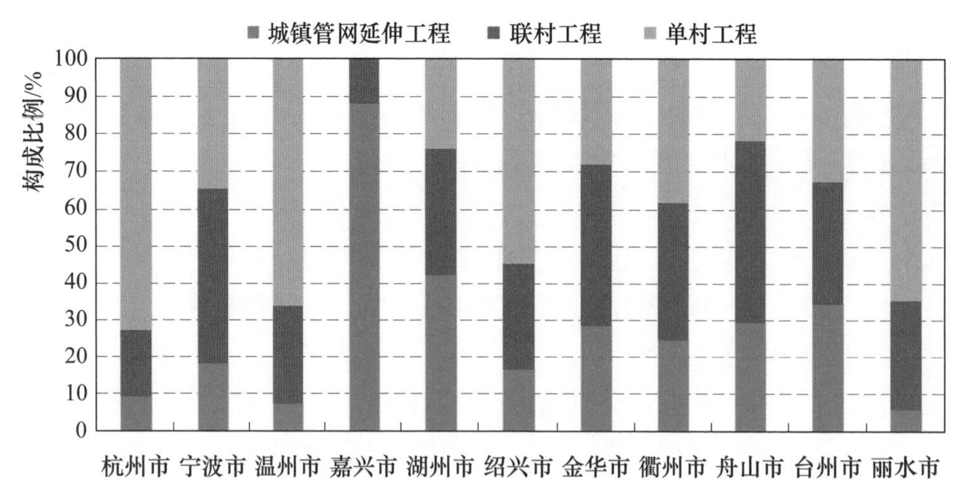

图 7-2-9 各设区市 200m³/d 及以上不同类型工程比例图

表 7-2-2 各设区市 200m³/d 及以上不同类型工程数量和受益人口汇总表

行政区划	工程数量/处	受益人口/万人	城镇管网延伸工程		联村工程		单村工程	
			工程数量/处	受益人口/万人	工程数量/处	受益人口/万人	工程数量/处	受益人口/万人
全省	1659	2177.6	284	1376.1	507	642.8	868	158.7
杭州市	259	99.3	24	56.5	46	15.7	189	27.1
宁波市	166	388.2	30	196.6	78	176.8	58	14.8
温州市	453	414.3	33	170.6	119	193.1	301	50.6
嘉兴市	25	224.9	22	222.0	3	2.9	0	0
湖州市	62	122.7	26	86.1	21	34.0	15	2.6
绍兴市	109	156.4	18	130.8	31	14.0	60	11.6
金华市	141	230.4	40	134.3	61	86.6	40	9.5
衢州市	57	61	14	39.5	21	18.2	22	3.3
舟山市	41	51.7	12	26.1	20	19.0	9	6.6
台州市	158	363.9	54	298.3	52	53.4	52	12.2
丽水市	188	64.8	11	15.3	55	29.1	122	20.4

四、供水方式

按供水方式分为供水到户和供水到集中供水点两种大类型，对 200m³/d（或 2000 人）及以上集中式供水工程的供水方式进行汇总分析。

（一）总体情况

全省 200m³/d（或 2000 人）及以上集中式供水工程中，供水到户的工程 1594 处，受益人口 2155.4 万人，分别占全省同规模工程数量和受益人口的 96.1%和 99.0%；供水到

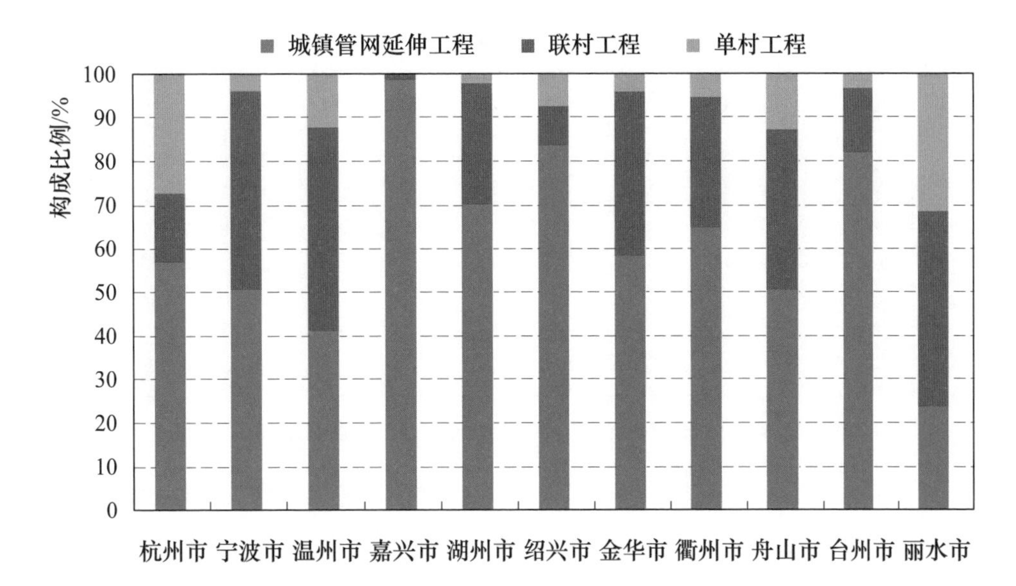

图 7－2－10　各设区市不同类型 200m³/d 及以上工程受益人口构成比例图

集中供水点的工程 65 处，受益人口 22.2 万人，分别占 3.9%和 1.0%。全省 200m³/d 及以上不同供水方式供水工程数量和受益人口比例分别如图 7－2－11 和图 7－2－12 所示。

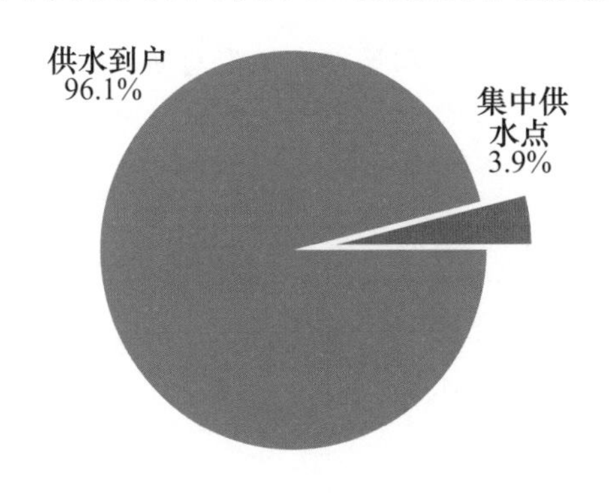

图 7－2－11　全省 200m³/d 及以上不同供水方式工程数量比例图

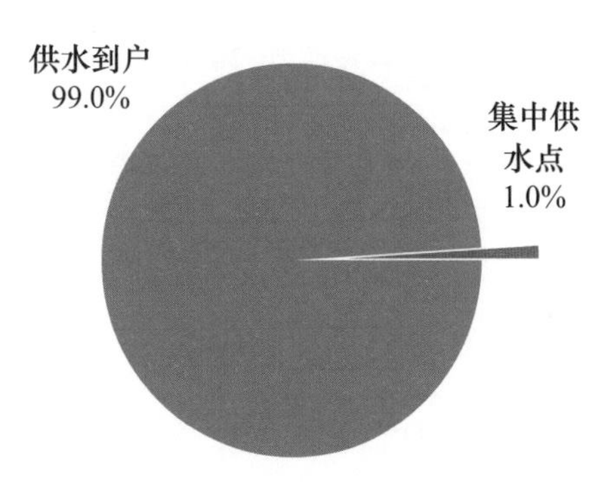

图 7－2－12　全省 200m³/d 及以上不同供水方式工程受益人口比例图

（二）设区市情况

1. 工程数量

各设区市 200m³/d（或 2000 人）及以上集中式供水工程中，供水到户工程数量占本设区市同规模集中式供水工程数量比例均较高，嘉兴市、绍兴市、金华市和舟山市该规模供水到户工程比例均 100%，杭州市该规模供水到户工程比例相对较低为 83.4%；供水到集中供水点工程数量占本设区市同规模工程数量比例较高的是杭州市、衢州市、湖州市、台州市和宁波市，分别为 16.6%、3.5%、3.2%、3.2%和 3.0%。各设区市 200m³/d 及以上不同供水方式工程数量汇总见表 7－2－3，各设区市 200m³/d 及以上不同供水方式工程数量比例如图 7－2－13 所示。

2. 受益人口

各设区市 200m³/d（或 2000 人）及以上集中式供水工程中，供水到户工程受益人口占本设区市同规模集中式供水工程受益人口比例均较高，除嘉兴市、绍兴市、金华市和舟山市该规模供水到户工程受益人口比例 100%外，其他 7 个设区市供水到户供水受益人口

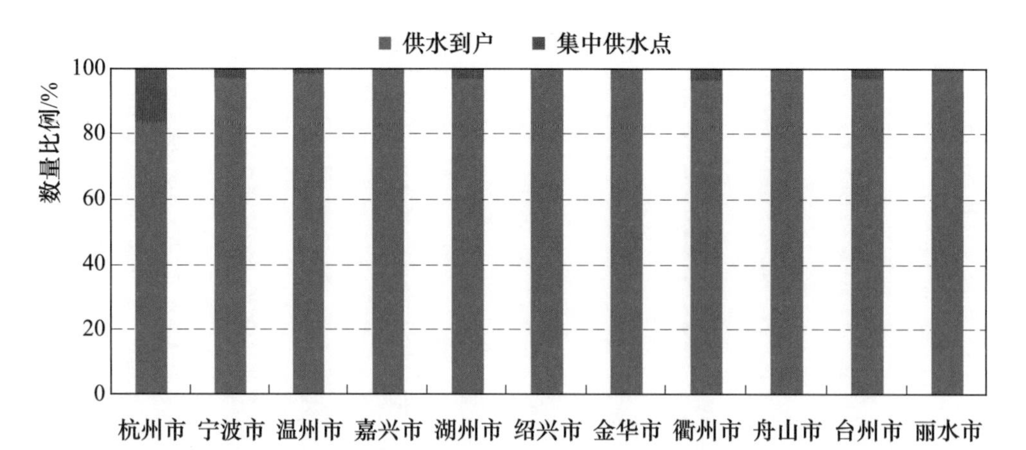

图 7-2-13 各设区市 200m³/d 及以上不同供水方式工程数量比例图

均达 90%以上。供水到集中点工程受益人口占本设区市同规模工程受益人口比例较高的是杭州市、丽水市和台州市，分别为 7.5%、3.8%和 2.2%。各设区市 200m³/d 及以上不同供水方式工程受益人口数量汇总见表 7-2-3，各设区市 200m³/d 及以上不同供水方式工程受益人口数量比例如图 7-2-14 所示。

表 7-2-3 各设区市 200m³/d 及以上不同供水方式工程数量和受益人口汇总表

行政区划	工程数量/处	受益人口/万人	供水到户		集中供水点	
			工程数量/处	受益人口/万人	工程数量/处	受益人口/万人
全省	1659	2177.6	1594	2155.4	65	22.2
杭州市	259	99.3	216	91.9	43	7.4
宁波市	166	388.2	161	386.5	5	1.7
温州市	453	414.3	446	413.0	7	1.3
嘉兴市	25	224.9	25	224.9	0	0
湖州市	62	122.7	60	121.9	2	0.8
绍兴市	109	156.4	109	156.4	0	0
金华市	141	230.4	141	230.4	0	0
衢州市	57	61	55	60.4	2	0.6
舟山市	41	51.7	41	51.7	0	0
台州市	158	363.9	153	355.9	5	8
丽水市	188	64.8	187	62.4	1	2.4

五、管理主体

浙江省 200m³/d（或 2000 人）及以上集中式供水工程的管理主体包括县级水利部门、乡镇、村集体、企业、用水合作组织及其他方式。

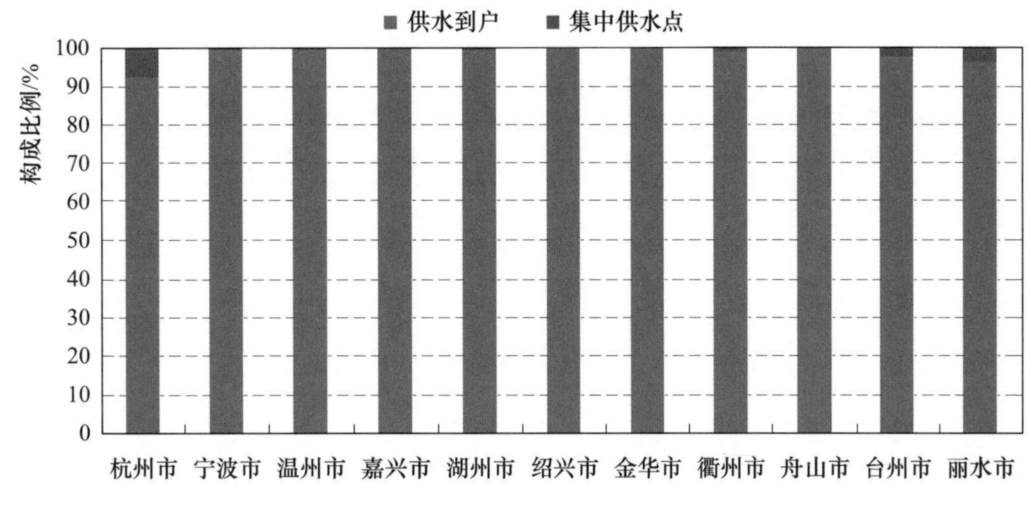

图 7-2-14 各设区市 200m³/d 以上不同供水方式工程受益人口比例图

（一）总体情况

全省 200m³/d（或 2000 人）及以上集中式供水工程中，由县级水利部门管理的 58 处、乡镇管理的 319 处、村集体管理的 875 处、企业管理的 287 处、用水合作组织管理的 11 处和其他管理方式的 109 处，分别占全省同规模工程总数的 3.5%、19.2%、52.7%、17.3%、0.7%和 6.6%。全省 200m³/d 及以上工程各类管理主体比例如图 7-2-15 所示。

（二）设区市情况

各设区市 200m³/d（或 2000 人）及以上集中式供水工程中，由县级水利部门管理的工程数量占本设区市同规模工程数量比例较高的是金华市、台州市、丽水市和舟山市，分别为 12.8%、8.9%、8.5%和 7.3%；由乡镇管理的工程数量占本设区市同规模工程数量比例较高的是舟山市、宁波市、丽水市和湖州市，分别为 51.2%、38.6%、33.5%和 30.6%；由村集体管理的工程数量占本设区市同规模工程数量比例较高的是杭州市、温州市、绍兴市和丽水市，分别为 74.9%、70.6%、56.0%和 51.6%；由企业管理的工程数量占本设区市同规模工程数量比例较高的是嘉兴市、湖州市和衢州市，分别为 64.0%、43.5%和 40.4%；由用水合作组织管理的工程数量占本设区市同规模工程数量比例均较低，其中杭州市、宁波市、嘉兴市、湖州市、绍兴市、金华市和舟山市 7 个设区市无用水合作组织；由其他管理主体管理的工程数量占本市同规模工程数量比例较高的是湖州市和温州市，分别占 25.8%和 10.8%。各设区市 200m³/d 及以上各类管理主体工程情况汇总见表 7-2-4。

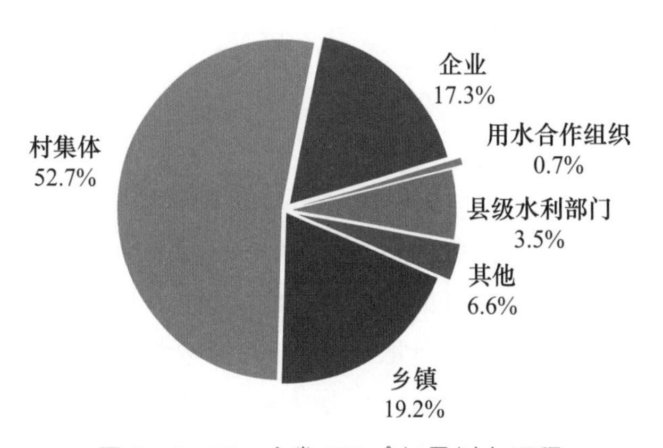

图 7-2-15 全省 200m³/d 及以上工程各类管理主体比例图

表 7-2-4　　各设区市 200m³/d 及以上各类管理主体工程情况汇总表　　单位：处

行政区划	工程总数量	管理主体					
		县级水利部门	乡镇	村集体	企业	用水合作组织	其他
全省	1659	58	319	875	287	11	109
杭州市	259	1	18	194	34	0	12
宁波市	166	0	64	62	38	0	2
温州市	453	3	35	320	45	1	49
嘉兴市	25	1	6	0	16	0	2
湖州市	62	0	19	0	27	0	16
绍兴市	109	2	23	61	14	0	9
金华市	141	18	39	51	20	0	13
衢州市	57	0	5	25	23	2	2
舟山市	41	3	21	2	15	0	0
台州市	158	14	26	63	50	2	3
丽水市	188	16	63	97	5	6	1

第三节　分散式供水工程

一、总体情况

浙江省分散式供水工程 18.6 万处，受益人口 137.7 万人，分别占全省农村供水工程数量和受益人口的 85.6%和 4.4%。其中，分散供水井工程 16.2 万处，受益人口 80.7 万人，分别占全省分散式供水工程数量和受益人口的 86.9%和 58.6%；引泉供水工程 2.1 万处，受益人口 50.1 万人，分别占全省分散式供水工程数量和受益人口的 11.3%和 36.4%；雨水集蓄供水工程 0.3 万处，受益人口 6.9 万人，分别占全省分散式供水工程数量和受益人口的 1.8%和 5.0%。全省不同类型分散式供水方式农村供水工程数量和受益人口比例分别如图 7-3-1 和图 7-3-2 所示。

二、设区市情况

（一）工程数量

全省各设区市分散供水井工程数量占本设区市分散式供水工程数量比例较高的是舟山市、宁波市、台州市和湖州市，分别为 99.9%、97.0%、94.8%和 93.2%；引泉供水工程数量占本设区市分散式供水工程数量比例较高的是丽水市、杭州市和温州市，分别为 45.1%、34.8%和 29.4%；雨水集蓄供水工程数量占本设区市分散式供水工程数量比例

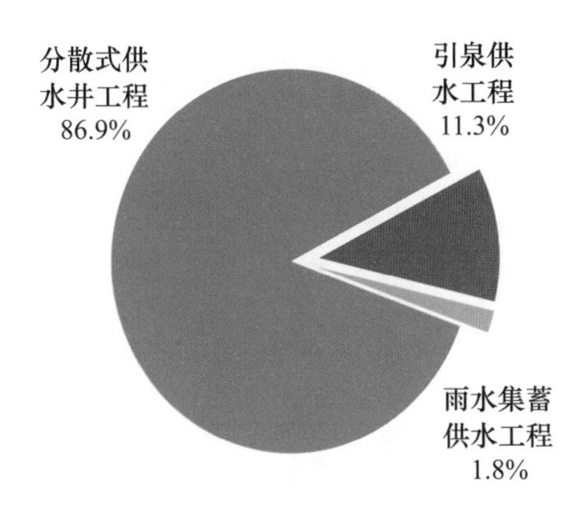

图 7-3-1 全省不同类型分散式供水工程数量比例图

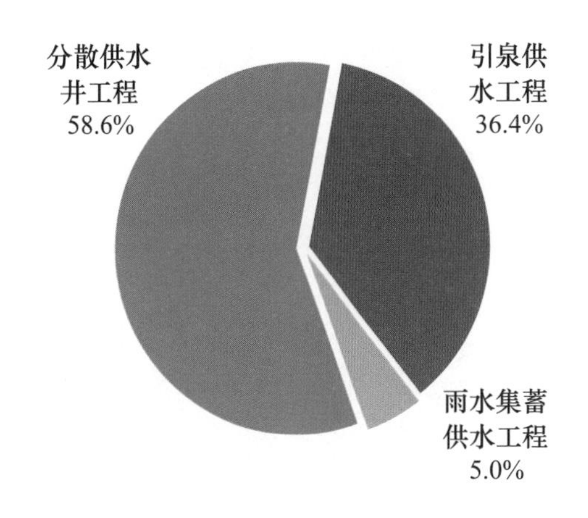

图 7-3-2 全省不同类型分散式供水工程受益人口比例图

较高的是杭州市、湖州市和宁波市，分别为4.1%、3.0%和2.7%。嘉兴市无分散式供水工程。各设区市不同类型分散式供水工程数量汇总见表7-3-1，各设区市不同类型分散式供水工程比例如图7-3-3所示。

表 7-3-1 各设区市不同类型分散式供水工程数量和受益人口数量

行政区划	工程数量/处	受益人口/万人	分散供水井工程		引泉供水工程		雨水集蓄供水工程	
			工程数量/处	受益人口/万人	工程数量/处	受益人口/万人	工程数量/处	受益人口/万人
全省	186045	137.7	161702	80.7	20934	50.1	3409	6.9
杭州市	5255	15.3	3209	2.5	1830	12.3	216	0.5
宁波市	1210	1.3	1174	1.1	3	0.1	33	0.1
温州市	10670	22.9	7356	7.6	3142	14.3	172	1
嘉兴市	0	0	0	0	0	0	0	0
湖州市	33307	17.8	31027	12.5	1293	2.2	987	3.1
绍兴市	27270	17.2	23115	10.9	3574	5.9	581	0.4
金华市	5938	5.8	5319	2.9	614	2.7	5	0.2
衢州市	60891	30.2	52696	23.7	7049	6.3	1146	0.2
舟山市	2637	1.3	2635	1.3		0	2	0
台州市	34856	20.9	33028	16.6	1622	3.4	206	0.9
丽水市	4011	5	2143	1.6	1807	2.9	61	0.5

（二）受益人口

各设区市分散供水井工程受益人口占本设区市分散式供水工程受益人口比例较高的是舟山市、宁波市、台州市、衢州市和湖州市，分别为97.9%、90.9%、79.3%、78.4%和70.0%；引泉供水工程受益人口占本设区市分散式供水工程受益人口比例较高的是杭州市、温州市和丽水市，分别为80.4%、62.4%和59.3%；雨水集蓄供水工程受益人口占本设区市分散式供水工程受益人口比例较高的是湖州市和丽水市，分别为17.6％和8.8％；各设区市不同类型分散式供水工程受益人口汇总见表7-3-1，各设区市不同类型分散式供水工程受益人口比例如图7-3-4所示。

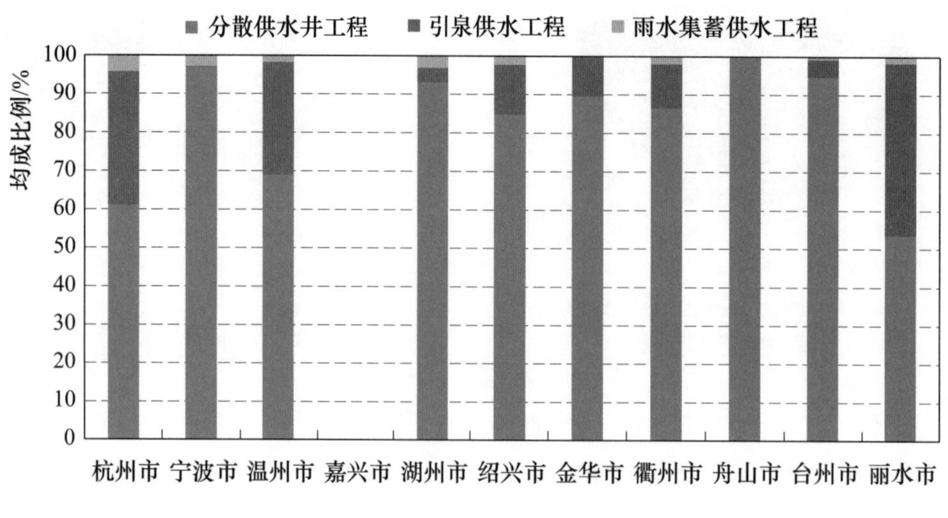

图7-3-3 各设区市不同类型分散式供水工程比例图

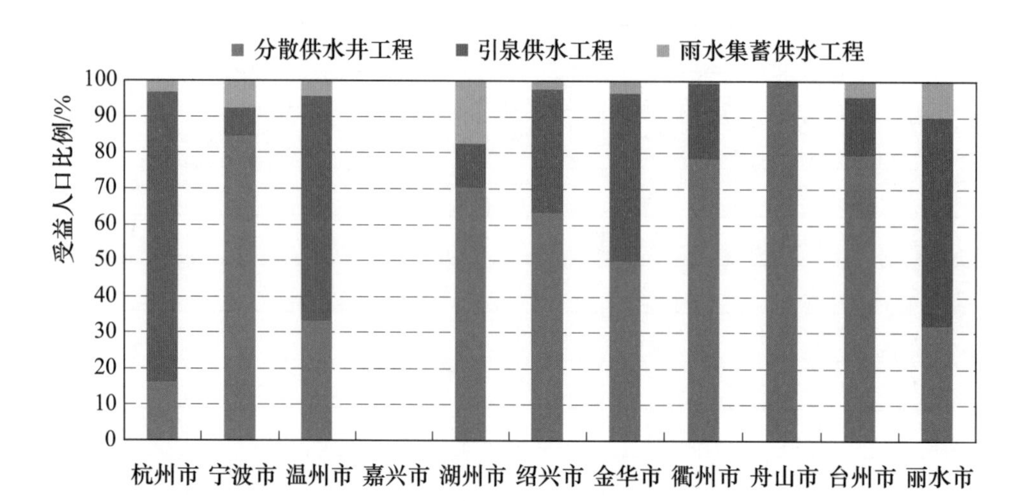

图7-3-4 各设区市不同类型分散式供水工程受益人口比例图

第八章　塘　坝　工　程

塘坝工程指在地面开挖修建或在洼地上形成的拦截和储存当地地表径流，用于农业灌溉、农村供水的蓄水工程以及在山区、丘陵地区建有挡水、泄水建筑物的山塘工程。

第一节　塘坝工程数量与容积

一、总体情况

浙江省共有塘坝工程 8.8 万处，总容积 7.6 亿 m^3。其中 500～1 万 m^3 规模工程有 6.8 万处，容积 2.0 亿 m^3，分别占全省塘坝工程数量和总容积的 77.0%和 26.4%；1 万～5 万 m^3 规模工程 1.7 万处，容积 3.6 亿 m^3，分别占全省塘坝工程数量和总容积的 19.7%和 47.5%；5 万～10 万 m^3 规模工程 0.3 万处，容积 2.0 亿 m^3，分别占全省塘坝工程数量和总容积的 3.3%和 26.1%。全省不同规模塘坝工程数量和容积比例如图 8－1－1 和图 8－1－2 所示。

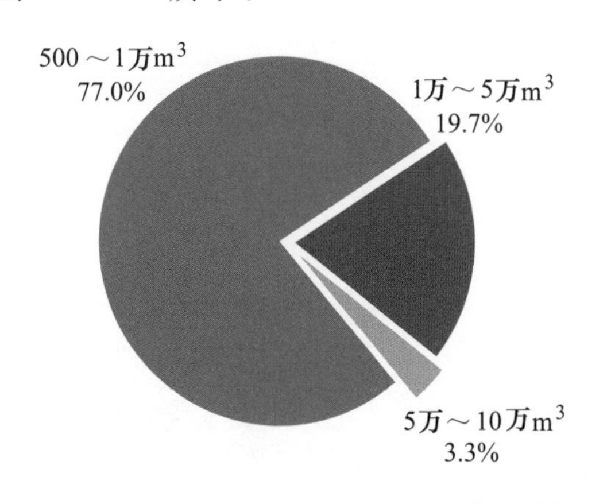

图 8－1－1　全省不同规模塘坝工程数量比例图

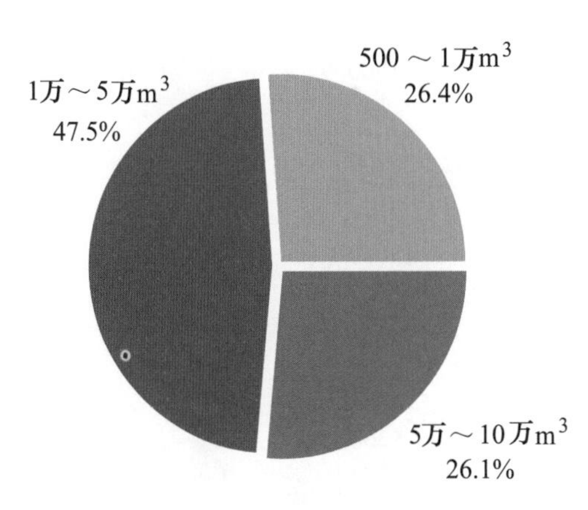

图 8－1－2　全省不同规模塘坝工程容积比例图

二、设区市情况

（一）工程数量

各设区市塘坝工程数量较多的是金华市、绍兴市、台州市和杭州市，分别占全省塘坝工程数量的 26.8%、15.3%、13.6%和 12.8%，共计 68.5%。各设区市不同规模塘坝工程数量见表 8－1－1，各设区市不同规模塘坝工程数量分布如图 8－1－3 所示。

各设区市 500～1 万 m^3 规模塘坝工程数量占本市塘坝工程数量比例均较高，在 50%～90%之间，其中台州市、湖州市、绍兴市、金华市、宁波市和丽水市比例超过 70%，分别为 89.0%、80.4%、79.3%、77.5%、77.2%和 76.5%；1 万～5 万 m^3 规模塘坝工

表 8-1-1　　　　　　　　各设区市不同规模塘坝工程数量和容积

行政区划	工程数量/处	总容积/万 m^3	500～1万 m^3		1万～5万 m^3		5万～10万 m^3	
			数量/处	容积/万 m^3	数量/处	容积/万 m^3	数量/处	容积/万 m^3
全省	88201	75599.3	67925	19961.8	17401	35919.4	2875	19718.1
杭州市	11301	11119.3	7894	2284.5	2970	5921.4	437	2913.4
宁波市	6727	5930.5	5190	1474.1	1281	2690.5	256	1765.9
温州市	2698	3412.9	1749	644.1	798	1708.9	151	1059.9
嘉兴市	0	0	0	0	0	0	0	0
湖州市	4587	3749.4	3686	1061.5	765	1731.7	136	956.2
绍兴市	13498	10747.8	10703	3052	2410	5020.0	385	2675.8
金华市	23674	19900.5	18342	5752	4657	9480.8	675	4667.7
衢州市	6163	7572.5	4117	1452.2	1705	3744.2	341	2376.1
舟山市	906	1446.6	469	172.2	366	819.0	71	455.4
台州市	12017	6551.8	10700	2836.6	1102	2233.4	215	1481.8
丽水市	6630	5168.0	5075	1232.6	1347	2569.5	208	1365.9

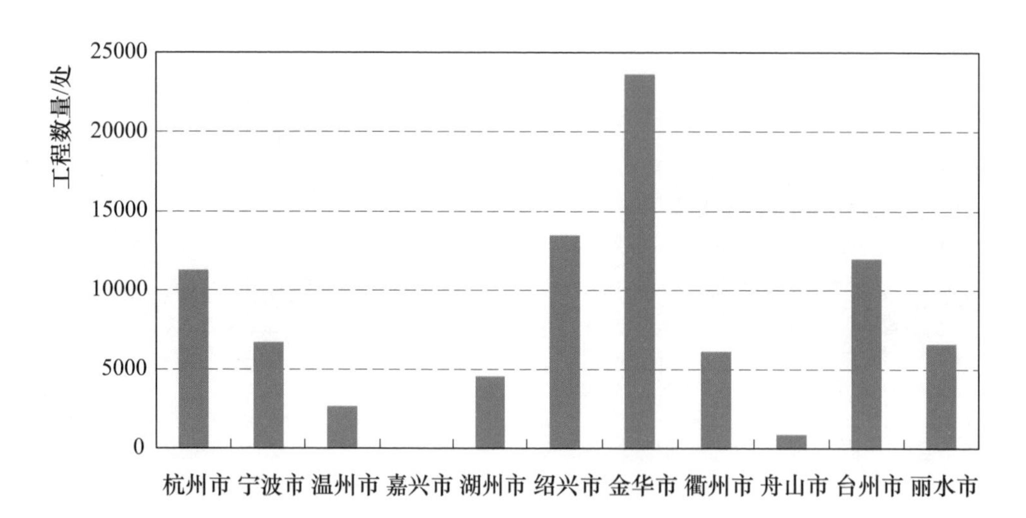

图 8-1-3　各设区市不同规模塘坝工程数量分布图

程数量占本设区市塘坝工程数量比例较高的是舟山市、温州市、衢州市、杭州市和丽水市，分别为40.4%、29.6%、27.7%、26.3%和20.3%；5万～10万 m^3 规模塘坝工程数量占本设区市塘坝工程数量比例较高的是舟山市、温州市和衢州市，分别为7.8%、5.6%和5.5%。嘉兴市无塘坝工程。各设区市不同规模工程容积见表8-1-1，各设区市不同规模塘坝工程数量比例如图8-1-4所示。

（二）工程容积

各设区市塘坝工程容积较大的是金华市、杭州市、绍兴市和衢州市，分别占全省塘坝

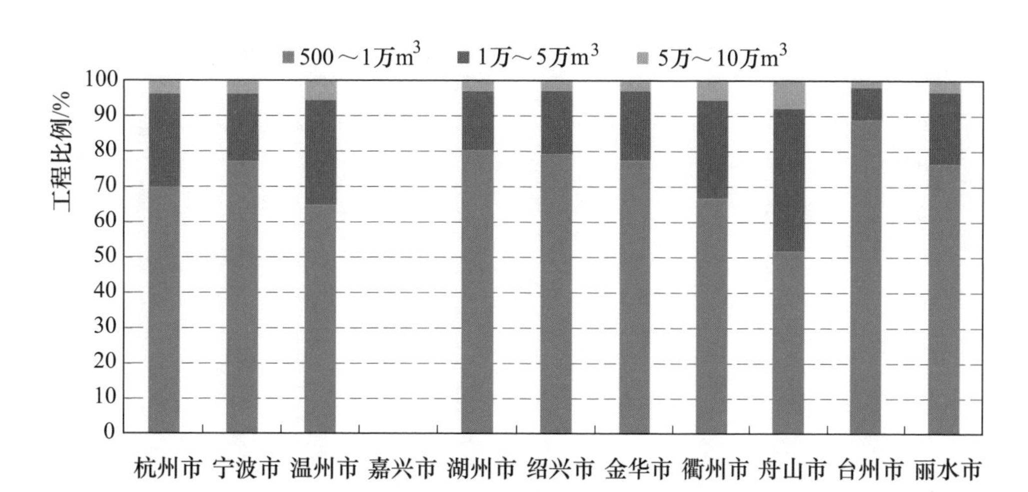

图 8-1-4 各设区市不同规模塘坝工程数量比例图

工程数量的 26.3%、14.7%、14.2%和 10.0%，共计 65.2%。嘉兴市无塘坝工程。各设区市不同规模塘坝工程容积见表 8-1-1，各设区市不同规模塘坝工程容积分布如图 8-1-5 所示。

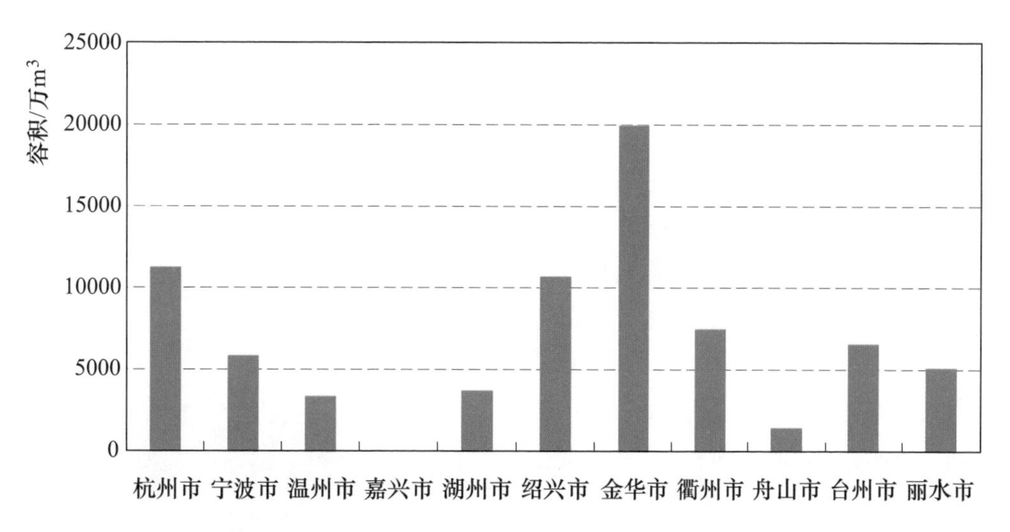

图 8-1-5 各设区市不同规模塘坝工程容积分布图

各设区市 500～1 万 m³ 规模塘坝工程容积占本设区市塘坝工程容积比例较高的是台州市、金华市、绍兴市和湖州市，分别为 43.3%、28.9%、28.4%和 28.3%；1 万～5 万 m³ 规模塘坝工程数量占本市塘坝工程数量比例除台州市占 34.1%，其他 9 个设区市比例均在40%～60%之间，舟山市比例最高 56.6%，其次是杭州市、温州市、丽水市、衢州市、金华市、绍兴市、湖州市和宁波市，分别为 53.3%、50.1%、49.7%、49.4%、47.6%、46.7%、46.2%和 45.4%；各设区市 5 万～10 万 m³ 规模塘坝工程容积占本市塘坝工程容积比例在 20%～35%之间，其中舟山市比例最高 31.5%，其次是衢州市、温州市、宁波市、丽水市、杭州市、湖州市、绍兴市、金华市和台州市，分别为 31.4%、31.1%、29.8%、26.4%、26.2%、25.5%、24.9%、23.5% 和 22.6%。各设区市不同规模塘坝工程数量和容积见表 8-1-1，各设区市不同规模塘坝工程容积比例如图 8-1-6 所示。

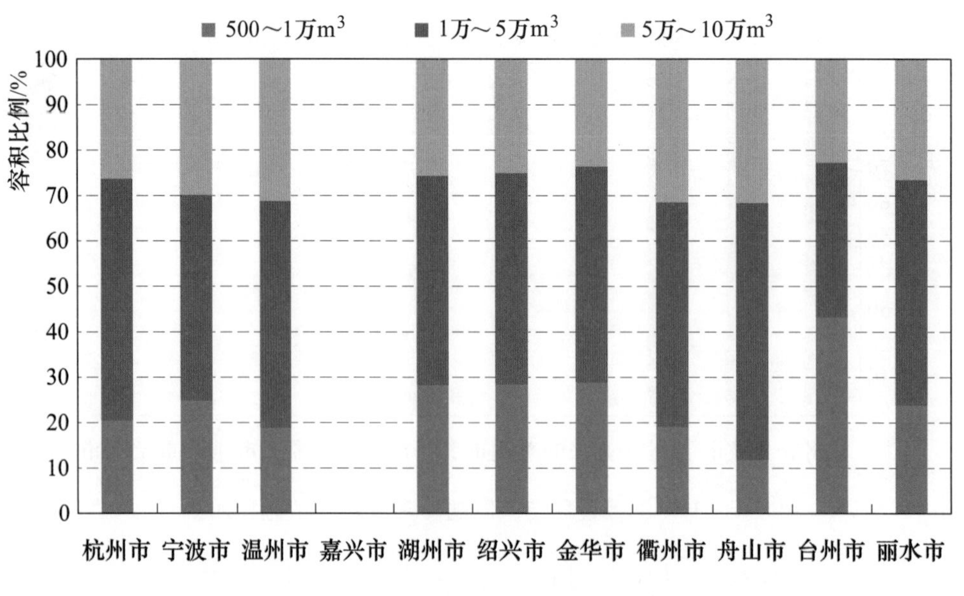

图 8-1-6　各设区市不同规模塘坝工程容积比例图

第二节　实际灌溉面积

一、总体情况

浙江省塘坝工程实际灌溉面积 294.2 万亩。其中 500～1 万 m³ 规模塘坝工程实际灌溉面积为 107.6 万亩，占全省塘坝工程实际灌溉面积的 36.6%；1 万～5 万 m³ 规模塘坝工程实际灌溉面积 138.4 万亩，占全省塘坝工程实际灌溉面积的 47.0%；5 万～10 万 m³ 规模塘坝工程实际灌溉面积 48.2 万亩，占全省塘坝工程实际灌溉面积的 16.4%。全省不同规模塘坝工程灌溉面积比例如图 8-2-1 所示。

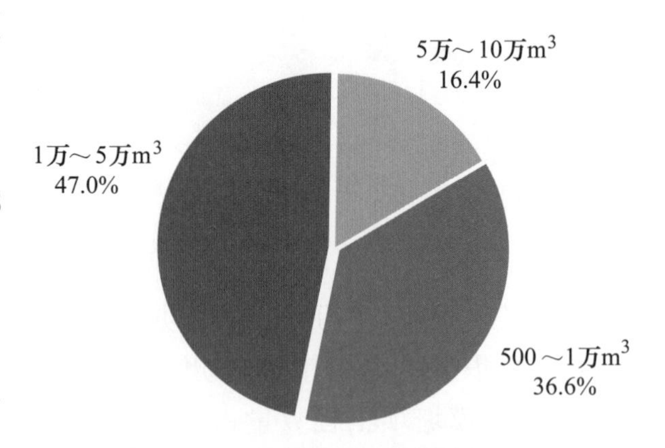

图 8-2-1　全省不同规模塘坝工程灌溉面积比例图

二、设区市情况

各设区市塘坝工程实际灌溉面积较多的是金华市、杭州市、绍兴市、台州市和衢州市，分别占全省塘坝工程总实际灌溉面积的 25.3%、11.9%、11.8%、10.4%和 10.2%，共计 69.6%。各设区市不同规模塘坝工程实际灌溉面积见表 8-2-1，各设区市不同规模塘坝工程实际灌溉面积分布如图 8-2-2 所示。

各设区市 500～1 万 m³ 规模塘坝工程实际灌溉面积占本设区市塘坝工程总实际灌溉面积比例较高的是台州市、宁波市和温州市，分别为 54.8%、44.1%和 41.8%；1 万～5 万 m³ 规模塘坝工程实际灌溉面积占本设区市塘坝工程总实际灌溉面积比例较高的是杭州市、衢州市和舟山市，分别为57.2%、51.3%和50.9%；5万～10万 m^3 规模塘坝工程实际灌溉面积占本设区市塘坝工程总实际灌溉面积比例较高的是舟山市和衢州市，分别为25.1%和24.9%。各设区市不同规模塘坝工程实际灌溉面积见表8-2-1，各设区市不同规模塘坝工程实际灌溉面积比例如图8-2-3所示。

表8-2-1　　各设区市不同规模塘坝工程实际灌溉面积　　单位：万亩

行政区划	实际灌溉面积	工程规模		
		500～1万 m^3	1万～5万 m^3	5万～10万 m^3
全省	294.2	107.6	138.4	48.2
杭州市	34.9	8.7	20	6.2
宁波市	28.4	12.6	11.7	4.1
温州市	20.8	8.7	10.1	2
嘉兴市	0	0	0	0
湖州市	13.8	5.2	6	2.6
绍兴市	34.7	13.4	15.4	5.9
金华市	74.4	25.6	36.1	12.7
衢州市	30	7.1	15.4	7.5
舟山市	3	0.6	1.6	0.8
台州市	30.6	16.8	10.3	3.5
丽水市	23.6	8.9	11.8	2.9

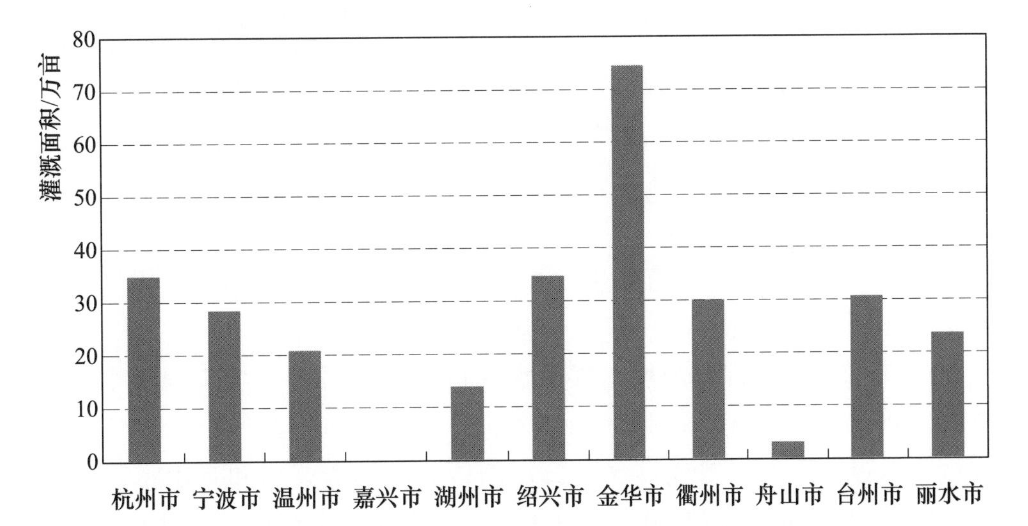

图8-2-2　各设区市不同规模塘坝工程实际灌溉面积分布图

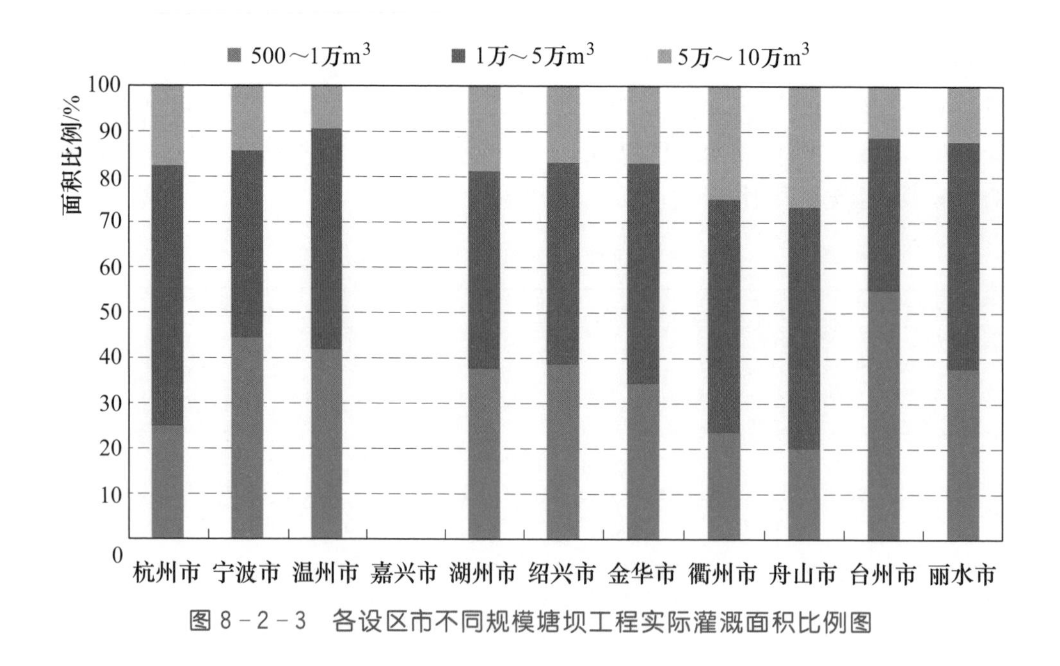

图 8-2-3　各设区市不同规模塘坝工程实际灌溉面积比例图

第三节　供　水　人　口

一、总体情况

浙江省塘坝工程供水人口229.1万人。其中500～1万m^3规模塘坝工程供水人口为64.3万人，占全省塘坝工程供水人口的28.1%；1万～5万m^3规模塘坝工程供水人口115.1万人，占全省塘坝工程供水人口的50.2%；5万～10万m^3规模塘坝工程供水人口49.7万人，占全省塘坝工程供水人口的21.7%。全省不同规模塘坝工程供水人口比例如图8-3-1所示。

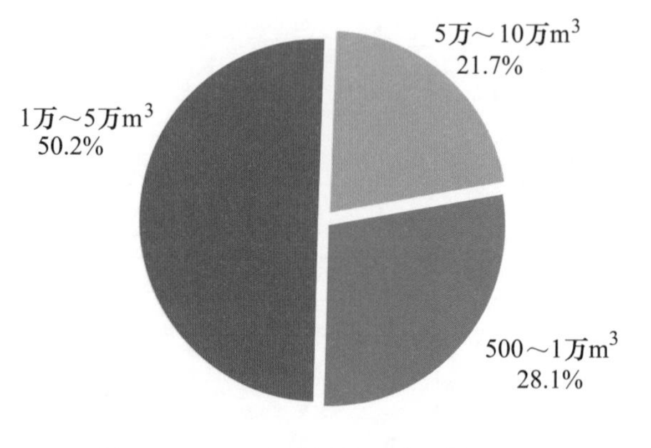

图 8-3-1　全省不同规模塘坝工程供水人口比例图

二、设区市情况

各设区市塘坝工程供水人口较多的是温州市、宁波市、台州市、绍兴市、金华市和杭州市，分别占全省塘坝工程供水人口的17.8%、16.2%、15.4%、13.8%、12.8%和10.3%，共计86.3%。各设区市塘坝工程供水人口见图8-3-1，各设区市塘坝工程供水人口分布如图8-3-2所示。

各设区市500～1万m^3规模塘坝工程供水人口占本设区市塘坝工程供水人口比例较高的是台州市、温州市和丽水市，分别为38.7%、33.8%和29.4%；1万～5万m^3规模塘坝工程供水人口占本设区市塘坝工程供水人口比例较高的是衢州市和舟山市，分别为69.3%和65.7%；5万～10万m^3规模塘坝工程供水人口占本设区市塘坝工程供水人口比例较高的是杭州市、宁波市和绍兴市，分别为25.3%、24.7%和24.7%。各设区市不同规模塘坝工

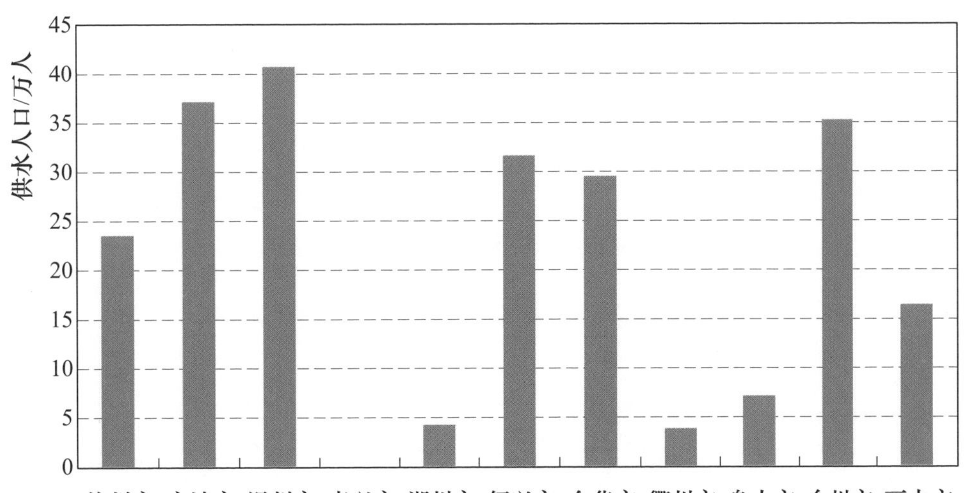

图 8-3-2 各设区市塘坝工程供水人口分布图

程供水人口见表 8-3-1，各设区市不同规模塘坝工程供水人口比例如图 8-3-3 所示。

表 8-3-1　　各设区市不同规模塘坝工程供水人口

行政区划	供水人口/万人	工程规模		
		500～1 万 m^3/万人	1 万～5 万 m^3/万人	5 万～10 万 m^3/万人
全省	229.1	64.3	115.1	49.7
杭州市	23.5	4.6	12.9	6
宁波市	37.1	9.9	18	9.2
温州市	40.7	13.7	17.8	9.2
嘉兴市	0.0	0	0	0
湖州市	4.2	1.1	2.3	0.8
绍兴市	31.6	7.5	16.3	7.8
金华市	29.5	7.4	16	6.1
衢州市	3.8	0.4	2.6	0.8
舟山市	7.1	1.3	4.7	1.1
台州市	35.2	13.6	15.5	6.1
丽水市	16.4	4.8	9	2.6

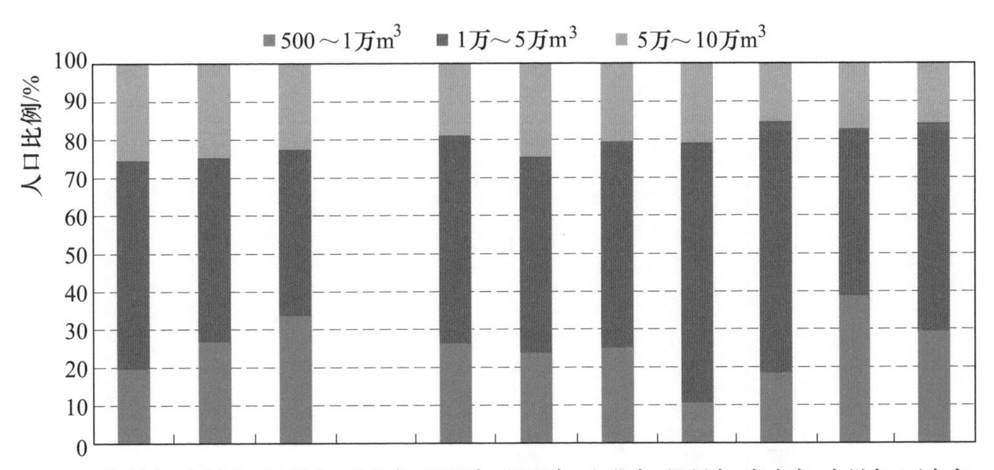

图 8-3-3 各设区市不同规模塘坝工程供水人口比例图

附　　表

附表 1

浙江省大中型水库名录

序号	地区	县	水　库　名　称	总库容 /万 m^3	所在河流（湖泊）名称	坝址控制流域面积 /km^2	主要工程任务	工程建设情况
1	杭州市	余杭区	四岭水库——水库工程	2782	太平溪	71.6	防洪	已建
2	杭州市	桐庐县	富春江水库	87600	钱塘江	31645	发电	已建
3	杭州市	桐庐县	分水江水利枢纽工程——水库	19260	分水江	2630	防洪	已建
4	杭州市	桐庐县	肖岭水库	1650	桐庐大源溪	107.59	灌溉	已建
5	杭州市	淳安县	枫树岭水库	5744	枫林港	227	发电	已建
6	杭州市	淳安县	严家水库	2156	云源港	73	防洪	已建
7	杭州市	淳安县	铜山水库	1695	枫林港	45.1	发电	已建
8	杭州市	淳安县	霞源水库	1352	武强溪	12.8	防洪、发电、供水	已建
9	杭州市	建德市	新安江水库	2162600	新安江	10442	发电	已建
10	杭州市	建德市	罗村水库	2182	胥溪	44.7	防洪、灌溉	已建
11	杭州市	富阳市	岩石岭水库	4517	渌渚江	329	防洪、发电、供水、灌溉	已建
12	杭州市	临安市	青山水库	21300	苕溪	603	防洪	已建
13	杭州市	临安市	华光潭一级水库	8257	分水江	266.1	发电	已建
14	杭州市	临安市	青山殿水库	5600	分水江	1429	防洪	已建
15	杭州市	临安市	英公水库	3528	虞溪	81.3	防洪	已建

续表

序号	地区	县	水　库　名　称	总库容/万 m^3	所在河流（湖泊）名称	坝址控制流域面积/km^2	主要工程任务	工程建设情况
16	杭州市	临安市	水涛庄水库	2888	中苕溪	58	防洪	已建
17	杭州市	临安市	里畈水库	2094	苕溪	83	防洪	已建
18	宁波市	北仑区	新路岙水库	1474	岩河	24	防洪	已建
19	宁波市	镇海区	十字路水库	2300	沿山大河钱塘江段	10.8	防洪、供水、灌溉	已建
20	宁波市	鄞州区	皎口水库	12005	鄞江	259	防洪、灌溉	已建
21	宁波市	鄞州区	周公宅水库	11180	鄞江	132	防洪、供水	已建
22	宁波市	鄞州区	东钱湖水库	5406	东钱湖	79.1	防洪、供水、灌溉	已建
23	宁波市	鄞州区	横溪水库	3500	前塘河	39.8	供水、灌溉	已建
24	宁波市	鄞州区	三溪浦水库	3382	小浃江	48.8	防洪、供水、灌溉	已建
25	宁波市	鄞州区	梅溪水库	2882	大嵩江	40.01	防洪、供水、灌溉	已建
26	宁波市	鄞州区	溪下水库	2838	新塘河	29.9	防洪、供水	已建
27	宁波市	象山县	大塘港水库	4675	浙江沿海诸河区间	134	灌溉	已建
28	宁波市	象山县	上张水库	2362	淡港	35.7	供水	已建
29	宁波市	象山县	溪口水库	1114	浙江沿海诸河区间	13.5	供水	已建
30	宁波市	象山县	仓岙水库	1076	浙江沿海诸河区间	12.6	供水	已建
31	宁波市	象山县	隔溪张水库	1050	淡港	10.6	供水	已建
32	宁波市	宁海县	白溪水库	16840	白溪	254	防洪、供水	已建
33	宁波市	宁海县	西溪水库	8500	大溪	95.64	防洪	已建
34	宁波市	宁海县	胡陈港水库	8172.97	中堡溪	196	供水	已建
35	宁波市	宁海县	黄坛水库	1830	大溪	114	发电、供水	已建
36	宁波市	宁海县	杨梅岭水库	1509.2	凫溪	176	供水、灌溉	已建
37	宁波市	宁海县	力洋水库	1351.7	茶院溪	16.1	供水	已建

续表

序号	地区	县	水库名称	总库容/万 m^3	所在河流（湖泊）名称	坝址控制流域面积/km^2	主要工程任务	工程建设情况
38	宁波市	宁海县	车岙港水库	1337.3	浙江沿海诸河区间	13	供水、灌溉	已建
39	宁波市	余姚市	四明湖水库	12272	姚江	103.1	供水、灌溉	已建
40	宁波市	余姚市	双溪口水库	3398	大隐溪	40.01	防洪、供水	已建
41	宁波市	余姚市	梁辉水库	3152.3	中山河	35.06	防洪、供水	已建
42	宁波市	余姚市	陆埠水库	2599	洋溪河	55.5	供水	已建
43	宁波市	慈溪市	郑徐水库	4270	钱塘江口南岸姚北平原混合区域	6.67	供水	在建
44	宁波市	慈溪市	里杜湖水库	2136	钱塘江口南岸姚北平原混合区域	20.2	供水	已建
45	宁波市	慈溪市	四灶浦（一期）水库	2014	钱塘江口南岸姚北平原混合区域	4.78	供水	已建
46	宁波市	慈溪市	梅湖水库	1603	钱塘江口南岸姚北平原混合区域	23.5	灌溉	已建
47	宁波市	慈溪市	上林湖水库	1581	钱塘江口南岸姚北平原混合区域	12.93	供水	已建
48	宁波市	奉化市	亭下水库	15150	甬江	176	供水	已建
49	宁波市	奉化市	横山水库	11080	县江	150.8	供水	已建
50	温州市	鹿城区	仰义水库	1151	瓯江	11.5	防洪	已建
51	温州市	瓯海区	泽雅水库	5713	戍浦江	102	防洪、供水	已建
52	温州市	永嘉县	北溪水库	3820	楠溪江	132	发电	已建
53	温州市	永嘉县	金溪水库	1937	黄坦溪	118	发电	已建
54	温州市	平阳县	顺溪水利枢纽——水库工程	4265	鳌江	92.3	防洪	在建

续表

序号	地区	县	水　库　名　称	总库容/万 m^3	所在河流（湖泊）名称	坝址控制流域面积/km^2	主要工程任务	工程建设情况
55	温州市	苍南县	桥墩水库	8133	横阳支江	138	防洪	已建
56	温州市	苍南县	吴家园水库	2164	藻溪	32.6	防洪	已建
57	温州市	文成县	珊溪水库	182400	飞云江	1529	防洪供水	已建
58	温州市	文成县	百丈漈水库	6341	泗溪	88.6	防洪、发电	已建
59	温州市	文成县	高岭头一级水库	1778	高岭头溪	32.6	发电	已建
60	温州市	文成县	高岭头二级水库	1682	岱作口溪	92	发电	已建
61	温州市	泰顺县	三插溪水库	4662	飞云江	267.5	发电	已建
62	温州市	泰顺县	仙居水库	3289	洪口溪	166.6	发电	已建
63	温州市	泰顺县	双涧溪水库	1047	双涧溪	71.8	发电	已建
64	温州市	瑞安市	赵山渡水库	3414	飞云江	2302	发电、灌溉	已建
65	温州市	瑞安市	林溪水库	1945	林溪	52.5	灌溉	已建
66	温州市	乐清市	淡溪水库	4081	东干河	46	供水	已建
67	温州市	乐清市	福溪水库	2270	大荆溪	39.17	防洪	已建
68	温州市	乐清市	钟前水库	2134	白石溪	38.7	防洪	已建
69	温州市	乐清市	白石水库	1197	白石溪	48.5	防洪、供水、灌溉	已建
70	湖州市	吴兴区	老虎潭水库	9966	埭溪	110	防洪	已建
71	湖州市	德清县	对河口水库	14691	余英溪	148.7	防洪	已建
72	湖州市	长兴县	合溪水库	11062	合溪	235	防洪	在建
73	湖州市	长兴县	泗安水库	5000	泗安溪	108	防洪、发电、供水、灌溉	已建
74	湖州市	长兴县	二界岭水库	1220	清东涧	26.88	防洪、发电、供水、灌溉	已建
75	湖州市	长兴县	和平水库	1045	和平港	20.2	防洪、发电、供水、灌溉	已建
76	湖州市	安吉县	赋石水库	21800	西苕溪	331	防洪	已建
77	湖州市	安吉县	老石坎水库	11401	南溪	258	防洪	已建

续表

序号	地区	县	水库名称	总库容/万 m^3	所在河流（湖泊）名称	坝址控制流域面积/km^2	主要工程任务	工程建设情况
78	湖州市	安吉县	凤凰水库	2112	递溪	39.5	防洪	已建
79	湖州市	安吉县	天子岗水库	1801	浑泥港	23.8	供水、灌溉	已建
80	湖州市	安吉县	大河口水库	1030	浑泥港	19.6	灌溉	已建
81	绍兴市	绍兴县	平水江水库	5457	平水江	70	防洪、灌溉	已建
82	绍兴市	新昌县	长诏水库	18648	新昌江	276	防洪、供水	已建
83	绍兴市	新昌县	巧英水库	2713	莒根溪	46	供水、灌溉	已建
84	绍兴市	新昌县	门溪水库	2139	左于江	38.7	发电	已建
85	绍兴市	诸暨市	陈蔡水库	11640	陈蔡江	187	防洪	已建
86	绍兴市	诸暨市	石壁水库	11015	开化江	108.8	防洪	已建
87	绍兴市	诸暨市	安华水库	5880	浦阳江	640	防洪	已建
88	绍兴市	诸暨市	青山水库	1347	石渎溪	50	灌溉	已建
89	绍兴市	诸暨市	征天水库	1119	孝泉江	18.45	灌溉	已建
90	绍兴市	诸暨市	五泄水库	1001	五泄江	31.5	灌溉	已建
91	绍兴市	上虞市	汤浦水库	23488	小舜江	460	供水	已建
92	绍兴市	嵊州市	南山水库	10080	长乐江	109.8	灌溉	已建
93	绍兴市	嵊州市	丰潭水库	1535	长乐江	63.7	防洪、发电	已建
94	绍兴市	嵊州市	前岩水库	1170	范洋江	20.6	灌溉	已建
95	绍兴市	嵊州市	辽湾水库	1076	长乐江	40.4	防洪	已建
96	绍兴市	嵊州市	坂头水库	1042	石璜江	23.6	灌溉	已建
97	绍兴市	嵊州市	剡源水库	1005	郯城江	52	灌溉	已建
98	金华市	婺城区	九峰水库	9805	厚大溪	119.5	防洪	已建
99	金华市	婺城区	金兰水库	9124	白沙溪	274	防洪	已建
100	金华市	婺城区	沙畈水库	8555	白沙溪	131	防洪	已建

续表

序号	地区	县	水库名称	总库容/万 m^3	所在河流（湖泊）名称	坝址控制流域面积/km^2	主要工程任务	工程建设情况
101	金华市	婺城区	安地水库	7097	梅溪	162	防洪	已建
102	金华市	婺城区	莘畈水库	3712	莘畈溪	50	灌溉	已建
103	金华市	武义县	内庵水库	2950	宣平溪	57	发电	已建
104	金华市	武义县	源口水库	2827	熟溪	91	灌溉	已建
105	金华市	武义县	清溪口水库	1348	武义江	49.7	灌溉	已建
106	金华市	浦江县	通济桥水库	8076	浦阳江	104.5	防洪	已建
107	金华市	浦江县	金坑岭水库	2150	浦阳江	78.7	灌溉	已建
108	金华市	浦江县	仙华水库	1158	浦阳江	19.95	供水	已建
109	金华市	磐安县	五丈岩水库	2163	曹娥江	106.2	发电、灌溉	已建
110	金华市	兰溪市	芝堰水库	3375	甘溪	53.4	供水	已建
111	金华市	兰溪市	金山头水库	1980	赤溪	27.8	灌溉	已建
112	金华市	兰溪市	火炉山水库	1361	赤溪	22.64	灌溉	已建
113	金华市	兰溪市	城头水库	1347	梅溪	21.75	供水	已建
114	金华市	兰溪市	高潮水库	1122	马达溪	5.55	灌溉	已建
115	金华市	义乌市	八都水库	3674	大陈江	35.1	供水	已建
116	金华市	义乌市	岩口水库	3590	航慈溪	53.5	灌溉	已建
117	金华市	义乌市	巧溪水库	3285	大陈江	40	防洪	已建
118	金华市	义乌市	柏峰水库	2317	吴溪	23.42	灌溉	已建
119	金华市	义乌市	枫坑水库	1643	吴溪	17	供水	在建
120	金华市	义乌市	长堰水库	1112	铜溪	14	灌溉	已建
121	金华市	东阳市	横锦水库	27400	金华江	378	防洪	已建
122	金华市	东阳市	南江水库	11940	南江	210	发电	已建
123	金华市	东阳市	东方红水库	1445	白溪	59.3	防洪	已建

续表

序号	地区	县	水　库　名　称	总库容/万 m^3	所在河流（湖泊）名称	坝址控制流域面积/km^2	主要工程任务	工程建设情况
124	金华市	永康市	杨溪水库	6453	李溪	124	防洪	已建
125	金华市	永康市	太平水库	4895	华溪	37.88	防洪	已建
126	金华市	永康市	三渡溪水库	1135	酥溪	22.24	供水、灌溉	已建
127	衢州市	衢江区	湖南镇电站——水库工程	206700	乌溪江	2151	发电	已建
128	衢州市	衢江区	铜山源水库	17100	铜山源	160	防洪	已建
129	衢州市	衢江区	黄坛口电站——水库工程	8200	乌溪江	2484	发电	已建
130	衢州市	常山县	芙蓉水库	9580	芳村溪	126	防洪、发电	已建
131	衢州市	常山县	千家排水库	2079	信江	27	防洪、灌溉	已建
132	衢州市	常山县	狮子口水库	1483	虹桥溪	131	灌溉	已建
133	衢州市	开化县	齐溪水库	4575	钱塘江	182.65	防洪	已建
134	衢州市	开化县	茅岗水库	1125	中村溪	30	灌溉	已建
135	衢州市	龙游县	沐尘水库	12571	灵山港	397	防洪	已建
136	衢州市	龙游县	社阳水库	1237	社阳溪	84.4	防洪	已建
137	衢州市	龙游县	周公畈水库	1036	钱塘江	14.1	灌溉	已建
138	衢州市	江山市	白水坑水库	24800	江山港	330	防洪、发电	已建
139	衢州市	江山市	碗窑水库	22280	哒河溪	212.5	防洪、灌溉	已建
140	衢州市	江山市	峡口水库	6198	江山港	399.3	供水、灌溉	已建
141	舟山市	定海区	虹桥水库	1307	浙江沿海诸河区间	5.4	供水	已建
142	台州市	黄岩区	长潭水库	73242	永宁江	441.3	防洪、供水、灌溉	已建
143	台州市	黄岩区	秀岭水库	1767	南中泾	13.9	防洪	已建
144	台州市	黄岩区	佛岭水库	1727.7	西江	18.26	防洪	已建
145	台州市	三门县	佃石水库	3009	亭旁溪	32.06	供水	已建
146	台州市	天台县	里石门水库	17930	始丰溪	296	灌溉	已建

续表

序号	地区	县	水库名称	总库容/万 m^3	所在河流（湖泊）名称	坝址控制流域面积/km^2	主要工程任务	工程建设情况
147	台州市	天台县	龙溪水库	2558	黄水溪	67	发电	已建
148	台州市	天台县	黄龙水库	1625	白溪	29.2	供水	已建
149	台州市	天台县	桐柏抽水蓄能电站下水库	1283.6	始丰溪	21.4	发电	已建
150	台州市	天台县	桐柏抽水蓄能电站上水库	1146.8	始丰溪	6.7	发电	已建
151	台州市	仙居县	下岸水库	13500	椒江	257	防洪	已建
152	台州市	仙居县	里林水库	1216	九都坑	92.3	灌溉	已建
153	台州市	温岭市	湖漫水库	3503	东月河	32.48	灌溉	已建
154	台州市	温岭市	太湖水库	2326	金清港	25	灌溉	已建
155	台州市	临海市	牛头山水库	30250	大田港	254	防洪	已建
156	台州市	临海市	溪口水库	2840	百里大河	60	供水	已建
157	台州市	临海市	童燎水库	1361	桃渚港	20	防洪	已建
158	丽水市	莲都区	雅一水库	3000	小安溪	184	发电	已建
159	丽水市	莲都区	开潭电站水库	2836	瓯江	8544	发电	已建
160	丽水市	莲都区	黄村水库	1845	严溪	150.7	供水	已建
161	丽水市	莲都区	玉溪电站水库	1453	瓯江	3407	发电、供水	已建
162	丽水市	莲都区	高溪水库	1017	新治河	26	灌溉	已建
163	丽水市	青田县	千峡湖水库（说明：滩坑水电站水库）	419000	小溪	3300	防洪	已建
164	丽水市	青田县	三溪口电站水库	5655	瓯江	13380	发电	在建
165	丽水市	青田县	中华五里亭电站水库	4575	瓯江	8872	发电	已建
166	丽水市	青田县	大奕坑水库	2840	大奕坑	61.81	发电	已建
167	丽水市	青田县	金坑水库	2420	船寮溪	107	防洪	已建
168	丽水市	青田县	外雄水库	1717	瓯江	9265	发电	已建

续表

序号	地区	县	水库名称	总库容/万 m^3	所在河流（湖泊）名称	坝址控制流域面积/km^2	主要工程任务	工程建设情况
169	丽水市	青田县	万阜水库	1545	阜口源	38.03	发电	已建
170	丽水市	青田县	塘坑水库	1202	菇溪	53.05	防洪	已建
171	丽水市	缙云县	大洋水库	1508	盘溪	43.37	防洪、发电	已建
172	丽水市	遂昌县	成屏一级水库	6094	松阴溪	185	防洪	已建
173	丽水市	遂昌县	应村水库	2349	灵山港	79.6	发电	已建
174	丽水市	遂昌县	周公源一级水库	2147	周公源	162	发电	已建
175	丽水市	遂昌县	成屏二级水库	1340	松阴溪	215	发电	已建
176	丽水市	松阳县	梧桐源水库	1671	梧桐源	53.2	灌溉	已建
177	丽水市	松阳县	东坞水库	1610	松阴溪	52	灌溉	已建
178	丽水市	松阳县	谢村源水库	1473	谢村源	74.56	发电	已建
179	丽水市	云和县	紧水滩水库	139300	瓯江	2761	发电	已建
180	丽水市	云和县	石塘水库	8300	瓯江	3234	发电	已建
181	丽水市	云和县	雾溪水库	1185	浮云溪	29.7	灌溉	已建
182	丽水市	庆元县	兰溪桥水库	1617	松溪	235	防洪	已建
183	丽水市	庆元县	左溪水电站一级水库	1545	左溪	90.2	发电	已建
184	丽水市	庆元县	大岩坑水库	1230	小溪	100.2	发电	已建
185	丽水市	景宁畲族自治县	英川水库	3730	英川溪	214.6	发电	已建
186	丽水市	景宁畲族自治县	上标水库	2159	标溪	25.7	发电	已建
187	丽水市	景宁畲族自治县	白鹤水库	1603	飞云江	149.4	发电	已建
188	丽水市	龙泉市	大白岸水库	2473	雁川溪	152	发电	已建
189	丽水市	龙泉市	瑞垟二级电站水库	2097	瓯江	163.95	发电	已建
190	丽水市	龙泉市	岩樟溪一级电站水库	1143	岩樟溪	53.61	发电	已建
191	丽水市	龙泉市	瑞垟一级电站水库	1088	瑞垟溪	67.03	发电	已建

附表 2

浙江省大中型水电站名录

序号	地区	县	水电站名称	水电站类型	装机容量/kW	工程建设情况
1	杭州市	桐庐县	富春江电站	闸坝式水电站	360000	已建
2	杭州市	建德市	新安江电站	闸坝式水电站	850000	已建
3	杭州市	临安市	华光潭一级电站	引水式水电站	60000	已建
4	宁波市	奉化市	宁波市溪口蓄能电站	抽水蓄能电站	80000	已建
5	温州市	文成县	珊溪水电站	混合式水电站	200000	已建
6	湖州市	安吉县	华东天荒坪抽水蓄能电站	抽水蓄能电站	1800000	已建
7	衢州市	衢江区	湖南镇电站	引水式水电站	320000	已建
8	衢州市	衢江区	黄坛口电站	闸坝式水电站	88000	已建
9	台州市	天台县	桐柏水库——抽水蓄能电站工程	抽水蓄能电站	1200000	已建
10	丽水市	青田县	滩坑水电站	闸坝式水电站	600000	已建
11	丽水市	青田县	三溪口河床式水电站	闸坝式水电站	100000	在建
12	丽水市	云和县	紧水滩水力发电厂	闸坝式水电站	305000	已建
13	丽水市	云和县	云和县石塘水电站	闸坝式水电站	85800	已建

附表 3

浙江省大中型水闸名录

序号	地区	县	水 闸 名 称	水闸类型	过闸流量/(m^3/s)	工程建设情况
一	河道堤防上的水闸					
1	杭州市	萧山区	东江排涝闸	排（退）水闸	342	已建
2	杭州市	萧山区	内六工段排涝闸	排（退）水闸	236	已建
3	杭州市	萧山区	茅山闸站	排（退）水闸	138	已建
4	杭州市	萧山区	三江输水闸	节制闸	115.92	已建
5	杭州市	余杭区	南湖分洪闸	分（泄）洪闸	650	已建
6	杭州市	余杭区	北湖分洪闸	分（泄）洪闸	525	已建
7	杭州市	余杭区	庄村分洪闸	分（泄）洪闸	366	已建
8	杭州市	建德市	洋溪电站——水闸工程	节制闸	290	已建
9	杭州市	建德市	甲吉电站——水闸工程	节制闸	280	已建
10	杭州市	富阳市	大浦闸	排（退）水闸	680	已建
11	杭州市	富阳市	北渠泗州泄洪闸	分（泄）洪闸	375	已建
12	杭州市	富阳市	北渠受降泄洪闸	分（泄）洪闸	350	已建
13	杭州市	富阳市	北渠新桥灌溉闸	节制闸	324	已建
14	杭州市	富阳市	北渠宋家塘灌溉闸	节制闸	267	已建
15	杭州市	富阳市	北渠进口闸	节制闸	206	已建
16	杭州市	富阳市	南渠青云桥泄洪闸	分（泄）洪闸	204	已建
17	杭州市	富阳市	鹿山闸	节制闸	194	已建
18	杭州市	富阳市	南山渠节制闸	节制闸	150	已建
19	杭州市	富阳市	北江闸	排（退）水闸	100	已建
20	宁波市	海曙区	澄浪堰闸	挡潮闸	110.6	已建
21	宁波市	海曙区	段塘碶	挡潮闸	110	已建
22	宁波市	江东区	印洪碶闸	挡潮闸	175	已建
23	宁波市	江东区	杨木碶闸	挡潮闸	139.5	已建

续表

序号	地区	县	水闸名称	水闸类型	过闸流量/(m^3/s)	工程建设情况
24	宁波市	江北区	姚江大闸	挡潮闸	1043	已建
25	宁波市	江北区	慈江大闸	节制闸	132	已建
26	宁波市	江北区	化子闸	节制闸	122.8	已建
27	宁波市	江北区	保丰碶闸	节制闸	114	已建
28	宁波市	江北区	小西坝闸	排（退）水闸	111.7	已建
29	宁波市	江北区	洋市中心闸	节制闸	108.23	已建
30	宁波市	镇海区	澥浦节制闸	节制闸	325	已建
31	宁波市	镇海区	清水浦大闸	排（退）水闸	123	已建
32	宁波市	鄞州区	铜盆闸	排（退）水闸	478	已建
33	宁波市	鄞州区	庙堰碶	排（退）水闸	335.8	已建
34	宁波市	鄞州区	甬新闸	挡潮闸	283.4	已建
35	宁波市	鄞州区	洪水湾排洪闸	排（退）水闸	275	已建
36	宁波市	鄞州区	界牌碶	挡潮闸	245	已建
37	宁波市	鄞州区	鄞东南排涝闸	挡潮闸	219	已建
38	宁波市	鄞州区	行春碶	排（退）水闸	186.2	已建
39	宁波市	鄞州区	新杨木碶	挡潮闸	128	已建
40	宁波市	鄞州区	蟹堰闸	排（退）水闸	124.8	已建
41	宁波市	鄞州区	风棚碶	排（退）水闸	108	已建
42	宁波市	鄞州区	水菱池碶	排（退）水闸	108	已建
43	宁波市	鄞州区	梅墟闸	挡潮闸	100	已建
44	宁波市	象山县	浮礁渡闸	节制闸	116	已建
45	宁波市	象山县	五一闸	节制闸	100	已建
46	宁波市	宁海县	下洋涂潮西洋进水闸	挡潮闸	140	已建
47	宁波市	余姚市	蜀山大闸	节制闸	556	已建

续表

序号	地区	县	水 闸 名 称	水闸类型	过闸流量 /(m^3/s)	工程建设情况
48	宁波市	余姚市	浦口节制闸	节制闸	300	已建
49	宁波市	余姚市	余姚市横山狮桥闸	节制闸	240	已建
50	宁波市	余姚市	斗门闸	节制闸	130	已建
51	宁波市	余姚市	西横河节制闸	节制闸	130	已建
52	宁波市	余姚市	泗门节制闸	节制闸	130	已建
53	宁波市	余姚市	五洞闸	节制闸	100	已建
54	宁波市	慈溪市	陆中湾十塘水闸	挡潮闸	486.5	已建
55	宁波市	慈溪市	四灶浦老十一塘水闸	节制闸	360	已建
56	宁波市	慈溪市	淞浦九塘水闸	节制闸	167	已建
57	宁波市	慈溪市	八塘横江洋浦节制闸	节制闸	118.5	已建
58	宁波市	奉化市	陡门闸	排（退）水闸	594	在建
59	宁波市	奉化市	山隍闸	排（退）水闸	134	已建
60	宁波市	奉化市	后张闸	节制闸	125.5	已建
61	温州市	鹿城区	灰桥水闸	节制闸	167.4	已建
62	温州市	鹿城区	黎明老闸	排（退）水闸	148	已建
63	温州市	瓯海区	梅屿控制闸	节制闸	350	在建
64	温州市	永嘉县	楠溪江供水工程拦河闸	节制闸	18700	在建
65	温州市	永嘉县	罗溪水闸	挡潮闸	267	在建
66	温州市	永嘉县	鹅浦水闸	排（退）水闸	258	已建
67	温州市	永嘉县	中塘水闸	排（退）水闸	239	已建
68	温州市	永嘉县	乌岩山隧洞进口闸	分（泄）洪闸	197	在建
69	温州市	永嘉县	中塘闸站	节制闸	197	在建
70	温州市	永嘉县	下塘水闸	排（退）水闸	180	已建
71	温州市	永嘉县	下塘隧洞进口闸	分（泄）洪闸	135	在建

续表

序号	地区	县	水　闸　名　称	水闸类型	过闸流量/(m^3/s)	工程建设情况
72	温州市	永嘉县	下塘闸站	节制闸	135	在建
73	温州市	永嘉县	和一水闸	挡潮闸	122.8	在建
74	温州市	永嘉县	横溪节制闸	节制闸	116	在建
75	温州市	平阳县	夏桥水闸	分（泄）洪闸	275	已建
76	温州市	平阳县	显桥水闸	挡潮闸	275	已建
77	温州市	平阳县	肖江水闸	挡潮闸	267	已建
78	温州市	平阳县	南湖水闸	挡潮闸	100	在建
79	温州市	苍南县	尼山水闸	节制闸	292	已建
80	温州市	苍南县	萧江塘河控制闸	节制闸	145	已建
81	温州市	瑞安市	江溪水闸	排（退）水闸	176	已建
82	温州市	瑞安市	浦底水闸	排（退）水闸	140	已建
83	温州市	乐清市	虹卫水闸	排（退）水闸	460.7	已建
84	温州市	乐清市	东排工程南阳自动进口节制闸	节制闸	175.6	在建
85	温州市	乐清市	乐清市东排工程闸站工程	节制闸	175.6	在建
86	温州市	乐清市	公利水闸	排（退）水闸	153	已建
87	嘉兴市	嘉善县	陶庄枢纽水闸	节制闸	100.8	已建
88	嘉兴市	平湖市	独山大闸	挡潮闸	537	在建
89	湖州市	吴兴区	吴沈门新闸	节制闸	450	已建
90	湖州市	吴兴区	湖申船闸节制闸	节制闸	307	已建
91	湖州市	吴兴区	城北水闸	节制闸	264	已建
92	湖州市	吴兴区	毗山闸站	节制闸	240	已建
93	湖州市	吴兴区	大钱水闸	节制闸	220	已建
94	湖州市	吴兴区	鲶鱼口水闸	节制闸	155	已建
95	湖州市	吴兴区	幻娄水闸	节制闸	150	已建

续表

序号	地区	县	水闸名称	水闸类型	过闸流量/(m^3/s)	工程建设情况
96	湖州市	吴兴区	城南闸站	节制闸	141	已建
97	湖州市	吴兴区	城西水闸	节制闸	141	已建
98	湖州市	吴兴区	郭西湾闸站	节制闸	134	已建
99	湖州市	吴兴区	吴沈门水闸	节制闸	116	已建
100	湖州市	吴兴区	罗娄水闸	节制闸	110	已建
101	湖州市	吴兴区	埭溪闸站	节制闸	106	已建
102	湖州市	吴兴区	七里亭闸站	节制闸	105	已建
103	湖州市	南浔区	菁山水闸	节制闸	105	已建
104	湖州市	德清县	山东弄闸	节制闸	529	已建
105	湖州市	德清县	德清大闸	节制闸	438	已建
106	湖州市	德清县	洛舍大闸	节制闸	394	已建
107	湖州市	德清县	湘溪闸	节制闸	197.5	已建
108	湖州市	德清县	蒲墩山闸	节制闸	181	已建
109	湖州市	德清县	龙头堰闸	分（泄）洪闸	168	已建
110	湖州市	德清县	五龙闸	分（泄）洪闸	128	已建
111	湖州市	长兴县	艺香桥闸	分（泄）洪闸	170	已建
112	湖州市	长兴县	小浦 1 号节制闸	节制闸	150	已建
113	湖州市	长兴县	小浦 2 号节制闸	节制闸	150	已建
114	绍兴市	越城区	环城东河配水节制闸	节制闸	112	已建
115	绍兴市	绍兴县	滨海节制闸	节制闸	299	已建
116	绍兴市	诸暨市	高湖分洪闸	分（泄）洪闸	1372	已建
117	绍兴市	诸暨市	高湖斗门泄洪闸	分（泄）洪闸	153	已建
118	绍兴市	诸暨市	高湖南渠出口控制闸	分（泄）洪闸	150	已建
119	绍兴市	诸暨市	晚浦闸	分（泄）洪闸	130	已建

续表

序号	地区	县	水　闸　名　称	水闸类型	过闸流量/(m^3/s)	工程建设情况
120	绍兴市	诸暨市	新联湖控制闸	分（泄）洪闸	130	已建
121	绍兴市	诸暨市	南渠象鼻山分洪闸	分（泄）洪闸	102	已建
122	绍兴市	诸暨市	定荡畈东闸	分（泄）洪闸	100	已建
123	绍兴市	诸暨市	筏畈渠道新亭闸	分（泄）洪闸	100	已建
124	绍兴市	诸暨市	江东畈渠道出水闸	排（退）水闸	100	已建
125	绍兴市	诸暨市	骆家山泄洪闸	排（退）水闸	100	已建
126	绍兴市	上虞市	曹娥江大闸	挡潮闸	12850	已建
127	绍兴市	上虞市	上浦闸漫水闸	节制闸	3732	已建
128	绍兴市	上虞市	猫山闸	分（泄）洪闸	766	已建
129	绍兴市	上虞市	联围闸	节制闸	347	已建
130	绍兴市	上虞市	娄家闸	节制闸	110	已建
131	绍兴市	嵊州市	解放闸	分（泄）洪闸	120	已建
132	金华市	婺城区	金华市河盘桥水利枢纽工程——水闸工程 1	分（泄）洪闸	120	已建
133	金华市	婺城区	金华市河盘桥水利枢纽工程——水闸工程 2	分（泄）洪闸	120	已建
134	金华市	婺城区	金华市河盘桥水利枢纽工程——水闸工程 3	分（泄）洪闸	120	已建
135	金华市	婺城区	铁堰水闸	节制闸	104.9	已建
136	金华市	金东区	杨卜山水电站——水闸工程	节制闸	4800	已建
137	金华市	金东区	国湖水电站——水闸工程	节制闸	3710	已建
138	金华市	金东区	王店拦河坝水闸	节制闸	150	已建
139	金华市	浦江县	钟村活动堰坝引水闸	节制闸	460	已建
140	金华市	浦江县	西水东调引水堰	节制闸	261	已建
141	金华市	兰溪市	竹叶潭水闸	节制闸	671	已建
142	金华市	义乌市	半月湾水轮泵站——水闸工程	分（泄）洪闸	5560	已建
143	金华市	义乌市	杨宅水轮泵站——水闸工程	分（泄）洪闸	4540	在建

续表

序号	地区	县	水闸名称	水闸类型	过闸流量/(m^3/s)	工程建设情况
144	金华市	义乌市	塔下水轮泵站——水闸工程	分（泄）洪闸	3080	已建
145	衢州市	柯城区	乌溪江引水枢纽大坝泄洪闸	分（泄）洪闸	4038	已建
146	衢州市	柯城区	乌溪江引水工程进水闸	引（进）水闸	100	已建
147	衢州市	常山县	长风闸坝	分（泄）洪闸	7562	已建
148	舟山市	定海区	三江节制闸	节制闸	125	已建
149	舟山市	定海区	研头山闸	节制闸	112	已建
150	舟山市	定海区	北海节制闸	节制闸	108	已建
151	台州市	黄岩区	永宁江闸	挡潮闸	1500	已建
152	台州市	黄岩区	永裕新闸	排（退）水闸	350	在建
153	台州市	黄岩区	九溪排涝闸	排（退）水闸	340	已建
154	台州市	黄岩区	跃进新闸	排（退）水闸	303	在建
155	台州市	黄岩区	城西河闸	排（退）水闸	280	已建
156	台州市	黄岩区	元同溪排涝闸	排（退）水闸	227	已建
157	台州市	黄岩区	西江闸	排（退）水闸	141	已建
158	台州市	路桥区	金清新闸	挡潮闸	1446	已建
159	台州市	玉环县	苔山引水闸	引（进）水闸	209	已建
160	台州市	温岭市	金清闸	节制闸	707	已建
161	台州市	温岭市	江厦隧洞节制闸	节制闸	239	已建
162	台州市	温岭市	八一塘六孔闸	节制闸	151	已建
163	台州市	温岭市	横山九眼闸	节制闸	101	已建
164	台州市	临海市	长石岭排涝闸	排（退）水闸	846	已建
165	台州市	临海市	大田港闸	排（退）水闸	541	已建
166	台州市	临海市	红旗闸	排（退）水闸	284	已建

续表

序号	地区	县	水 闸 名 称	水闸类型	过闸流量 /(m^3/s)	工程建设情况
二	**海塘上的水闸**					
1	杭州市	江干区	下沙排涝站——水闸工程	挡潮闸	290	已建
2	杭州市	江干区	七堡水闸除险改建工程	排（退）水闸	194	已建
3	杭州市	西湖区	九溪闸	挡潮闸	420	已建
4	杭州市	西湖区	赤通浦排灌站	挡潮闸	126	已建
5	杭州市	西湖区	珊瑚沙闸	引（进）水闸	110	已建
6	杭州市	西湖区	社井闸	挡潮闸	100	已建
7	杭州市	滨江区	江边排灌站	引（进）水闸	103.04	已建
8	杭州市	萧山区	廿二工段排涝闸	排（退）水闸	269	已建
9	杭州市	萧山区	廿工段排涝闸	排（退）水闸	226	已建
10	杭州市	萧山区	外八工段排涝闸	排（退）水闸	222	已建
11	杭州市	萧山区	外六工段排涝闸	排（退）水闸	212	已建
12	杭州市	萧山区	一工段排涝闸	排（退）水闸	200	已建
13	杭州市	萧山区	四工段排涝闸	排（退）水闸	160	已建
14	杭州市	萧山区	顺坝一号排涝闸	排（退）水闸	152	已建
15	杭州市	萧山区	大治河排涝闸	排（退）水闸	141	已建
16	杭州市	萧山区	外十工段排涝闸	排（退）水闸	140	已建
17	杭州市	萧山区	赭山湾排涝闸	排（退）水闸	118.5	已建
18	杭州市	萧山区	五堡排涝闸	排（退）水闸	108	已建
19	宁波市	北仑区	三山大闸	挡潮闸	469	已建
20	宁波市	北仑区	穿山矸	挡潮闸	390.94	已建
21	宁波市	北仑区	下三山大闸	挡潮闸	233	已建
22	宁波市	北仑区	新毛礁闸	挡潮闸	197	已建
23	宁波市	北仑区	王家洋碶闸	挡潮闸	167	已建

续表

序号	地区	县	水 闸 名 称	水闸类型	过闸流量/(m^3/s)	工程建设情况
24	宁波市	北仑区	碧兰嘴碶	挡潮闸	153.5	已建
25	宁波市	北仑区	浃水大闸	挡潮闸	147	已建
26	宁波市	北仑区	五眼碶	挡潮闸	114.82	已建
27	宁波市	北仑区	下三山二闸	挡潮闸	111	已建
28	宁波市	镇海区	澥浦大闸	挡潮闸	540.9	已建
29	宁波市	鄞州区	大嵩江大闸	挡潮闸	1265	已建
30	宁波市	鄞州区	黄牛礁闸	挡潮闸	239.46	在建
31	宁波市	鄞州区	联胜新碶	挡潮闸	171.04	在建
32	宁波市	鄞州区	下新东碶	挡潮闸	159	已建
33	宁波市	鄞州区	德兴新碶	挡潮闸	104.3	已建
34	宁波市	象山县	台宁大闸	挡潮闸	420	已建
35	宁波市	象山县	龙洞山闸	挡潮闸	361	已建
36	宁波市	象山县	军民塘新闸	挡潮闸	250	已建
37	宁波市	象山县	淡港门闸	挡潮闸	209	已建
38	宁波市	象山县	下沈港闸	挡潮闸	206	已建
39	宁波市	象山县	大门山闸	挡潮闸	196	已建
40	宁波市	象山县	鹁鸪山闸	挡潮闸	180	已建
41	宁波市	象山县	军民老闸	挡潮闸	140	已建
42	宁波市	象山县	小门山闸	挡潮闸	129	已建
43	宁波市	象山县	白岩山海塘西闸	挡潮闸	120	已建
44	宁波市	象山县	胜利闸	挡潮闸	120	已建
45	宁波市	象山县	鹤浦大闸	挡潮闸	107	已建
46	宁波市	象山县	西周闸	挡潮闸	105	已建
47	宁波市	宁海县	胡陈港大闸	挡潮闸	880.94	已建

续表

序号	地区	县	水闸名称	水闸类型	过闸流量 /(m^3/s)	工程建设情况
48	宁波市	宁海县	南区排水闸	挡潮闸	363	在建
49	宁波市	宁海县	毛屿港闸	挡潮闸	316.37	已建
50	宁波市	宁海县	胡陈港副闸	挡潮闸	264.28	已建
51	宁波市	宁海县	西堤 0 号纳潮闸	挡潮闸	246.2	在建
52	宁波市	宁海县	白礁纳排闸	挡潮闸	244	在建
53	宁波市	宁海县	小壳屿纳排闸	挡潮闸	238	在建
54	宁波市	宁海县	旗门闸	挡潮闸	229.71	已建
55	宁波市	宁海县	东堤 1 号纳潮闸	挡潮闸	185	在建
56	宁波市	宁海县	磨地山闸	挡潮闸	181.75	已建
57	宁波市	宁海县	西堤 1 号纳潮闸	挡潮闸	172	在建
58	宁波市	宁海县	白岐排水闸	挡潮闸	171.05	已建
59	宁波市	宁海县	东堤 2 号纳潮闸	挡潮闸	163	在建
60	宁波市	宁海县	西堤 2 号纳潮闸	挡潮闸	160	在建
61	宁波市	宁海县	双盘排水闸	挡潮闸	156.39	已建
62	宁波市	宁海县	朝阳闸	挡潮闸	131.26	已建
63	宁波市	宁海县	园山闸	挡潮闸	126.55	已建
64	宁波市	宁海县	前岙纳潮闸	挡潮闸	117.29	已建
65	宁波市	宁海县	竹屿闸	挡潮闸	107	已建
66	宁波市	宁海县	群英塘大闸	挡潮闸	103.84	已建
67	宁波市	余姚市	临海浦闸	挡潮闸	240	已建
68	宁波市	余姚市	陶家路闸	挡潮闸	240	已建
69	宁波市	慈溪市	三八江十塘水闸	挡潮闸	364.9	已建
70	宁波市	慈溪市	陆中湾十一塘闸	挡潮闸	360	在建
71	宁波市	慈溪市	水云浦十一塘水闸	挡潮闸	360	已建

续表

序号	地区	县	水闸名称	水闸类型	过闸流量/(m^3/s)	工程建设情况
72	宁波市	慈溪市	四灶浦十一塘水闸	挡潮闸	360	已建
73	宁波市	慈溪市	淡水泓十塘水闸	挡潮闸	344.65	已建
74	宁波市	慈溪市	淞浦十塘水闸	挡潮闸	344.65	已建
75	宁波市	慈溪市	半掘浦十一塘水闸	挡潮闸	320	已建
76	宁波市	慈溪市	高背浦十塘水闸	挡潮闸	320	已建
77	宁波市	慈溪市	徐家浦十塘水闸	挡潮闸	180	已建
78	宁波市	慈溪市	建塘江九塘水闸	挡潮闸	108	已建
79	宁波市	慈溪市	镇龙闸十塘水闸	挡潮闸	106.33	已建
80	宁波市	奉化市	红胜海塘1号闸	挡潮闸	662.3	已建
81	宁波市	奉化市	狮子口闸	挡潮闸	488	已建
82	宁波市	奉化市	横江闸	挡潮闸	429.5	已建
83	宁波市	奉化市	红胜海塘3号闸	挡潮闸	269.8	已建
84	宁波市	奉化市	红胜海塘2号闸（塘头村东）	挡潮闸	144.9	已建
85	温州市	鹿城区	鹿城区戍浦江河口大闸枢纽工程	挡潮闸	1193	已建
86	温州市	鹿城区	卧旗水闸	排（退）水闸	350	已建
87	温州市	鹿城区	勤奋水闸	挡潮闸	175	已建
88	温州市	鹿城区	灰桥新闸	挡潮闸	158	已建
89	温州市	鹿城区	黎明新闸	挡潮闸	156.7	已建
90	温州市	鹿城区	岩门水闸	挡潮闸	121.5	已建
91	温州市	龙湾区	天城围垦工程——三甲新闸	挡潮闸	286	已建
92	温州市	龙湾区	蓝田水闸	挡潮闸	280	已建
93	温州市	龙湾区	蒲州新闸	挡潮闸	197	已建
94	温州市	龙湾区	丁山中闸	挡潮闸	184	已建
95	温州市	龙湾区	东平水闸	挡潮闸	131	已建

续表

序号	地区	县	水闸名称	水闸类型	过闸流量/(m^3/s)	工程建设情况
96	温州市	龙湾区	天城围垦工程——七甲新闸	挡潮闸	121	已建
97	温州市	龙湾区	九村水闸	挡潮闸	114.2	在建
98	温州市	洞头县	南塘中闸	挡潮闸	128	在建
99	温州市	永嘉县	乌牛水闸	挡潮闸	740	在建
100	温州市	永嘉县	新桥水闸	挡潮闸	129.7	已建
101	温州市	永嘉县	罗浦水闸	挡潮闸	109	已建
102	温州市	平阳县	墨城水闸	挡潮闸	187	已建
103	温州市	平阳县	梅浦水闸	挡潮闸	120	已建
104	温州市	苍南县	朱家站水闸	挡潮闸	1140	已建
105	温州市	苍南县	联盟水闸	挡潮闸	141.06	已建
106	温州市	苍南县	舥艚新闸	挡潮闸	140	已建
107	温州市	苍南县	沿浦水闸	挡潮闸	106	已建
108	温州市	苍南县	龙江水闸	挡潮闸	100	已建
109	温州市	苍南县	舥艚老闸	挡潮闸	100	已建
110	温州市	苍南县	下在水闸	挡潮闸	100	已建
111	温州市	瑞安市	肖宅新闸	排（退）水闸	216	已建
112	温州市	瑞安市	南码道水闸	排（退）水闸	180	已建
113	温州市	瑞安市	下埠水闸	挡潮闸	175	在建
114	温州市	瑞安市	下埠老闸	排（退）水闸	148	已建
115	温州市	乐清市	白龙港排涝闸	挡潮闸	541	在建
116	温州市	乐清市	小芙水闸	挡潮闸	323	已建
117	温州市	乐清市	双屿水闸	挡潮闸	303.79	已建
118	温州市	乐清市	城东排涝闸	挡潮闸	294	在建
119	温州市	乐清市	乐清湾港区北区闸	挡潮闸	270	在建

续表

序号	地区	县	水　闸　名　称	水闸类型	过闸流量/(m^3/s)	工程建设情况
120	温州市	乐清市	东排工程后塘大闸	挡潮闸	245.5	已建
121	温州市	乐清市	大芙水闸	挡潮闸	245	已建
122	温州市	乐清市	黄华水闸	挡潮闸	232.4	已建
123	温州市	乐清市	胜利水闸	挡潮闸	200	已建
124	温州市	乐清市	南区纳潮闸	排（退）水闸	186	在建
125	温州市	乐清市	乐海火箭水闸	挡潮闸	172	在建
126	温州市	乐清市	磐石水闸	挡潮闸	170.4	已建
127	温州市	乐清市	慎江水闸	挡潮闸	152.2	已建
128	温州市	乐清市	岐头水闸	挡潮闸	121	已建
129	温州市	乐清市	清阳塘新 5 号水闸	挡潮闸	117.2	在建
130	温州市	乐清市	合作塘水闸	挡潮闸	116	已建
131	温州市	乐清市	新塘水闸	挡潮闸	105	已建
132	嘉兴市	海盐县	长山闸	分（泄）洪闸	817	已建
133	嘉兴市	海盐县	南台头闸	分（泄）洪闸	664	已建
134	嘉兴市	海宁市	盐官下河站闸枢纽	排（退）水闸	847	已建
135	嘉兴市	海宁市	排涝中闸	排（退）水闸	157.1	已建
136	嘉兴市	海宁市	盐官上河闸	排（退）水闸	141	已建
137	嘉兴市	海宁市	排涝东闸	排（退）水闸	107.6	已建
138	绍兴市	绍兴县	新三江闸	排（退）水闸	1420	已建
139	绍兴市	绍兴县	马山闸	排（退）水闸	320	已建
140	绍兴市	绍兴县	滨海大闸	挡潮闸	299	已建
141	绍兴市	绍兴县	东江闸	排（退）水闸	141.4	已建
142	绍兴市	绍兴县	迎阳闸	排（退）水闸	141.4	已建
143	绍兴市	绍兴县	楝树下闸	排（退）水闸	139	已建

续表

序号	地区	县	水闸名称	水闸类型	过闸流量/(m^3/s)	工程建设情况
144	绍兴市	绍兴县	新红旗闸	排（退）水闸	107	已建
145	绍兴市	上虞市	新东进闸	挡潮闸	428.73	在建
146	绍兴市	上虞市	东进闸	排（退）水闸	347	已建
147	绍兴市	上虞市	海涂二号闸	挡潮闸	261	已建
148	绍兴市	上虞市	西大堤一号闸	排（退）水闸	205	已建
149	舟山市	定海区	白泉大闸	挡潮闸	530	已建
150	舟山市	定海区	钓浪水闸	挡潮闸	271.52	已建
151	舟山市	定海区	大沙新塘中闸	挡潮闸	195	在建
152	舟山市	定海区	大浦闸	挡潮闸	177	已建
153	舟山市	定海区	田螺峙碶闸	挡潮闸	172.8	已建
154	舟山市	定海区	野鸭山闸	挡潮闸	171	在建
155	舟山市	定海区	竹峙山闸	挡潮闸	169	已建
156	舟山市	定海区	联勤中心闸	挡潮闸	140	在建
157	舟山市	定海区	增产碶闸	挡潮闸	130	已建
158	舟山市	定海区	大沙六角跳直塘转角闸	挡潮闸	124	在建
159	舟山市	定海区	盐河主闸	挡潮闸	120	已建
160	舟山市	定海区	联勤新闸	挡潮闸	115	已建
161	舟山市	定海区	东闸	挡潮闸	104	已建
162	舟山市	普陀区	梁横山水闸	挡潮闸	243	已建
163	舟山市	普陀区	平阳大碶	挡潮闸	163.4	已建
164	舟山市	普陀区	勾山闸	挡潮闸	131	已建
165	台州市	椒江区	椒江区十一塘北闸	挡潮闸	221	在建
166	台州市	椒江区	栅浦闸	挡潮闸	142.1	已建
167	台州市	椒江区	椒江区十一塘东闸	挡潮闸	135	在建

续表

序号	地区	县	水闸名称	水闸类型	过闸流量/(m^3/s)	工程建设情况
168	台州市	路桥区	中礁水闸	挡潮闸	201	在建
169	台州市	路桥区	黄礁纳排闸	挡潮闸	112	在建
170	台州市	玉环县	鹰公岛泄水闸	挡潮闸	556	已建
171	台州市	玉环县	冲坦屿闸	挡潮闸	518	在建
172	台州市	玉环县	目鱼屿闸	挡潮闸	518	在建
173	台州市	玉环县	苔山闸	挡潮闸	295	已建
174	台州市	玉环县	大门闸	挡潮闸	128.2	已建
175	台州市	玉环县	小门泵闸	挡潮闸	125.5	已建
176	台州市	三门县	洞港闸	挡潮闸	425	已建
177	台州市	三门县	清水港闸	挡潮闸	293	已建
178	台州市	三门县	正峙闸	挡潮闸	191.75	已建
179	台州市	三门县	岙口塘大闸	挡潮闸	163.74	已建
180	台州市	三门县	红旗塘新闸	挡潮闸	133	已建
181	台州市	三门县	大屿闸	挡潮闸	124	已建
182	台州市	温岭市	坞沙门闸	挡潮闸	329	已建
183	台州市	温岭市	下横闸	挡潮闸	212.1	已建
184	台州市	温岭市	礁山闸	挡潮闸	192.6	已建
185	台州市	温岭市	上蒙南闸	挡潮闸	128	已建
186	台州市	温岭市	上蒙北闸	挡潮闸	121.9	已建
187	台州市	温岭市	团结胜利闸	挡潮闸	108	已建
188	台州市	温岭市	八一塘闸	挡潮闸	100	已建
189	台州市	温岭市	七一闸	挡潮闸	100	已建
190	台州市	临海市	大庆河闸	排（退）水闸	156	已建

附表 4

浙江省大中型泵站名录

序号	地区	县	泵站名称	泵站类型	装机流量/(m^3/s)	装机功率/kW	工程建设情况
一	河道堤防上的泵站						
1	杭州市	上城区	白塔岭泵站	供水	8.93	2630	已建
2	杭州市	上城区	南星水厂南星桥取水口泵站	供水	6	1500	已建
3	杭州市	上城区	清泰水厂泵站	供水	5.96	1260	已建
4	杭州市	拱墅区	杭州钢铁集团公司四泵房	供水	2.26	1800	已建
5	杭州市	拱墅区	杭州钢铁集团公司三泵房	供水	1.2844	1000	已建
6	杭州市	拱墅区	德胜坝翻水站	排水	16.5	750	在建
7	杭州市	西湖区	大刀沙配水泵站	供水	26	4000	在建
8	杭州市	西湖区	九溪水厂泵站 1 号	供水	9.55	2000	已建
9	杭州市	西湖区	九溪水厂泵站 3 号	供水	11.36	1800	已建
10	杭州市	西湖区	九溪水厂泵站 2 号	供水	9	1500	已建
11	杭州市	滨江区	建设河排灌站	供排结合	19.72	1335	已建
12	杭州市	萧山区	杭州萧山供水有限公司小砾山取水口泵站	供水	10.99	6000	已建
13	杭州市	萧山区	浙东引水萧山枢纽	供排结合	60	3300	已建
14	杭州市	萧山区	茅山闸站工程	供排结合	30	2075	已建
15	杭州市	萧山区	径游闸站	供排结合	15.175	1250	已建
16	杭州市	萧山区	茅山排灌站	排水	14.16	940	已建
17	杭州市	萧山区	径游小茅山闸站	供排结合	12.6	930	已建
18	杭州市	萧山区	蛟山闸站	排水	11.6	775	已建
19	杭州市	萧山区	益农排涝泵站	排水	16	500	已建
20	杭州市	萧山区	墩里吴泵站	排水	32.4	396	已建
21	杭州市	萧山区	西门泵站	供水	14.34	207	已建
22	杭州市	萧山区	山北泵站	排水	15.24	180	已建

续表

序号	地区	县	泵站名称	泵站类型	装机流量/(m^3/s)	装机功率/kW	工程建设情况
23	杭州市	萧山区	中医院泵站	排水	14.79	165	已建
24	杭州市	萧山区	人民广场泵站	供水	10.22	110	已建
25	杭州市	萧山区	燕子河泵站	供水	10.47	110	已建
26	杭州市	余杭区	余杭水务有限公司奉口泵站	供水	7.723	3550	已建
27	杭州市	余杭区	三白潭取水泵站	供水	6.5	3000	已建
28	杭州市	余杭区	下陡门泵站	排水	19.89	1440	已建
29	杭州市	余杭区	马角洋闸站	排水	19.6	924	已建
30	杭州市	余杭区	新陡门泵站	排水	11.5	880	已建
31	杭州市	余杭区	横山一级引水站	供水	15.6	786	已建
32	杭州市	余杭区	横山二级引水站	供水	11	660	已建
33	杭州市	余杭区	禾丰港闸站	排水	10.36	400	已建
34	杭州市	淳安县	淳安县自来水公司泵站	供水	0.617	1980	已建
35	杭州市	淳安县	王子谷漂流泵站	供水	0.46	1020	已建
36	杭州市	建德市	浙江新化化工股份有限公司大洋分公司泵站	供水	1.3	1120	已建
37	杭州市	建德市	浙江新安化工集团股份有限公司农药厂泵站	供水	0.7647	1104	已建
38	杭州市	富阳市	大浦闸——排涝站	排水	100	6250	已建
39	杭州市	富阳市	富春江环保热电公司取水口泵站	供水	2.332	1120	已建
40	杭州市	富阳市	富阳市春江街道服务有限公司公司取水口泵站	供水	9.887	1020	已建
41	杭州市	富阳市	富阳市水务有限公司江北水厂取水口泵站	供水	4.02	1020	已建
42	杭州市	富阳市	秤砣石灌溉站	供水	11.97	820	已建
43	杭州市	富阳市	春江秤砣石翻水站	供水	10	720	已建
44	宁波市	江北区	慈江灌区——和平翻水站（向慈江灌区河道翻水）	供排结合	12	775	已建
45	宁波市	北仑区	小港原水供水泵站	供水	2.1528	1125	已建

续表

序号	地区	县	泵 站 名 称	泵站类型	装机流量 /(m^3/s)	装机功率 /kW	工程建设情况
46	宁波市	鄞州区	宁波市自来水总公司长山江万岱山泵站	供水	2	2700	已建
47	宁波市	鄞州区	宁波自来水总公司南塘河北渡泵站	供水	3	2150	已建
48	宁波市	鄞州区	宁锋（徐家渡）排涝站	排水	12	660	已建
49	宁波市	鄞州区	姚江鄞东南调水工程——高桥翻水站	供排结合	16.8	660	已建
50	宁波市	鄞州区	姚江鄞东南调水工程——（建庄）泵站	供水	14	528	已建
51	宁波市	鄞州区	元贞桥排涝站	排水	10	375	已建
52	宁波市	象山县	北塘排涝泵站	排水	6	1100	已建
53	宁波市	余姚市	慈溪下姚江蜀山泵站	供水	2.655	1200	已建
54	宁波市	余姚市	临山排翻站	排水	18	495	已建
55	宁波市	慈溪市	陆中湾跨区调水泵站	排水	30	840	已建
56	宁波市	慈溪市	胜利闸泵站	供排结合	11.54	464	已建
57	宁波市	奉化市	宁波市自来水总公司萧镇泵站	供水	3.75	2000	已建
58	温州市	鹿城区	温州瓯江翻水站	供水	17.5	4500	已建
59	温州市	龙湾区	燃机发电循泵房	供水	3.34	1000	已建
60	温州市	瓯海区	曹平泵站	供水	10.87	6158.8	已建
61	温州市	瓯海区	陈岙泵站	供水	8.9	5658	已建
62	温州市	洞头县	南塘中闸——泵站工程	排水	18	1260	在建
63	温州市	永嘉县	中塘闸站	排水	15	1200	在建
64	温州市	泰顺县	罗阳翻水站	供水	0.85	1200	已建
65	温州市	瑞安市	吴界山取水站	供水	1.91	1775	已建
66	温州市	瑞安市	潘山翻水站	供水	10	1150	已建
67	嘉兴市	南湖区	海盐塘闸站	排水	36	1140	已建
68	嘉兴市	南湖区	平湖塘闸站	排水	36	1140	已建

续表

序号	地区	县	泵 站 名 称	泵站类型	装机流量 /(m^3/s)	装机功率 /kW	工程建设情况
69	嘉兴市	南湖区	贯泾港湿地泵站	供水	12	775	在建
70	嘉兴市	秀洲区	穆湖溪闸站	排水	72	2280	已建
71	嘉兴市	秀洲区	三店塘闸站	排水	60	1900	已建
72	嘉兴市	嘉善县	嘉善县水务投资有限公司泵站	供水	3.47	1170	已建
73	嘉兴市	嘉善县	封家圩闸站	排水	11.6	440	已建
74	嘉兴市	海盐县	大曲排涝站	排水	20	775	已建
75	嘉兴市	海宁市	长安翻水站	供水	12.48	930	已建
76	嘉兴市	海宁市	崇长港闸站	排水	12	520	已建
77	嘉兴市	平湖市	角棉锦港闸站	排水	10.8	520	已建
78	嘉兴市	平湖市	嘉善塘闸站	排水	10.8	520	已建
79	嘉兴市	平湖市	嘉兴塘闸站	排水	10.8	520	已建
80	嘉兴市	平湖市	松枫港闸站	排水	10.8	520	已建
81	嘉兴市	平湖市	土地塘闸站	排水	10.8	520	已建
82	嘉兴市	平湖市	新桥港闸站	排水	10.8	520	已建
83	湖州市	吴兴区	郭西湾泵站	排水	33.6	1560	已建
84	湖州市	吴兴区	毗山闸站	排水	27	1260	已建
85	湖州市	吴兴区	七里亭旧泵站	排水	14.4	780	已建
86	湖州市	吴兴区	埭溪旧泵站	排水	14.4	780	已建
87	湖州市	吴兴区	河沙圩闸站——排涝站	供排结合	23.8	770	已建
88	湖州市	吴兴区	埭溪新泵站	排水	13.8	650	已建
89	湖州市	吴兴区	七里亭新泵站	排水	12.8	440	已建
90	湖州市	德清县	五闸排涝站	排水	50	2520	在建
91	湖州市	德清县	新丰桥闸站	排水	50	2520	已建
92	湖州市	德清县	城西排涝站	排水	29	1650	在建
93	湖州市	德清县	洋口闸站	排水	23.2	1320	在建

续表

序号	地区	县	泵站名称	泵站类型	装机流量 /(m^3/s)	装机功率 /kW	工程建设情况
94	湖州市	德清县	老城西排涝站	排水	10.42	620	已建
95	湖州市	德清县	塘泾排涝站	排水	10.42	520	已建
96	湖州市	德清县	五闸 1 排涝站	排水	10.42	520	已建
97	湖州市	德清县	新斗门排涝站	排水	10.42	520	已建
98	湖州市	德清县	新民桥排涝站	排水	10.42	520	已建
99	湖州市	长兴县	橡树浜排涝站	排水	12.55	775	已建
100	绍兴市	新昌县	棣山泵站	供水	1.77	1100	已建
101	绍兴市	诸暨市	高湖电排站	排水	31.05	3150	已建
102	绍兴市	诸暨市	横山湖电排站	排水	37.8	2800	已建
103	绍兴市	诸暨市	江东畈电排站	排水	21	2070	已建
104	绍兴市	诸暨市	白塔湖电排站	排水	26	2015	已建
105	绍兴市	诸暨市	西泌湖尚山电排站	排水	19.8	1890	已建
106	绍兴市	诸暨市	筏坂电排站	排水	21.2	1740	已建
107	绍兴市	诸暨市	东大湖电力排涝站（潭俞）	排水	15.8	1260	已建
108	绍兴市	诸暨市	大侣湖电排站	排水	15	1200	已建
109	绍兴市	诸暨市	朱公湖电力排灌站（直埠）	排水	14.1	960	已建
110	绍兴市	诸暨市	东泌湖电排站 2	排水	10.4	780	已建
111	绍兴市	上虞市	汤浦水库取水泵站	供水	20.42	14000	已建
112	绍兴市	上虞市	绍兴市曹娥江引水工程进口泵工程	供水	20	1600	已建
113	绍兴市	嵊州市	下中西排涝闸站	排水	32.34	2400	已建
114	绍兴市	嵊州市	城北排涝站	排水	22.88	1600	已建
115	绍兴市	嵊州市	范洋江排涝站	排水	20	1550	已建
116	绍兴市	嵊州市	城溪排涝站	排水	10	720	已建

续表

序号	地区	县	泵　站　名　称	泵站类型	装机流量/(m³/s)	装机功率/kW	工程建设情况
117	金华市	义乌市	义驾山水厂1号泵站	供水	2.6	1700	已建
118	金华市	东阳市	东阳市城区水环境整治工程泵站	供水	2	1120	已建
119	舟山市	定海区	马目二级增压泵站	供水	1	1680	已建
120	台州市	三门县	大湖塘泵站工程	排水	10	1000	已建
121	台州市	温岭市	温岭市蔡洋翻水站	供水	11.2	520	已建
122	台州市	临海市	大庆河闸	排水	33	2400	已建
123	丽水市	莲都区	古城排涝泵站	排水	45	2130	已建
二	**海塘上的泵站**						
1	杭州市	上城区	西湖引水泵站	供水	18.72	1000	已建
2	杭州市	江干区	下沙排涝站	排水	40	2160	已建
3	杭州市	江干区	四格排灌站	供排结合	37.8	1980	已建
4	杭州市	江干区	新塘河排涝泵站工程	排水	20	1280	已建
5	杭州市	江干区	七堡配水泵站	排水	24	1120	已建
6	杭州市	江干区	七堡翻水站	供排结合	12	910	已建
7	杭州市	西湖区	赤通浦排涝站	排水	40.2	1890	已建
8	杭州市	西湖区	四五排灌站	供排结合	10	555	已建
9	杭州市	滨江区	江边排灌站	供排结合	52	2600	已建
10	杭州市	萧山区	小砾山引水枢纽	供排结合	50	3150	已建
11	杭州市	萧山区	七甲排灌站	供排结合	33.4	1600	已建
12	宁波市	北仑区	洋沙山泵站	排水	18	960	已建
13	宁波市	北仑区	碧兰嘴碶	排水	12	540	已建
14	宁波市	北仑区	梅山北闸排涝泵站	排水	10	480	已建
15	嘉兴市	海宁市	盐官下河站闸枢纽	排水	200	8000	已建

附表 5

浙江省 1、2 级堤防名录

序号	堤防名称	起点位置		终点位置		堤防类型	堤防级别	堤防长度/m	工程建设情况	备注
		地区	县	地区	县					
1	杭州城市防洪堤——上城区段	杭州市	上城区	杭州市	上城区	海堤	1 级	7058	已建	一线
2	之江防洪堤——上城区段	杭州市	上城区	杭州市	上城区	海堤	2 级	912	已建	一线
3	下沙标准塘	杭州市	江干区	杭州市	江干区	海堤	1 级	13132	已建	一线
4	六堡围堤——北沙支堤	杭州市	江干区	杭州市	江干区	海堤	1 级	5300	已建	一线
5	杭州城市防洪堤——江干区段	杭州市	江干区	杭州市	江干区	海堤	1 级	3260	已建	一线
6	交通围堤	杭州市	江干区	杭州市	江干区	海堤	1 级	2840	已建	一线
7	四格围堤	杭州市	江干区	杭州市	江干区	海堤	1 级	2262	已建	一线
8	乔司三号大堤延伸段	杭州市	江干区	杭州市	江干区	海堤	1 级	877.4	已建	一线
9	三堡船闸口门段	杭州市	江干区	杭州市	江干区	海堤	2 级	1608	已建	一线
10	南北塘堤防	杭州市	西湖区	杭州市	西湖区	海堤	2 级	24300	已建	一线
11	之江防洪堤——西湖区段	杭州市	西湖区	杭州市	西湖区	海堤	2 级	2819	已建	一线
12	钱塘江——滨江区浦沿至长河段	杭州市	滨江区	杭州市	滨江区	海堤	1 级	10525.1	已建	一线
13	钱塘江——滨江区长河至西兴段	杭州市	滨江区	杭州市	滨江区	海堤	1 级	2305	已建	一线
14	钱塘江——滨江区江边围堤段	杭州市	滨江区	杭州市	滨江区	海堤	1 级	1833.5	已建	一线
15	钱塘江——滨江区五号坝围堤段	杭州市	滨江区	杭州市	滨江区	海堤	1 级	825.5	已建	一线
16	钱塘江——滨江区五号坝围堤至七甲闸段	杭州市	滨江区	杭州市	滨江区	海堤	1 级	656	已建	一线
17	钱塘江——滨江区南沙支堤临江段	杭州市	滨江区	杭州市	滨江区	海堤	1 级	551.9	已建	一线
18	萧围西线外四至外六工段标准塘	杭州市	萧山区	杭州市	萧山区	海堤	1 级	7750	已建	一线
19	九乌大堤	杭州市	萧山区	杭州市	萧山区	海堤	1 级	7195.5	已建	一线
20	九上顺坝堤	杭州市	萧山区	杭州市	萧山区	海堤	1 级	5184.2	已建	一线
21	萧围北线外六至外八工段标准塘	杭州市	萧山区	杭州市	萧山区	海堤	1 级	4640	已建	一线
22	九上顺坝堤	杭州市	萧山区	杭州市	萧山区	海堤	1 级	1243.6	已建	一线
23	南沙支堤临江段	杭州市	萧山区	杭州市	萧山区	海堤	1 级	1242.5	已建	一线

续表

序号	堤防名称	起点位置		终点位置		堤防类型	堤防级别	堤防长度/m	工程建设情况	备注
		地区	县	地区	县					
24	月亮湾标准塘	杭州市	萧山区	杭州市	萧山区	海堤	1级	532	已建	一线
25	西江塘	杭州市	萧山区	杭州市	萧山区	海堤	2级	18209.4	已建	一线
26	萧围东线二十至二十二工段标准塘	杭州市	萧山区	杭州市	萧山区	海堤	2级	12454	已建	一线
27	萧围北线外八至廿工段标准塘	杭州市	萧山区	杭州市	萧山区	海堤	2级	10540	已建	一线
28	萧围西线外一至外四工段标准塘	杭州市	萧山区	杭州市	萧山区	海堤	2级	10254	已建	一线
29	顺坝联围堤	杭州市	萧山区	杭州市	萧山区	海堤	2级	5305.8	已建	一线
30	萧山区确保线堤——萧山区段	杭州市	萧山区	杭州市	萧山区	海堤	2级	4418.7	已建	一线
31	西险大塘——余杭段	杭州市	余杭区	杭州市	余杭区	河（江）堤	2级	38730	已建	
32	南湖东围堤	杭州市	余杭区	杭州市	余杭区	围（圩、圈）堤	2级	5881	已建	
33	县城新区防洪堤	杭州市	桐庐县	杭州市	桐庐县	河（江）堤	2级	9250	已建	
34	皇天畈堤	杭州市	富阳市	杭州市	富阳市	河（江）堤	2级	3300	已建	
35	奉化江堤防——高速公路桥至新江夏桥段	宁波市	海曙区	宁波市	海曙区	河（江）堤	2级	6181	已建	
36	姚江堤防——保丰碶至新江桥段	宁波市	海曙区	宁波市	海曙区	河（江）堤	2级	3388.6	已建	
37	奉化江堤防——白纸板厂至高速公路桥段	宁波市	海曙区	宁波市	海曙区	河（江）堤	2级	2231.6	在建	
38	姚江堤防——机场路大桥至江北大桥段	宁波市	海曙区	宁波市	海曙区	河（江）堤	2级	2000.5	在建	
39	甬江堤防——甬江大桥至常洪隧道段	宁波市	江东区	宁波市	江东区	河（江）堤	2级	5248	已建	
40	奉化江堤防——长丰至甬江大桥段	宁波市	江东区	宁波市	江东区	河（江）堤	2级	3560	已建	
41	甬江堤防——常洪隧道至新杨木碶闸段	宁波市	江东区	宁波市	江东区	河（江）堤	2级	950	已建	
42	江北区姚江干流堤防维修加固工程慈城段	宁波市	江北区	宁波市	江北区	河（江）堤	2级	11600	在建	
43	甬江堤防新江桥至宁波大学	宁波市	江北区	宁波市	江北区	河（江）堤	2级	9320	已建	
44	姚江堤防青林湾大桥至姚江大闸	宁波市	江北区	宁波市	江北区	河（江）堤	2级	3900	已建	
45	江北区姚江干流堤防维修加固工程试验段	宁波市	江北区	宁波市	江北区	河（江）堤	2级	3783	已建	
46	姚江堤防姚江大闸至新江桥	宁波市	江北区	宁波市	江北区	河（江）堤	2级	3270	已建	

续表

序号	堤防名称	起点位置		终点位置		堤防类型	堤防级别	堤防长度/m	工程建设情况	备注
		地区	县	地区	县					
47	姚江堤防江北大桥至姚江大闸	宁波市	江北区	宁波市	江北区	河（江）堤	2级	2630.7	已建	
48	宁波市湾头休闲商务区沿姚江及运河防洪工程（一期）堤防	宁波市	江北区	宁波市	江北区	河（江）堤	2级	1611	已建	
49	姚江船闸堤防	宁波市	江北区	宁波市	江北区	河（江）堤	2级	1280	已建	
50	姚江船闸堤防	宁波市	江北区	宁波市	江北区	河（江）堤	2级	1280	已建	
51	姚江堤防姚江大闸至保丰闸	宁波市	江北区	宁波市	江北区	河（江）堤	2级	1026.9	已建	
52	梅山线——碑塔塘	宁波市	北仑区	宁波市	北仑区	海堤	1级	1598	已建	一线
53	甬江堤防——小港段	宁波市	北仑区	宁波市	北仑区	河（江）堤	2级	10495	已建	
54	北仑线——五七塘	宁波市	北仑区	宁波市	北仑区	海堤	2级	6778	已建	一线
55	北仑线——北仑港塘	宁波市	北仑区	宁波市	北仑区	海堤	2级	6472	已建	一线
56	白峰轮江线——港务局四期防洪堤	宁波市	北仑区	宁波市	北仑区	海堤	2级	4952	已建	一线
57	北仑线——青峙塘	宁波市	北仑区	宁波市	北仑区	海堤	2级	4242.9	已建	一线
58	榭西线——招商国际码头海堤	宁波市	北仑区	宁波市	北仑区	海堤	2级	2720	已建	一线
59	甬江堤防——戚家山段	宁波市	北仑区	宁波市	北仑区	河（江）堤	2级	2220	已建	
60	北仑线——电厂灰库塘	宁波市	北仑区	宁波市	北仑区	海堤	2级	2168	已建	一线
61	北仑线——原油码头塘	宁波市	北仑区	宁波市	北仑区	海堤	2级	2030	已建	一线
62	榭西线——万华工业园区海堤	宁波市	北仑区	宁波市	北仑区	海堤	2级	1573	已建	一线
63	榭西线——滨海西路海堤	宁波市	北仑区	宁波市	北仑区	海堤	2级	1561	已建	一线
64	榭东线——田湾海堤	宁波市	北仑区	宁波市	北仑区	海堤	2级	1490	已建	一线
65	穿峙线——LNG防洪堤	宁波市	北仑区	宁波市	北仑区	海堤	2级	1029.3	已建	一线
66	榭东线——三菱PTA海堤	宁波市	北仑区	宁波市	北仑区	海堤	2级	650	已建	一线
67	榭西线——E港区海堤	宁波市	北仑区	宁波市	北仑区	海堤	2级	430	已建	一线

续表

序号	堤 防 名 称	起点位置		终点位置		堤防类型	堤防级别	堤防长度/m	工程建设情况	备注
		地区	县	地区	县					
68	樹东线——关外液体化工码头海堤	宁波市	北仑区	宁波市	北仑区	海堤	2级	255	已建	一线
69	樹西线——韩华乙烯灌区海堤	宁波市	北仑区	宁波市	北仑区	海堤	2级	194	已建	一线
70	甬江堤防镇海钢丝绳厂到城关聪园路段	宁波市	镇海区	宁波市	镇海区	河（江）堤	2级	4150	已建	
71	甬江堤防镇海清水浦以西段	宁波市	镇海区	宁波市	镇海区	河（江）堤	2级	2060	已建	
72	港务局码头塘	宁波市	镇海区	宁波市	镇海区	海堤	2级	1717	已建	一线
73	甬江堤防镇海水文站到招宝山大桥段	宁波市	镇海区	宁波市	镇海区	河（江）堤	2级	1591	已建	
74	甬江堤防镇海城关聪园路到镇海水文站段	宁波市	镇海区	宁波市	镇海区	河（江）堤	2级	1473	已建	
75	甬江堤防镇海船修厂到渔业钢丝绳厂段	宁波市	镇海区	宁波市	镇海区	河（江）堤	2级	1319	已建	
76	甬江堤防镇海段清水浦段	宁波市	镇海区	宁波市	镇海区	河（江）堤	2级	1198	已建	
77	奉化江堤防——鄞州城防段	宁波市	鄞州区	宁波市	鄞州区	河（江）堤	2级	8420	已建	
78	甬江堤防——梅墟段	宁波市	鄞州区	宁波市	鄞州区	河（江）堤	2级	5270	已建	
79	奉化江堤防——鄞州城防段	宁波市	鄞州区	宁波市	鄞州区	河（江）堤	2级	3642	已建	
80	白岩山海塘	宁波市	象山县	宁波市	象山县	海堤	2级	3145	已建	一线
81	国华电厂厂区围堤	宁波市	宁海县	宁波市	宁海县	海堤	1级	745	已建	一线
82	国华电厂灰堤	宁波市	宁海县	宁波市	宁海县	海堤	2级	1433	已建	一线
83	余姚市标准海堤	宁波市	余姚市	宁波市	余姚市	海堤	2级	6006	已建	一线
84	七都岛东堤南堤和吟州堤	温州市	鹿城区	温州市	鹿城区	海堤	2级	8340	在建	一线
85	七都岛北段和西段标准堤	温州市	鹿城区	温州市	鹿城区	海堤	2级	6131.1	已建	一线
86	城区防洪堤三期工程	温州市	鹿城区	温州市	鹿城区	海堤	2级	6092	在建	一线
87	杨府山标准堤塘	温州市	鹿城区	温州市	鹿城区	海堤	2级	3262	已建	一线
88	城区防洪堤四期工程	温州市	鹿城区	温州市	鹿城区	海堤	2级	2162	在建	一线
89	城区防洪堤一期工程	温州市	鹿城区	温州市	鹿城区	海堤	2级	1568	已建	一线

续表

序号	堤防名称	起点位置		终点位置		堤防类型	堤防级别	堤防长度/m	工程建设情况	备注
		地区	县	地区	县					
90	城区防洪堤二期工程	温州市	鹿城区	温州市	鹿城区	海堤	2级	1016	已建	一线
91	西片标准堤塘	温州市	龙湾区	温州市	龙湾区	海堤	2级	5300	已建	一线
92	龙湾区灵昆北段标准堤（二期）	温州市	龙湾区	温州市	龙湾区	海堤	2级	2410	在建	一线
93	浙江浙能乐清发电有限公司海塘	温州市	乐清市	温州市	乐清市	海堤	1级	1367	已建	二线
94	浙江浙能乐清发电有限公司海塘	温州市	乐清市	温州市	乐清市	海堤	1级	493	已建	一线
95	南片一期围海围涂工程海塘	温州市	乐清市	温州市	乐清市	海堤	2级	5021.6	在建	一线
96	乐清湾港区北区沿海堤坝	温州市	乐清市	温州市	乐清市	海堤	2级	3445	在建	一线
97	瓯江口电厂塘	温州市	乐清市	温州市	乐清市	海堤	2级	1624.4	已建	一线
98	黄沙坞治江围垦围堤	嘉兴市	海盐县	嘉兴市	海盐县	海堤	1级	8310	已建	一线
99	海盐东段围涂二期工程海塘	嘉兴市	海盐县	嘉兴市	海盐县	海堤	1级	5030	已建	一线
100	秦山至兰田庙海塘	嘉兴市	海盐县	嘉兴市	海盐县	海堤	1级	3701.8	已建	一线
101	五团至八团海塘	嘉兴市	海盐县	嘉兴市	海盐县	海堤	1级	3325.1	已建	二线
102	敕海庙海塘	嘉兴市	海盐县	嘉兴市	海盐县	海堤	1级	3122.3	已建	一线
103	兰田庙至南台头海塘	嘉兴市	海盐县	嘉兴市	海盐县	海堤	1级	2988.2	已建	一线
104	秦山核电一期海堤	嘉兴市	海盐县	嘉兴市	海盐县	海堤	1级	1818	已建	一线
105	五团海塘	嘉兴市	海盐县	嘉兴市	海盐县	海堤	1级	1706	已建	二线
106	秦山核电二期围堤	嘉兴市	海盐县	嘉兴市	海盐县	海堤	1级	854	已建	一线
107	澉浦段长山封闭堤	嘉兴市	海盐县	嘉兴市	海盐县	海堤	1级	817	已建	一线
108	长墙山至青山海塘	嘉兴市	海盐县	嘉兴市	海盐县	海堤	1级	803	已建	二线
109	武原镇城市防洪工程堤防工程	嘉兴市	海盐县	嘉兴市	海盐县	河（江）堤	2级	16420	已建	
110	黄家堰——郑家埭海塘	嘉兴市	海盐县	嘉兴市	海盐县	海堤	2级	8135	已建	三线
111	青山至秦山海塘	嘉兴市	海盐县	嘉兴市	海盐县	海堤	2级	6530	已建	二线

续表

序号	堤 防 名 称	起点位置		终点位置		堤防类型	堤防级别	堤防长度/m	工程建设情况	备注
		地区	县	地区	县					
112	海盐东段围涂一期工程海塘	嘉兴市	海盐县	嘉兴市	海盐县	海堤	2 级	5320	已建	一线
113	场前——方家埭标准海塘	嘉兴市	海盐县	嘉兴市	海盐县	海堤	2 级	4508	已建	二线
114	青山至鸽山段围堤	嘉兴市	海盐县	嘉兴市	海盐县	海堤	2 级	4350	已建	一线
115	南北湖大堤	嘉兴市	海盐县	嘉兴市	海盐县	海堤	2 级	2230	已建	二线
116	刘王庙至五团海塘	嘉兴市	海盐县	嘉兴市	海盐县	海堤	2 级	2000	已建	三线
117	黄家堰——场前标准海塘	嘉兴市	海盐县	嘉兴市	海盐县	海堤	2 级	1860	已建	二线
118	葫芦山至长墙山海塘	嘉兴市	海盐县	嘉兴市	海盐县	海堤	2 级	1550	已建	二线
119	鸽山至杨柳山围堤	嘉兴市	海盐县	嘉兴市	海盐县	海堤	2 级	1070	已建	一线
120	黄沙坞海塘	嘉兴市	海盐县	嘉兴市	海盐县	海堤	2 级	930	已建	二线
121	小海海塘	嘉兴市	海盐县	嘉兴市	海盐县	海堤	2 级	890	已建	一线
122	秦山至炮台头海塘（老沪杭公路）	嘉兴市	海盐县	嘉兴市	海盐县	海堤	2 级	860	已建	
123	秧田庙至陈汶港段北岸险段海塘	嘉兴市	海宁市	嘉兴市	海宁市	海堤	1 级	13991	已建	一线
124	陈汶港至平塘头段北岸险段海塘	嘉兴市	海宁市	嘉兴市	海宁市	海堤	1 级	10576.8	已建	一线
125	老盐仓大坝至秧田庙段北岸海塘	嘉兴市	海宁市	嘉兴市	海宁市	海堤	1 级	8032	已建	一线
126	盐仓海塘	嘉兴市	海宁市	嘉兴市	海宁市	海堤	1 级	7089	已建	一线
127	平塘头至塔山坝段北岸海塘	嘉兴市	海宁市	嘉兴市	海宁市	海堤	1 级	1052	已建	一线
128	塔山坝至西顺堤段海塘	嘉兴市	海宁市	嘉兴市	海宁市	海堤	1 级	516.3	已建	一线
129	东南顺堤 8+350～11+150 段	嘉兴市	海宁市	嘉兴市	海宁市	海堤	2 级	2800	已建	一线
130	大山圩海塘	嘉兴市	海宁市	嘉兴市	海宁市	海堤	2 级	2510	已建	二线
131	头二圩海塘	嘉兴市	海宁市	嘉兴市	海宁市	海堤	2 级	2320	已建	二线
132	西南顺堤 6+500～8+350 段	嘉兴市	海宁市	嘉兴市	海宁市	海堤	2 级	1850	已建	一线
133	白沙湾至金丝娘桥海塘	嘉兴市	平湖市	嘉兴市	平湖市	海堤	1 级	2571	已建	二线

续表

序号	堤防名称	起点位置		终点位置		堤防类型	堤防级别	堤防长度/m	工程建设情况	备注
		地区	县	地区	县					
134	嘉兴电厂围堤	嘉兴市	平湖市	嘉兴市	平湖市	海堤	1级	2345	已建	一线
135	水口至白沙湾治江围堤	嘉兴市	平湖市	嘉兴市	平湖市	海堤	2级	9991.38	已建	一线
136	水口至白沙湾标准海塘	嘉兴市	平湖市	嘉兴市	平湖市	海堤	2级	7801	已建	二线
137	乍浦港区三期围堤——平湖段	嘉兴市	平湖市	嘉兴市	平湖市	海堤	2级	3950	已建	一线
138	龙王堂海塘	嘉兴市	平湖市	嘉兴市	平湖市	海堤	2级	3453	已建	二线
139	独山至水口海塘	嘉兴市	平湖市	嘉兴市	平湖市	海堤	2级	2049	已建	二线
140	乍浦港区二期围堤	嘉兴市	平湖市	嘉兴市	平湖市	海堤	2级	1838	已建	一线
141	白沙湾围堤与石化围堤接线下顺坝——平湖段	嘉兴市	平湖市	嘉兴市	平湖市	海堤	2级	832	已建	一线
142	上海石化股份公司原油码头围堤	嘉兴市	平湖市	嘉兴市	平湖市	海堤	2级	826	已建	一线
143	乍浦港区一期围堤	嘉兴市	平湖市	嘉兴市	平湖市	海堤	2级	337	已建	一线
144	汤山湾海堤	嘉兴市	平湖市	嘉兴市	平湖市	海堤	2级	280	已建	一线
145	乍浦海塘街海塘	嘉兴市	平湖市	嘉兴市	平湖市	海堤	2级	140	已建	一线
146	东苕溪导流港堤防——吴兴区	湖州市	吴兴区	湖州市	吴兴区	河（江）堤	1级	18684.81	已建	
147	环太湖大堤——吴兴区	湖州市	吴兴区	湖州市	吴兴区	湖堤	2级	26530	已建	
148	大钱港右岸堤防	湖州市	吴兴区	湖州市	吴兴区	河（江）堤	2级	12680	已建	
149	大钱港左岸堤防	湖州市	吴兴区	湖州市	吴兴区	河（江）堤	2级	12680	已建	
150	旄儿港左岸堤防	湖州市	吴兴区	湖州市	吴兴区	河（江）堤	2级	8214	已建	
151	旄儿港右岸堤防	湖州市	吴兴区	湖州市	吴兴区	河（江）堤	2级	7745	已建	
152	长兜港右岸堤防	湖州市	吴兴区	湖州市	吴兴区	河（江）堤	2级	6400	已建	
153	环城河堤防	湖州市	吴兴区	湖州市	吴兴区	河（江）堤	2级	5530	已建	
154	解放港堤防	湖州市	吴兴区	湖州市	吴兴区	河（江）堤	2级	3520	已建	
155	东苕溪堤防——南浔段	湖州市	南浔区	湖州市	南浔区	河（江）堤	1级	10315.19	已建	

续表

序号	堤　防　名　称	起点位置		终点位置		堤防类型	堤防级别	堤防长度/m	工程建设情况	备注
		地区	县	地区	县					
156	�塘堤防——南浔段 3	湖州市	南浔区	湖州市	南浔区	河（江）堤	2 级	6898.23	已建	
157	练市塘堤防 5	湖州市	南浔区	湖州市	南浔区	河（江）堤	2 级	2794.07	已建	
158	义家漾港堤防 4	湖州市	南浔区	湖州市	南浔区	河（江）堤	2 级	2305.76	已建	
159	菱湖塘堤防——南浔段 4	湖州市	南浔区	湖州市	南浔区	河（江）堤	2 级	1278	已建	
160	导流东大堤（德清段）	湖州市	德清县	湖州市	德清县	河（江）堤	1 级	12934	已建	
161	西险大塘（德清段）	湖州市	德清县	湖州市	德清县	河（江）堤	1 级	5880	已建	
162	环太湖大堤	湖州市	长兴县	湖州市	长兴县	湖堤	2 级	34300	已建	
163	递溪昌硕街道段堤防	湖州市	安吉县	湖州市	安吉县	河（江）堤	2 级	4000	已建	
164	递溪昌硕街道段堤防	湖州市	安吉县	湖州市	安吉县	河（江）堤	2 级	4000	已建	
165	梅园溪堤防	湖州市	安吉县	湖州市	安吉县	河（江）堤	2 级	2688	已建	
166	递溪堤防	湖州市	安吉县	湖州市	安吉县	河（江）堤	2 级	2347	已建	
167	递溪堤防	湖州市	安吉县	湖州市	安吉县	河（江）堤	2 级	1705	已建	
168	石马港堤防	湖州市	安吉县	湖州市	安吉县	河（江）堤	2 级	1600	已建	
169	梅园溪堤防	湖州市	安吉县	湖州市	安吉县	河（江）堤	2 级	1334	已建	
170	石马港堤防	湖州市	安吉县	湖州市	安吉县	河（江）堤	2 级	1286	已建	
171	递溪堤防	湖州市	安吉县	湖州市	安吉县	河（江）堤	2 级	440	已建	
172	曹娥江绍兴市区段标准海塘	绍兴市	越城区	绍兴市	越城区	海堤	1 级	5300	已建	一线
173	曹娥江绍兴市区段标准海塘（第二水厂段）	绍兴市	越城区	绍兴市	越城区	海堤	1 级	890	已建	一线
174	100 年一遇萧绍海塘——越城区段	绍兴市	越城区	绍兴市	越城区	海堤	2 级	898	已建	一线
175	曹娥江一线 50 年一遇标准海塘	绍兴市	绍兴县	绍兴市	绍兴县	海堤	2 级	11580	已建	一线
176	口门丘北大堤 100 年一遇标准海塘	绍兴市	绍兴县	绍兴市	绍兴县	海堤	2 级	5849	已建	一线
177	100 年一遇萧绍海塘——绍兴县段	绍兴市	绍兴县	绍兴市	绍兴县	海堤	2 级	5512	已建	一线

续表

序号	堤 防 名 称	起点位置		终点位置		堤防类型	堤防级别	堤防长度/m	工程建设情况	备注
		地区	县	地区	县					
178	口门丘西隔堤 50 年一遇标准海塘	绍兴市	绍兴县	绍兴市	绍兴县	海堤	2 级	1694	已建	二线
179	大侣湖西江堤防	绍兴市	诸暨市	绍兴市	诸暨市	河（江）堤	2 级	9820	已建	
180	城西联湖堤防	绍兴市	诸暨市	绍兴市	诸暨市	河（江）堤	2 级	9801	已建	
181	筏畈堤防	绍兴市	诸暨市	绍兴市	诸暨市	河（江）堤	2 级	7886	已建	
182	城区堤防（机床厂—控制闸）	绍兴市	诸暨市	绍兴市	诸暨市	河（江）堤	2 级	5150	已建	
183	大侣湖东江堤防	绍兴市	诸暨市	绍兴市	诸暨市	河（江）堤	2 级	5000	已建	
184	道士湖堤防	绍兴市	诸暨市	绍兴市	诸暨市	河（江）堤	2 级	4258	已建	
185	城区堤防（西施殿—西江大桥）	绍兴市	诸暨市	绍兴市	诸暨市	河（江）堤	2 级	3993	已建	
186	大侣湖木勺山堤防	绍兴市	诸暨市	绍兴市	诸暨市	河（江）堤	2 级	3061	已建	
187	江东坂下堤防	绍兴市	诸暨市	绍兴市	诸暨市	河（江）堤	2 级	2983	已建	
188	安家湖堤防	绍兴市	诸暨市	绍兴市	诸暨市	河（江）堤	2 级	2826	已建	
189	五湖堤防	绍兴市	诸暨市	绍兴市	诸暨市	河（江）堤	2 级	2246	已建	
190	城区堤防（西江大桥—郦家）	绍兴市	诸暨市	绍兴市	诸暨市	河（江）堤	2 级	2196	已建	
191	门前湖堤防	绍兴市	诸暨市	绍兴市	诸暨市	河（江）堤	2 级	1560	已建	
192	滋桥湖堤防	绍兴市	诸暨市	绍兴市	诸暨市	河（江）堤	2 级	750	已建	
193	黄官人湖堤防	绍兴市	诸暨市	绍兴市	诸暨市	河（江）堤	2 级	400	已建	
194	沥海保江塘	绍兴市	上虞市	绍兴市	上虞市	海堤	1 级	9500	已建	一线
195	道墟保江塘	绍兴市	上虞市	绍兴市	上虞市	海堤	1 级	8335	已建	一线
196	百沥海塘（崧厦沥海段）	绍兴市	上虞市	绍兴市	上虞市	海堤	1 级	7150	已建	一线
197	王公沙塘	绍兴市	上虞市	绍兴市	上虞市	海堤	1 级	7050	已建	一线
198	中百保江塘	绍兴市	上虞市	绍兴市	上虞市	海堤	1 级	6940	已建	一线
199	梁湖沙塘	绍兴市	上虞市	绍兴市	上虞市	河（江）堤	1 级	6010	已建	

续表

序号	堤防名称	起点位置		终点位置		堤防类型	堤防级别	堤防长度/m	工程建设情况	备注
		地区	县	地区	县					
200	五甲新塘左岸段	绍兴市	上虞市	绍兴市	上虞市	海堤	1级	4266	已建	一线
201	百沥海塘（百官段）	绍兴市	上虞市	绍兴市	上虞市	海堤	1级	3060	已建	一线
202	萧绍海塘（上虞）（道墟段）	绍兴市	上虞市	绍兴市	上虞市	海堤	1级	1360	已建	一线
203	曹娥石塘（曹娥段）	绍兴市	上虞市	绍兴市	上虞市	海堤	1级	1148	已建	一线
204	萧绍海塘（蒿坝段）	绍兴市	上虞市	绍兴市	上虞市	海堤	1级	610	已建	一线
205	七五至九四丘西线海塘	绍兴市	上虞市	绍兴市	上虞市	海堤	2级	14712	已建	一线
206	七〇至七五丘南线海塘（南江大堤）	绍兴市	上虞市	绍兴市	上虞市	海堤	2级	3650	已建	一线
207	下梅片堤防	金华市	兰溪市	金华市	兰溪市	河（江）堤	1级	3590	已建	
208	椒江城区堤塘东段	台州市	椒江区	台州市	椒江区	海堤	2级	2620	已建	一线
209	台电堤塘	台州市	椒江区	台州市	椒江区	海堤	2级	1528	已建	一线
210	大港湾海塘（在建海堤）	台州市	路桥区	台州市	路桥区	海堤	2级	1400	在建	
211	五百屿海塘（在建海堤）	台州市	路桥区	台州市	路桥区	海堤	2级	1330	在建	
212	黄礁门海塘（在建海堤）	台州市	路桥区	台州市	路桥区	海堤	2级	890	在建	
213	白果山海塘（在建海堤）	台州市	路桥区	台州市	路桥区	海堤	2级	740	在建	
214	华能玉环电厂海塘	台州市	玉环县	台州市	玉环县	海堤	1级	1800	已建	一线
215	三茅溪防洪堤	台州市	天台县	台州市	天台县	河（江）堤	2级	8880	已建	
216	始丰溪县城区段防洪堤	台州市	天台县	台州市	天台县	河（江）堤	2级	8250	已建	
217	三茅溪防洪堤	台州市	天台县	台州市	天台县	河（江）堤	2级	7250	已建	
218	始丰溪县城区段防洪堤	台州市	天台县	台州市	天台县	河（江）堤	2级	6350	已建	
219	螺溪防洪堤	台州市	天台县	台州市	天台县	河（江）堤	2级	4550	已建	
220	螺溪防洪堤	台州市	天台县	台州市	天台县	河（江）堤	2级	4430	已建	

附表 6

浙江省千吨万人以上农村供水工程名录

序号	地区	县	工　程　名　称	受益人口/人	水源类型	工程类型	供水方式	管理主体
1	杭州市	萧山区	南片水厂	269200	地表水	城镇管网延伸	供水到户	县级水利部门
2	杭州市	萧山区	闻堰自来水厂	10000	地表水	城镇管网延伸	供水到户	其他
3	杭州市	桐庐县	翙岗自来水工程	7917	地表水	联村	供水到户	村集体
4	杭州市	桐庐县	深奥自来水厂	5600	地表水	联村	供水到户	村集体
5	杭州市	淳安县	淳安县威坪镇自来水厂	6100	地表水	单村	供水到户	企业
6	杭州市	淳安县	梓桐镇水厂	1532	地表水	联村	供水到户	企业
7	杭州市	淳安县	汾口自来水厂	12133	地表水	联村	供水到户	企业
8	杭州市	淳安县	中洲镇自来水厂	2500	地表水	联村	供水到户	其他
9	杭州市	淳安县	淳安县大墅镇自来水供水工程	2200	地表水	联村	供水到户	乡镇
10	杭州市	建德市	建德市乾潭自来水有限公司供水工程	22500	地表水	城镇管网延伸	供水到户	企业
11	杭州市	建德市	建德市乾潭镇安仁自来水供水工程	2400	地表水	联村	供水到户	企业
12	杭州市	建德市	大洋镇刘坞水厂供水工程	0	地表水	联村	供水到户	企业
13	杭州市	建德市	三都镇青藤湾水厂供水工程	0	地表水	联村	供水到户	乡镇
14	杭州市	建德市	建德市航头白岭坑自来水有限责任公司供水工程	13500	地表水	联村	供水到户	企业
15	杭州市	建德市	大慈岩镇石柱源水厂供水工程	0	地表水	联村	供水到户	乡镇
16	杭州市	建德市	建德市大同新昌自来水有限公司供水工程	15536	地表水	城镇管网延伸	供水到户	企业
17	杭州市	建德市	李家镇小源口水厂供水工程	7200	地表水	城镇管网延伸	供水到户	乡镇
18	杭州市	富阳市	富阳市水务有限公司江北水厂	82367	地表水	城镇管网延伸	供水到户	企业
19	杭州市	富阳市	富阳市水务有限公司江南水厂	65292	地表水	城镇管网延伸	供水到户	企业
20	杭州市	富阳市	亭山水库供水工程	12000	地表水	联村	供水到户	乡镇
21	杭州市	富阳市	裘家坞水库供水工程	5500	地表水	联村	供水到户	乡镇
22	杭州市	富阳市	富阳市水务有限公司新登水厂	42913	地表水	城镇管网延伸	供水到户	企业
23	杭州市	富阳市	东坑坞水库供水工程	3158	地表水	单村	供水到户	村集体

续表

序号	地区	县	工　程　名　称	受益人口/人	水源类型	工程类型	供水方式	管理主体
24	杭州市	富阳市	大山寺水库供水工程	5900	地表水	联村	供水到户	乡镇
25	杭州市	临安市	於潜自来水供水工程	13500	地表水	城镇管网延伸	供水到户	企业
26	杭州市	临安市	藻溪集镇供水工程	4330	地表水	联村	集中供水点	乡镇
27	杭州市	临安市	横塘村供水工程	1239	地表水	单村	集中供水点	村集体
28	杭州市	临安市	太阳自来水厂	4558	地表水	联村	集中供水点	企业
29	杭州市	临安市	昌化自来水厂	5000	地表水	联村	集中供水点	企业
30	宁波市	北仑区	高塘水厂	0	地表水	城镇管网延伸	供水到户	企业
31	宁波市	北仑区	宁波北仑港盛自来水公司	49500	地表水	城镇管网延伸	供水到户	乡镇
32	宁波市	北仑区	北仑水厂	155700	地表水	城镇管网延伸	供水到户	企业
33	宁波市	北仑区	柴桥水厂	0	地表水	城镇管网延伸	集中供水点	乡镇
34	宁波市	北仑区	白峰水厂	28000	地表水	联村	供水到户	企业
35	宁波市	北仑区	春晓水厂	10000	地表水	联村	供水到户	企业
36	宁波市	镇海区	宁波市大网供水工程	420000	地表水	城镇管网延伸	供水到户	企业
37	宁波市	镇海区	骆驼街道供水工程	21000	地表水	联村	供水到户	乡镇
38	宁波市	镇海区	九龙湖镇供水工程	22525	地表水	联村	供水到户	乡镇
39	宁波市	鄞州区	宁波市鄞州下应自来水厂（柴家点）	29600	地表水	城镇管网延伸	供水到户	乡镇
40	宁波市	鄞州区	宁波市鄞州钟公庙街道自来水公司	47000	地表水	城镇管网延伸	供水到户	乡镇
41	宁波市	鄞州区	鄞州石碶街道东杨村自来水厂	6000	地表水	单村	供水到户	村集体
42	宁波市	鄞州区	宁波市鄞州区瞻岐镇自来水厂	41376	地表水	联村	供水到户	乡镇
43	宁波市	鄞州区	宁波市鄞州咸祥自来水厂	29100	地表水	联村	供水到户	企业
44	宁波市	鄞州区	宁波市鄞州区塘溪水厂	13812	地表水	联村	供水到户	乡镇
45	宁波市	鄞州区	宁波东钱湖旅游度假区自来水公司	62200	地表水	联村	供水到户	乡镇
46	宁波市	鄞州区	宁波市鄞州东吴自来水厂	17000	地表水	联村	供水到户	乡镇

续表

序号	地区	县	工程名称	受益人口/人	水源类型	工程类型	供水方式	管理主体
47	宁波市	鄞州区	宁波市鄞州区东吴镇天童自来水厂	3000	地表水	联村	供水到户	乡镇
48	宁波市	鄞州区	宁波市鄞州五乡自来水厂	43300	地表水	联村	供水到户	乡镇
49	宁波市	鄞州区	宁波市鄞州邱隘自来水厂	72600	地表水	联村	供水到户	乡镇
50	宁波市	鄞州区	宁波市鄞州云龙自来水厂	41000	地表水	联村	供水到户	乡镇
51	宁波市	鄞州区	宁波市鄞州横溪自来水厂	31952	地表水	联村	供水到户	乡镇
52	宁波市	鄞州区	宁波市鄞州丽水自来水厂	10000	地表水	联村	供水到户	乡镇
53	宁波市	鄞州区	宁波市鄞州姜山镇自来水厂	70400	地表水	联村	供水到户	乡镇
54	宁波市	鄞州区	宁波市鄞州茅山自来水厂	20000	地表水	联村	供水到户	乡镇
55	宁波市	鄞州区	宁波市鄞州高桥自来水经营公司	90598	地表水	联村	供水到户	乡镇
56	宁波市	鄞州区	宁波市鄞州区横街镇自来水厂	22500	地表水	联村	供水到户	乡镇
57	宁波市	鄞州区	宁波市鄞州集士港自来水厂	55900	地表水	联村	供水到户	乡镇
58	宁波市	鄞州区	宁波市鄞州古林自来水厂	50000	地表水	联村	供水到户	乡镇
59	宁波市	鄞州区	宁波市鄞州布政自来水厂	23000	地表水	联村	供水到户	乡镇
60	宁波市	鄞州区	宁波市鄞州古林镇综合开发区自来水厂	35000	地表水	联村	供水到户	乡镇
61	宁波市	鄞州区	宁波市鄞州洞桥自来水厂	35400	地表水	联村	供水到户	乡镇
62	宁波市	鄞州区	鄞江悬慈村自来水工程	4452	地下水	联村	供水到户	村集体
63	宁波市	鄞州区	宁波市鄞州鄞江镇自来水厂	22379	地下水	联村	供水到户	乡镇
64	宁波市	鄞州区	宁波市鄞州章水自来水有限公司	12000	地表水	联村	供水到户	乡镇
65	宁波市	鄞州区	宁波市鄞州区龙观自来水厂	6400	地表水	联村	供水到户	乡镇
66	宁波市	鄞州区	宁波市鄞州下应自来水厂	31748	地表水	城镇管网延伸	供水到户	乡镇
67	宁波市	象山县	石浦供水工程	75554	地表水	联村	供水到户	企业
68	宁波市	象山县	西周供水工程	12000	地表水	联村	供水到户	企业
69	宁波市	象山县	鹤浦镇供水工程	28000	地表水	联村	供水到户	企业

续表

序号	地区	县	工　程　名　称	受益人口/人	水源类型	工程类型	供水方式	管理主体
70	宁波市	象山县	贤庠饮水工程	15000	地表水	联村	供水到户	企业
71	宁波市	象山县	珠溪饮水工程	7071	地表水	联村	供水到户	村集体
72	宁波市	象山县	墙头饮水工程	10000	地表水	联村	供水到户	企业
73	宁波市	象山县	亭溪饮水工程	8700	地表水	联村	供水到户	企业
74	宁波市	象山县	泗洲头饮水工程	11567	地下水	联村	供水到户	企业
75	宁波市	象山县	涂茨饮水工程	21000	地表水	联村	供水到户	企业
76	宁波市	象山县	新桥饮水工程	25000	地表水	联村	供水到户	企业
77	宁波市	象山县	南盘供水工程	12687	地表水	联村	供水到户	企业
78	宁波市	象山县	晓塘饮水工程	12000	地表水	联村	供水到户	企业
79	宁波市	象山县	黄避岙饮水工程	5157	地表水	联村	供水到户	乡镇
80	宁波市	象山县	茅洋饮水工程	6418	地下水	联村	供水到户	企业
81	宁波市	象山县	高塘岛供水工程	15955	地表水	联村	供水到户	企业
82	宁波市	宁海县	宁海县水务集团有限公司	255500	地表水	城镇管网延伸	供水到户	企业
83	宁波市	宁海县	长街长亭水厂	39000	地表水	联村	供水到户	企业
84	宁波市	宁海县	宁海县宁东自来水有限公司	30000	地表水	城镇管网延伸	供水到户	企业
85	宁波市	宁海县	宁海县岔路自来水厂	10000	地表水	联村	供水到户	乡镇
86	宁波市	宁海县	宁海县前童镇自来水厂	15000	地表水	城镇管网延伸	供水到户	乡镇
87	宁波市	宁海县	桑洲镇自来水厂	7500	地表水	单村	供水到户	企业
88	宁波市	宁海县	黄坛自来水厂	6852	地表水	联村	供水到户	乡镇
89	宁波市	宁海县	大佳何镇水厂	6000	地表水	联村	供水到户	村集体
90	宁波市	宁海县	宁海县洞口庙自来水有限公司	14800	地表水	联村	供水到户	企业
91	宁波市	宁海县	宁海县宁北自来水有限公司	45000	地表水	城镇管网延伸	供水到户	企业
92	宁波市	宁海县	靠坑岙水库供水站	12000	地表水	单村	供水到户	村集体

续表

序号	地区	县	工　程　名　称	受益人口/人	水源类型	工程类型	供水方式	管理主体
93	宁波市	宁海县	宁海县茶院乡自来水厂	6245	地表水	联村	供水到户	村集体
94	宁波市	余姚市	余姚市长丰自来水厂	20000	地表水	城镇管网延伸	供水到户	乡镇
95	宁波市	余姚市	宁波市黄湖监狱供水站	4000	地表水	单村	集中供水点	其他
96	宁波市	余姚市	余姚市泗门镇自来水厂	91239	地表水	联村	供水到户	乡镇
97	宁波市	余姚市	余姚市第二自来水有限公司	350000	地表水	城镇管网延伸	供水到户	企业
98	宁波市	余姚市	余姚市丈亭自来水厂	40884	地表水	联村	供水到户	乡镇
99	宁波市	余姚市	余姚市三七市自来水厂	35390	地表水	城镇管网延伸	供水到户	乡镇
100	宁波市	余姚市	余姚市河姆渡镇自来水厂	23000	地下水	城镇管网延伸	供水到户	乡镇
101	宁波市	余姚市	余姚市大隐镇自来水厂	10200	地表水	城镇管网延伸	集中供水点	乡镇
102	宁波市	余姚市	余姚市陆埠镇自来水厂	36940	地表水	城镇管网延伸	供水到户	乡镇
103	宁波市	余姚市	余姚市梁弄镇自来水厂	18000	地表水	城镇管网延伸	供水到户	乡镇
104	宁波市	慈溪市	城北水厂城镇管网延伸工程	150000	地表水	城镇管网延伸	供水到户	企业
105	宁波市	慈溪市	城西水厂城镇管网延伸工程	70000	地表水	城镇管网延伸	供水到户	企业
106	宁波市	慈溪市	白沙水厂城镇管网延伸工程	5000	地表水	城镇管网延伸	供水到户	企业
107	宁波市	慈溪市	新城水厂城镇管网延伸工程	15000	地表水	城镇管网延伸	供水到户	企业
108	宁波市	慈溪市	师桥自来水厂城镇管网延伸工程	150000	地表水	联村	供水到户	企业
109	宁波市	慈溪市	鸣鹤自来水厂城镇管网延伸工程	31448	地表水	城镇管网延伸	供水到户	企业
110	宁波市	慈溪市	匡堰镇自来水厂城镇管网延伸工程	15000	地表水	城镇管网延伸	供水到户	企业
111	宁波市	慈溪市	横河自来水厂城镇管网延伸工程	50000	地表水	联村	供水到户	企业
112	宁波市	慈溪市	龙山自来水厂龙山车间城镇管网延伸工程	10000	地表水	城镇管网延伸	供水到户	企业
113	宁波市	慈溪市	金岙村农民饮用水解困工程	10000	地表水	单村	供水到户	村集体
114	宁波市	慈溪市	龙山自来水厂三北车间城镇管网延伸工程	20000	地表水	城镇管网延伸	供水到户	企业
115	宁波市	慈溪市	龙山自来水厂范市车间城镇管网延伸工程	20000	地表水	城镇管网延伸	供水到户	企业

续表

序号	地区	县	工　程　名　称	受益人口/人	水源类型	工程类型	供水方式	管理主体
116	宁波市	奉化市	奉化市白杜自来水厂	9062	地下水	联村	供水到户	乡镇
117	宁波市	奉化市	奉化市西坞自来水厂	36102	地表水	城镇管网延伸	供水到户	乡镇
118	宁波市	奉化市	奉化市人民政府西坞街道办事处（里岙点联片供水站）	3414	地表水	联村	供水到户	乡镇
119	宁波市	奉化市	奉化市萧王庙自来水厂	20800	地表水	城镇管网延伸	供水到户	乡镇
120	宁波市	奉化市	奉化市溪口镇自来水厂	51789	地表水	联村	供水到户	乡镇
121	宁波市	奉化市	莼湖镇栖凤片联片供水站	8229	地下水	联村	供水到户	乡镇
122	宁波市	奉化市	奉化市莼湖自来水厂	28775	地表水	联村	供水到户	乡镇
123	宁波市	奉化市	奉化市桐照自来水厂	7724	地表水	单村	供水到户	村集体
124	宁波市	奉化市	奉化市莼湖镇鲒埼自来水厂	10450	地表水	联村	供水到户	乡镇
125	宁波市	奉化市	奉化市裘村自来镇水厂	9541	地表水	联村	供水到户	乡镇
126	宁波市	奉化市	奉化市裘村镇杨村村民委员会（供水站）	3550	地表水	单村	供水到户	村集体
127	宁波市	奉化市	裘村镇马头陶坑片供水站	4180	地表水	联村	供水到户	乡镇
128	宁波市	奉化市	奉化市大堰镇人民政府（柏坑片联片供水站）	3806	地表水	联村	供水到户	乡镇
129	宁波市	奉化市	奉化市松岙镇水厂	11120	地表水	联村	供水到户	乡镇
130	温州市	鹿城区	藤桥水厂饮用水工程	40000	地表水	联村	供水到户	其他
131	温州市	龙湾区	温州市龙湾永强自来水总厂	10070	地表水	联村	供水到户	企业
132	温州市	龙湾区	温州市公用事业投资集团有限公司自来水分公司状元水厂	44236	地表水	城镇管网延伸	供水到户	企业
133	温州市	龙湾区	三河水厂	3000	地表水	联村	供水到户	乡镇
134	温州市	龙湾区	温州市龙湾沙城四甲自来水厂	28000	地表水	联村	供水到户	乡镇
135	温州市	龙湾区	温州市龙湾天河自来水厂	50000	地表水	联村	供水到户	乡镇
136	温州市	瓯海区	西山水厂	60000	地表水	城镇管网延伸	供水到户	其他
137	温州市	瓯海区	梧田自来水厂	250000	地表水	城镇管网延伸	供水到户	乡镇
138	温州市	瓯海区	南村水网供水工程	18000	地表水	单村	供水到户	村集体

续表

序号	地区	县	工　程　名　称	受益人口/人	水源类型	工程类型	供水方式	管理主体
139	温州市	瓯海区	温州市瞿溪自来水厂	200000	地表水	城镇管网延伸	供水到户	乡镇
140	温州市	瓯海区	温州市坑口塘自来水厂	60000	地表水	联村	供水到户	县级水利部门
141	温州市	瓯海区	泽雅水厂	32000	地表水	城镇管网延伸	供水到户	乡镇
142	温州市	瓯海区	任岩松水厂	10250	地表水	联村	供水到户	县级水利部门
143	温州市	瓯海区	沈岙村供水工程	20000	地表水	单村	供水到户	村集体
144	温州市	洞头县	洞头县第二自来水厂	8000	地表水	联村	供水到户	乡镇
145	温州市	洞头县	洞头县鹿西乡水管站	6000	地表水	联村	集中供水点	乡镇
146	温州市	永嘉县	上塘镇峙口片供水工程	5946	地表水	联村	供水到户	企业
147	温州市	永嘉县	永嘉县瓯北自来水有限公司	253696	地表水	联村	供水到户	企业
148	温州市	永嘉县	山岩头水工程	9987	地表水	联村	供水到户	用水合作组织
149	温州市	永嘉县	永嘉县黄田自来水厂	34495	地表水	联村	供水到户	企业
150	温州市	永嘉县	永嘉县桥头自来水厂	7580	地表水	联村	供水到户	企业
151	温州市	永嘉县	永嘉县天泉自来水有限公司	8600	地表水	联村	供水到户	企业
152	温州市	永嘉县	洛溪村自来水工程	0	地表水	联村	供水到户	村集体
153	温州市	永嘉县	永嘉县乌牛镇自来水厂	21790	地表水	联村	供水到户	企业
154	温州市	永嘉县	永嘉县桥下镇戚朝雄自来水厂	12887	地表水	联村	供水到户	企业
155	温州市	永嘉县	桥下镇六岙净水厂	4532	地表水	单村	供水到户	村集体
156	温州市	永嘉县	大若岩白泉自来水厂	5551	地表水	联村	供水到户	村集体
157	温州市	永嘉县	大若岩镇水云片供水工程	3120	地表水	联村	供水到户	村集体
158	温州市	永嘉县	碧莲镇五村饮用水工程	9587	地表水	联村	供水到户	乡镇
159	温州市	永嘉县	岩头供水厂	14761	地下水	联村	供水到户	乡镇
160	温州市	永嘉县	枫林供水厂	6030	地下水	联村	供水到户	企业
161	温州市	永嘉县	永嘉县西溪瓯渠六村饮用水工程	0	地表水	联村	供水到户	村集体

续表

序号	地区	县	工 程 名 称	受益人口/人	水源类型	工程类型	供水方式	管理主体
162	温州市	永嘉县	昆阳乡东南西三村自来水工程	2178	地表水	联村	供水到户	村集体
163	温州市	永嘉县	鹤盛乡鹤盛村供水工程	2900	地表水	单村	供水到户	村集体
164	温州市	永嘉县	永嘉县岭头乡岭南等四个村饮用水安全工程	0	地表水	联村	供水到户	村集体
165	温州市	永嘉县	上塘镇城镇管网延伸工程	26835	地表水	城镇管网延伸	供水到户	企业
166	温州市	平阳县	平阳县自来水公司	30000	地表水	城镇管网延伸	供水到户	企业
167	温州市	平阳县	平阳县昆阳镇溪坑店厢岙村供水工程	3437	地表水	单村	供水到户	村集体
168	温州市	平阳县	平阳县鳌江自来水厂	40000	地表水	城镇管网延伸	供水到户	其他
169	温州市	平阳县	平阳县水头自来水厂	30000	地表水	城镇管网延伸	供水到户	其他
170	温州市	平阳县	平阳县萧江自来水厂	22000	地表水	城镇管网延伸	供水到户	企业
171	温州市	平阳县	平阳县夏桥自来水厂	10000	地表水	联村	供水到户	乡镇
172	温州市	平阳县	平阳县麻步自来水厂	35000	地表水	城镇管网延伸	供水到户	其他
173	温州市	平阳县	平阳县腾蛟自来水厂	18500	地表水	城镇管网延伸	供水到户	乡镇
174	温州市	平阳县	平阳县山门水厂	10000	地下水	城镇管网延伸	供水到户	其他
175	温州市	平阳县	平阳县南雁自来水厂	2652	地表水	城镇管网延伸	供水到户	乡镇
176	温州市	平阳县	平阳县榆垟自来水厂	13000	地表水	城镇管网延伸	供水到户	乡镇
177	温州市	平阳县	宋桥镇自来水厂	22000	地表水	联村	供水到户	乡镇
178	温州市	苍南县	灵溪镇东郊自来水厂	12800	地表水	联村	供水到户	企业
179	温州市	苍南县	宜山镇珠山自来水厂	7100	地表水	联村	供水到户	企业
180	温州市	苍南县	龙港镇芦浦自来水厂	23278	地表水	联村	供水到户	企业
181	温州市	苍南县	望里自来水厂	18500	地表水	城镇管网延伸	供水到户	企业
182	温州市	苍南县	苍南县金乡镇自来水厂	17037	地表水	城镇管网延伸	供水到户	企业
183	温州市	苍南县	苍南县巴曹镇水厂	23800	地表水	城镇管网延伸	供水到户	企业
184	温州市	苍南县	苍南县宏业自来水有限公司	12000	地表水	联村	供水到户	企业

续表

序号	地区	县	工　程　名　称	受益人口/人	水源类型	工程类型	供水方式	管理主体
185	温州市	苍南县	藻溪康清水厂	12848	地表水	城镇管网延伸	供水到户	乡镇
186	温州市	苍南县	苍南县桥墩自来水厂	13601	地表水	城镇管网延伸	供水到户	企业
187	温州市	苍南县	苍南县观美三美自来水厂	10528	地表水	城镇管网延伸	供水到户	企业
188	温州市	苍南县	苍南县矾山自来水厂	13624	地表水	城镇管网延伸	供水到户	企业
189	温州市	苍南县	赤溪镇自来水厂	11600	地表水	城镇管网延伸	供水到户	企业
190	温州市	苍南县	马站镇自来水厂	25000	地表水	城镇管网延伸	供水到户	企业
191	温州市	苍南县	苍南县南宋宋阳自来水厂	7000	地表水	联村	供水到户	企业
192	温州市	苍南县	苍南县龙港镇鲸头自来水厂	16000	地表水	城镇管网延伸	供水到户	企业
193	温州市	苍南县	苍南县仙居乡自来水厂	28200	地表水	城镇管网延伸	供水到户	企业
194	温州市	苍南县	新安环川水厂	19814	地表水	城镇管网延伸	供水到户	企业
195	温州市	泰顺县	泰顺县飞云水务公司	47672	地表水	城镇管网延伸	供水到户	其他
196	温州市	泰顺县	司前三泉饮用水工程	4000	地表水	联村	供水到户	企业
197	温州市	泰顺县	泗溪自来水厂	8000	地表水	联村	供水到户	村集体
198	温州市	泰顺县	南溪片饮水工程	0	地表水	联村	供水到户	村集体
199	温州市	泰顺县	雅阳镇城区饮用水工程	7000	地表水	联村	供水到户	乡镇
200	温州市	泰顺县	仕阳水厂	7000	地表水	联村	供水到户	村集体
201	温州市	泰顺县	库尾垅灾后重建点引用水工程	4200	地表水	联村	供水到户	乡镇
202	温州市	瑞安市	海滨水厂	4000	地表水	联村	供水到户	企业
203	温州市	瑞安市	瑞安市凤山水务有限公司	350000	地表水	城镇管网延伸	供水到户	企业
204	温州市	瑞安市	瑞安市集镇供水有限公司仙降江溪新江水厂	90000	地表水	联村	供水到户	企业
205	温州市	瑞安市	瑞安市集镇供水有限公司马屿水厂	42000	地表水	联村	供水到户	企业
206	温州市	瑞安市	瑞安市集镇供水有限公司曹村水厂	16000	地表水	联村	供水到户	企业
207	温州市	瑞安市	瑞安市集镇供水有限公司陶山水厂	42000	地表水	联村	供水到户	企业

续表

序号	地区	县	工　程　名　称	受益人口/人	水源类型	工程类型	供水方式	管理主体
208	温州市	瑞安市	瑞安市集镇供水有限公司碧山水厂	30000	地表水	联村	供水到户	企业
209	温州市	瑞安市	瑞安市集镇供水有限公司湖岭水厂	24000	地表水	联村	供水到户	企业
210	温州市	瑞安市	瑞安市集镇供水有限公司龙湖水厂	8000	地下水	联村	供水到户	企业
211	温州市	瑞安市	瑞安市集镇供水有限公司平阳坑水厂	15000	地表水	联村	供水到户	企业
212	温州市	瑞安市	桐浦水厂	40000	地表水	联村	供水到户	企业
213	温州市	瑞安市	桐浦乡桐溪村桐泉水厂	8000	地表水	联村	供水到户	企业
214	温州市	瑞安市	溪坦村水厂	3000	地表水	联村	供水到户	村集体
215	温州市	乐清市	大荆荆雁水厂	60504	地表水	联村	供水到户	其他
216	温州市	乐清市	水涨自来水厂	11091	地下水	联村	供水到户	其他
217	温州市	乐清市	南阁上街村自来水厂	2212	地表水	联村	供水到户	村集体
218	温州市	乐清市	乐清供水集团湖雾水厂	9880	地表水	联村	供水到户	其他
219	温州市	乐清市	南清芙供水工程	56971	地表水	联村	供水到户	其他
220	温州市	乐清市	乐清市供水集团乐成分公司孝顺桥净水厂	265659	地表水	城镇管网延伸	供水到户	其他
221	温州市	乐清市	乐清市供水集团柳市净水厂	587791	地表水	联村	供水到户	其他
222	温州市	乐清市	乐楠水厂	0	地表水	城镇管网延伸	供水到户	其他
223	温州市	乐清市	乐清市智仁中心水厂	0	地表水	联村	供水到户	乡镇
224	温州市	乐清市	镇安乡中心水厂	2096	地表水	联村	供水到户	乡镇
225	嘉兴市	秀洲区	石臼漾水厂秀洲区洪合镇管网延伸工程	64527	地表水	城镇管网延伸	供水到户	企业
226	嘉兴市	秀洲区	石臼漾水厂秀洲区王江泾镇管网延伸工程	70283	地表水	城镇管网延伸	供水到户	企业
227	嘉兴市	秀洲区	石臼漾水厂秀洲区新塍镇管网延伸工程	78000	地表水	城镇管网延伸	供水到户	企业
228	嘉兴市	秀洲区	石臼漾水厂秀洲区油车港镇管网延伸工程	41962	地表水	城镇管网延伸	供水到户	企业
229	嘉兴市	秀洲区	贯泾港水厂南湖区大桥镇管网延伸工程	55000	地表水	城镇管网延伸	供水到户	企业
230	嘉兴市	秀洲区	贯泾港水厂南湖区凤桥镇管网延伸工程	43200	地表水	城镇管网延伸	供水到户	企业

续表

序号	地区	县	工程名称	受益人口/人	水源类型	工程类型	供水方式	管理主体
231	嘉兴市	秀洲区	贯泾港水厂南湖区七星镇管网延伸工程	33000	地表水	城镇管网延伸	供水到户	企业
232	嘉兴市	秀洲区	贯泾港水厂南湖区新丰镇管网延伸工程	52000	地表水	城镇管网延伸	供水到户	企业
233	嘉兴市	秀洲区	贯泾港水厂南湖区余新镇管网延伸工程	69500	地表水	城镇管网延伸	供水到户	企业
234	嘉兴市	秀洲区	贯泾港水厂秀洲区王店镇管网延伸工程	52696	地表水	城镇管网延伸	供水到户	企业
235	嘉兴市	嘉善县	嘉善县南片饮用水工程	134400	地表水	城镇管网延伸	供水到户	其他
236	嘉兴市	嘉善县	嘉善县北片饮用水工程	150000	地表水	城镇管网延伸	供水到户	其他
237	嘉兴市	海盐县	海盐县地面水厂工程	52700	地表水	城镇管网延伸	供水到户	企业
238	嘉兴市	海盐县	海盐县城乡供水一期工程	150000	地表水	城镇管网延伸	供水到户	县级水利部门
239	嘉兴市	海宁市	海宁市第三水厂城镇管网延伸工程	193268	地表水	城镇管网延伸	供水到户	企业
240	嘉兴市	海宁市	海宁市第二水厂城镇管网延伸工程	221032	地表水	城镇管网延伸	供水到户	企业
241	嘉兴市	平湖市	平湖市自来水公司供水工程	173600	地表水	城镇管网延伸	供水到户	企业
242	嘉兴市	平湖市	乍浦金门水厂供水工程	6000	地下水	联村	供水到户	乡镇
243	嘉兴市	平湖市	乍浦镇自来水厂供水工程	18000	地下水	城镇管网延伸	供水到户	乡镇
244	嘉兴市	平湖市	乍浦镇黄山自来水厂供水工程	5000	地下水	联村	供水到户	乡镇
245	嘉兴市	平湖市	乍浦镇亭子桥地面水厂供水工程	27000	地表水	城镇管网延伸	供水到户	乡镇
246	嘉兴市	平湖市	嘉兴市乍浦镇水利自来水厂供水工程	18000	地下水	联村	供水到户	乡镇
247	嘉兴市	平湖市	平湖市广陈天纯自来水有限公司供水工程	124600	地表水	城镇管网延伸	供水到户	企业
248	嘉兴市	桐乡市	桐乡市农村饮水安全工程	390000	地表水	城镇管网延伸	供水到户	企业
249	嘉兴市	桐乡市	桐乡市千万农民饮水工程	25000	地表水	城镇管网延伸	供水到户	乡镇
250	湖州市	吴兴区	湖州妙西自来水有限公司	7500	地表水	联村	供水到户	乡镇
251	湖州市	吴兴区	杨家埠镇振兴水厂	6943	地表水	联村	供水到户	乡镇
252	湖州市	吴兴区	埭溪水厂	16000	地表水	联村	供水到户	乡镇
253	湖州市	吴兴区	东林龙泉水厂	30500	地表水	联村	供水到户	乡镇

续表

序号	地区	县	工　程　名　称	受益人口/人	水源类型	工程类型	供水方式	管理主体
254	湖州市	南浔区	南浔镇农村供水工程	126000	地表水	城镇管网延伸	供水到户	企业
255	湖州市	南浔区	南浔镇马腰农村供水工程	30000	地表水	城镇管网延伸	供水到户	企业
256	湖州市	南浔区	南浔镇东迁圣洁农村供水工程	35000	地表水	城镇管网延伸	供水到户	企业
257	湖州市	南浔区	南浔镇横街农村供水工程	24000	地表水	城镇管网延伸	供水到户	企业
258	湖州市	南浔区	双林镇农村供水工程	60000	地表水	城镇管网延伸	供水到户	企业
259	湖州市	南浔区	双林镇丝得莉农村供水工程	12000	地表水	城镇管网延伸	供水到户	企业
260	湖州市	南浔区	练市镇农村供水工程	45000	地表水	城镇管网延伸	供水到户	企业
261	湖州市	南浔区	练市镇洪塘农村供水工程	20000	地表水	城镇管网延伸	供水到户	企业
262	湖州市	南浔区	练市镇花林农村供水工程	20000	地表水	城镇管网延伸	供水到户	企业
263	湖州市	南浔区	善琏镇农村供水工程	35000	地表水	城镇管网延伸	供水到户	企业
264	湖州市	南浔区	旧馆镇农村供水工程	40000	地表水	城镇管网延伸	供水到户	企业
265	湖州市	南浔区	菱湖镇农村供水工程	60200	地表水	城镇管网延伸	供水到户	企业
266	湖州市	南浔区	菱湖镇下昂农村供水工程	22000	地表水	城镇管网延伸	供水到户	企业
267	湖州市	南浔区	和孚镇农村供水工程	30000	地表水	城镇管网延伸	供水到户	企业
268	湖州市	南浔区	和孚镇长超农村供水工程	21000	地表水	城镇管网延伸	供水到户	企业
269	湖州市	南浔区	和孚镇重兆农村供水工程	17000	地表水	城镇管网延伸	供水到户	企业
270	湖州市	南浔区	千金镇农村供水工程	23087	地表水	城镇管网延伸	供水到户	企业
271	湖州市	南浔区	石淙镇农村供水工程	20127	地表水	城镇管网延伸	供水到户	企业
272	湖州市	长兴县	长兴水务有限公司	9000	地表水	城镇管网延伸	供水到户	其他
273	湖州市	长兴县	长兴洪桥自来水有限公司	30018	地表水	城镇管网延伸	供水到户	企业
274	湖州市	长兴县	长兴县李家巷镇供水站	15000	地表水	城镇管网延伸	供水到户	乡镇
275	湖州市	长兴县	月明茶庄自来水厂	12000	地表水	联村	供水到户	乡镇
276	湖州市	长兴县	长兴夹浦常丰制水有限公司	21000	地表水	联村	供水到户	乡镇

续表

序号	地区	县	工　程　名　称	受益人口/人	水源类型	工程类型	供水方式	管理主体
277	湖州市	长兴县	林兴自来水水厂	5260	地表水	联村	集中供水点	乡镇
278	湖州市	长兴县	长兴泗安仙山湖水务有限公司	36740	地表水	城镇管网延伸	供水到户	企业
279	湖州市	长兴县	长兴泗安宿子岭供水有限公司	20000	地表水	联村	供水到户	企业
280	湖州市	长兴县	长兴永达水务有限公司	80000	地表水	城镇管网延伸	供水到户	企业
281	湖州市	长兴县	长兴小浦自来水供应有限公司	30000	地表水	联村	供水到户	其他
282	湖州市	长兴县	煤山自来水厂	25000	地表水	城镇管网延伸	供水到户	乡镇
283	湖州市	长兴县	长兴县清水源制水有限公司	12000	地表水	城镇管网延伸	供水到户	乡镇
284	湖州市	长兴县	长兴天源制水有限公司	10000	地表水	联村	供水到户	企业
285	湖州市	长兴县	长兴乐泉供水有限公司	12240	地表水	联村	供水到户	企业
286	湖州市	长兴县	长广自来水厂	13000	地表水	城镇管网延伸	供水到户	企业
287	湖州市	安吉县	乐平水厂	80000	地下水	联村	供水到户	其他
288	湖州市	安吉县	杭垓镇自来水厂	13500	地表水	联村	供水到户	乡镇
289	湖州市	安吉县	天荒坪镇自来水厂	15000	地表水	联村	供水到户	乡镇
290	湖州市	安吉县	高禹水厂	36000	地表水	联村	供水到户	企业
291	绍兴市	越城区	绍兴市自来水公司城镇管网延伸工程	224076	地表水	城镇管网延伸	供水到户	企业
292	绍兴市	绍兴县	小舜江工程绍兴县输配水工程	130000	地表水	城镇管网延伸	供水到户	企业
293	绍兴市	绍兴县	绍兴县王坛镇集镇工程	8000	地表水	单村	供水到户	企业
294	绍兴市	绍兴县	稽东镇自来水厂供水工程	7800	地表水	联村	供水到户	其他
295	绍兴市	新昌县	甘棠、棣山片管网延伸工程	16488	地表水	城镇管网延伸	供水到户	其他
296	绍兴市	新昌县	石演、五都片管网延伸工程	14200	地表水	城镇管网延伸	供水到户	其他
297	绍兴市	新昌县	澄潭自来水厂	3225	地下水	联村	供水到户	乡镇
298	绍兴市	新昌县	城西自来水有限公司	7461	地表水	联村	供水到户	企业
299	绍兴市	新昌县	回山镇自来水站	5348	地表水	联村	供水到户	县级水利部门

续表

序号	地区	县	工　程　名　称	受益人口/人	水源类型	工程类型	供水方式	管理主体
300	绍兴市	新昌县	新昌县西桥弄自来水有限公司	5430	地表水	联村	供水到户	企业
301	绍兴市	新昌县	儒岙镇自来水厂	5034	地表水	联村	供水到户	乡镇
302	绍兴市	诸暨市	诸暨市自来水有限公司（城南水厂）	250607	地表水	城镇管网延伸	供水到户	企业
303	绍兴市	诸暨市	诸暨市自来水有限公司（三都水厂）	10356	地表水	城镇管网延伸	供水到户	企业
304	绍兴市	上虞市	上虞市上源闸水厂	120000	地表水	城镇管网延伸	供水到户	企业
305	绍兴市	上虞市	上虞市大三角水厂	180000	地表水	城镇管网延伸	供水到户	企业
306	绍兴市	上虞市	上虞市汤浦水厂	60000	地表水	城镇管网延伸	供水到户	企业
307	绍兴市	上虞市	上虞市下管水厂	3000	地表水	联村	供水到户	企业
308	绍兴市	上虞市	上虞市永和水厂	90000	地表水	城镇管网延伸	供水到户	企业
309	绍兴市	上虞市	陈溪乡供水工程	5000	地表水	单村	供水到户	乡镇
310	绍兴市	嵊州市	嵊州市城市自来水有限公司	59000	地表水	城镇管网延伸	供水到户	企业
311	绍兴市	嵊州市	嵊州市甘霖镇自来水厂供水工程	19985	地表水	城镇管网延伸	供水到户	乡镇
312	绍兴市	嵊州市	嵊州市甘霖镇蛟镇自来水厂供水工程	40392	地表水	城镇管网延伸	供水到户	乡镇
313	绍兴市	嵊州市	嵊州市甘霖镇博济自来水厂供水工程	6150	地下水	联村	供水到户	县级水利部门
314	绍兴市	嵊州市	嵊州市长乐镇自来水厂	25000	地表水	城镇管网延伸	供水到户	其他
315	绍兴市	嵊州市	嵊州市长乐镇开元自来水厂	5340	地下水	联村	供水到户	其他
316	绍兴市	嵊州市	嵊州市崇仁镇富润自来水厂	9975	地表水	城镇管网延伸	供水到户	乡镇
317	绍兴市	嵊州市	嵊州市崇仁镇自来水厂	19852	地表水	城镇管网延伸	供水到户	乡镇
318	绍兴市	嵊州市	嵊州市崇仁镇广利自来水厂	13000	地表水	城镇管网延伸	供水到户	乡镇
319	绍兴市	嵊州市	嵊州市黄泽镇自来水有限公司	10645	地下水	联村	供水到户	乡镇
320	绍兴市	嵊州市	嵊州市黄泽镇工业功能区自来水公司	6165	地表水	联村	供水到户	乡镇
321	绍兴市	嵊州市	嵊州市三界自来水有限公司	25000	地表水	城镇管网延伸	供水到户	企业
322	绍兴市	嵊州市	嵊州市石璜镇自来水厂	15000	地表水	联村	供水到户	乡镇

续表

序号	地区	县	工　程　名　称	受益人口/人	水源类型	工程类型	供水方式	管理主体
323	绍兴市	嵊州市	嵊州市金庭镇自来水厂	6000	地表水	联村	供水到户	乡镇
324	绍兴市	嵊州市	嵊州市北漳镇自来水厂	4000	地表水	联村	供水到户	乡镇
325	金华市	婺城区	金华市自来水公司——管网延伸工程	309390	地表水	城镇管网延伸	供水到户	企业
326	金华市	婺城区	金华市金西西畈水厂	95000	地表水	联村	供水到户	企业
327	金华市	婺城区	金华市婺城区莘畈水库——农村供水工程	26457	地表水	联村	供水到户	县级水利部门
328	金华市	金东区	长山垅水库供水工程	15800	地表水	联村	供水到户	企业
329	金华市	金东区	澧浦镇寺口垅水库供水工程	4602	地表水	联村	供水到户	乡镇
330	金华市	金东区	黄坞口水库供水工程	0	地表水	联村	供水到户	乡镇
331	金华市	武义县	壶山水厂管网延伸工程	71149	地表水	城镇管网延伸	供水到户	县级水利部门
332	金华市	武义县	古义水厂供水工程	2732	地表水	联村	供水到户	乡镇
333	金华市	武义县	柳城水厂供水工程	12800	地表水	城镇管网延伸	供水到户	乡镇
334	金华市	武义县	清溪水厂供水工程	74062	地表水	城镇管网延伸	供水到户	县级水利部门
335	金华市	武义县	马岭水厂供水工程	5246	地表水	联村	供水到户	乡镇
336	金华市	武义县	百丈泄水厂供水工程	5312	地表水	联村	供水到户	乡镇
337	金华市	武义县	茭道水厂供水工程	12143	地表水	联村	供水到户	乡镇
338	金华市	武义县	大田水厂供水工程	4396	地表水	联村	供水到户	乡镇
339	金华市	武义县	王宅水厂供水工程	29263	地表水	城镇管网延伸	供水到户	县级水利部门
340	金华市	武义县	俞源水厂供水工程	10215	地表水	联村	供水到户	乡镇
341	金华市	武义县	坦洪水厂供水工程	6549	地表水	联村	供水到户	乡镇
342	金华市	浦江县	浦江县仙华水厂（管网延伸）	6857	地表水	城镇管网延伸	供水到户	企业
343	金华市	浦江县	浦江县周西坞水厂	5900	地表水	联村	供水到户	县级水利部门
344	金华市	浦江县	浦江县里傅水厂	18563	地表水	联村	供水到户	县级水利部门
345	金华市	浦江县	浦江县第二自来水厂	12000	地下水	城镇管网延伸	供水到户	企业

续表

序号	地区	县	工　程　名　称	受益人口/人	水源类型	工程类型	供水方式	管理主体
346	金华市	浦江县	杭坪镇杭坪村供水工程	9956	地表水	单村	供水到户	村集体
347	金华市	浦江县	浦江县深清源水厂	9850	地表水	联村	供水到户	企业
348	金华市	磐安县	尖山镇集镇供水工程	11000	地表水	城镇管网延伸	供水到户	企业
349	金华市	磐安县	仁川镇集镇供水工程	4658	地表水	城镇管网延伸	供水到户	乡镇
350	金华市	磐安县	方前镇集镇供水工程	4500	地表水	城镇管网延伸	供水到户	企业
351	金华市	磐安县	玉山镇集镇供水工程	7600	地表水	城镇管网延伸	供水到户	企业
352	金华市	磐安县	尚湖镇集镇供水工程	5080	地表水	城镇管网延伸	供水到户	乡镇
353	金华市	磐安县	冷水镇集镇供水工程	6100	地表水	城镇管网延伸	供水到户	乡镇
354	金华市	磐安县	深泽新城区供水工程	14800	地表水	联村	供水到户	企业
355	金华市	兰溪市	诸葛村自来水厂	12324	地表水	城镇管网延伸	供水到户	乡镇
356	金华市	兰溪市	马涧自来水厂	13400	地表水	联村	供水到户	乡镇
357	金华市	兰溪市	包坞水厂	10834	地表水	联村	供水到户	县级水利部门
358	金华市	兰溪市	鲤鱼山水库水厂	15000	地表水	联村	供水到户	乡镇
359	金华市	义乌市	义乌市自来水有限公司农村供水工程	160000	地表水	城镇管网延伸	供水到户	企业
360	金华市	义乌市	马库坞水库供水工程	13800	地表水	联村	供水到户	其他
361	金华市	义乌市	岭口水库供水工程	9000	地表水	联村	供水到户	其他
362	金华市	义乌市	义乌市卫星自来水有限公司农村供水工程	141600	地表水	联村	供水到户	企业
363	金华市	义乌市	义乌市第三自来水公司农村供水工程	200000	地表水	城镇管网延伸	供水到户	企业
364	金华市	义乌市	赤岸供水站供水工程	30000	地表水	联村	供水到户	企业
365	金华市	义乌市	古寺水库供水工程	5500	地表水	联村	供水到户	乡镇
366	金华市	义乌市	山后水库供水工程	2534	地表水	联村	供水到户	其他
367	金华市	义乌市	义乌市苏溪自来水有限公司农村供水工程	96000	地表水	联村	供水到户	企业
368	金华市	义乌市	义乌市强胜自来水公司农村供水工程	25500	地表水	城镇管网延伸	供水到户	乡镇

续表

序号	地区	县	工　程　名　称	受益人口/人	水源类型	工程类型	供水方式	管理主体
369	金华市	东阳市	东阳自来水公司管网延伸工程	19800	地表水	城镇管网延伸	供水到户	县级水利部门
370	金华市	东阳市	东阳市西坑沿自来水工程	15000	地表水	联村	供水到户	企业
371	金华市	东阳市	东阳市东方红自来水工程	19500	地表水	联村	供水到户	县级水利部门
372	金华市	东阳市	东阳市湖溪镇自来水工程	20000	地表水	联村	供水到户	乡镇
373	金华市	东阳市	东阳市马宅镇农村饮用水工程	7000	地表水	联村	供水到户	乡镇
374	金华市	东阳市	东阳市千祥镇农村饮用水工程	0	地表水	联村	供水到户	乡镇
375	金华市	东阳市	东阳市思源供水公司南马自来水工程	19900	地表水	联村	供水到户	县级水利部门
376	金华市	东阳市	东阳市景山自来水工程	14900	地表水	联村	供水到户	企业
377	金华市	东阳市	画水镇画溪农村饮用水工程	14980	地表水	联村	供水到户	企业
378	金华市	东阳市	东阳市横店镇自来水工程	28500	地表水	城镇管网延伸	供水到户	企业
379	金华市	永康市	永康市上黄水库水厂供水工程	13000	地表水	城镇管网延伸	供水到户	县级水利部门
380	金华市	永康市	珠坑水厂供水工程	55000	地表水	联村	供水到户	县级水利部门
381	金华市	永康市	桥下水厂供水工程（太平水库、原太平水厂）	150000	地表水	城镇管网延伸	供水到户	县级水利部门
382	金华市	永康市	洪塘坑水厂供水工程	16113	地表水	城镇管网延伸	供水到户	县级水利部门
383	金华市	永康市	象珠水厂供水工程	53000	地表水	联村	供水到户	县级水利部门
384	金华市	永康市	永康市黄坟水厂供水工程	16000	地表水	城镇管网延伸	供水到户	县级水利部门
385	金华市	永康市	永康市芝英自来水厂供水工程	90000	地表水	城镇管网延伸	供水到户	乡镇
386	金华市	永康市	城镇供水延伸工程—东城街道	18667	地表水	城镇管网延伸	供水到户	乡镇
387	金华市	永康市	城镇供水延伸工程—经济开发区	21053	地表水	城镇管网延伸	供水到户	乡镇
388	衢州市	柯城区	新新街道农民饮用水工程	10850	地表水	城镇管网延伸	供水到户	企业
389	衢州市	柯城区	双港街道农村供水工程	4579	地表水	城镇管网延伸	供水到户	企业
390	衢州市	柯城区	航埠村供水工程	3600	地表水	城镇管网延伸	供水到户	企业
391	衢州市	衢江区	上方镇自来水厂	16000	地表水	城镇管网延伸	供水到户	企业

续表

序号	地区	县	工　程　名　称	受益人口/人	水源类型	工程类型	供水方式	管理主体
392	衢州市	衢江区	衢州市衢江区大洲镇自来水有限公司	16000	地表水	联村	供水到户	乡镇
393	衢州市	衢江区	湖南镇自来水厂	3400	地表水	联村	供水到户	企业
394	衢州市	常山县	千家排水厂	30003	地表水	城镇管网延伸	供水到户	企业
395	衢州市	常山县	常山县城乡供水一体化工程（箬岭水厂）	90000	地表水	城镇管网延伸	供水到户	其他
396	衢州市	常山县	芳村镇水厂	9200	地表水	联村	供水到户	乡镇
397	衢州市	常山县	同弓水厂	4000	地表水	联村	供水到户	乡镇
398	衢州市	常山县	宋畈乡农民饮用水工程	0	地表水	城镇管网延伸	供水到户	乡镇
399	衢州市	开化县	华埠自来水厂	0	地表水	城镇管网延伸	供水到户	企业
400	衢州市	开化县	马金自来水管网延伸工程	50000	地表水	城镇管网延伸	供水到户	企业
401	衢州市	开化县	开化县池淮金井水厂	12000	地下水	城镇管网延伸	供水到户	企业
402	衢州市	龙游县	龙游县自来水厂	54500	地表水	联村	供水到户	企业
403	衢州市	龙游县	湖镇镇自来水厂	30120	地表水	联村	供水到户	企业
404	衢州市	龙游县	横山镇自来水厂	30200	地表水	联村	供水到户	企业
405	衢州市	龙游县	塔石镇农民饮用水工程	0	地表水	联村	供水到户	企业
406	衢州市	江山市	江山市第二自来水厂	91367	地表水	城镇管网延伸	供水到户	企业
407	衢州市	江山市	江山市峡口自来水厂	83115	地表水	城镇管网延伸	供水到户	企业
408	衢州市	江山市	碗窑乡自来水厂	10000	地表水	联村	供水到户	企业
409	舟山市	定海区	舟山市自来水有限公司金塘分公司（沥港供水站）	26969	地表水	联村	供水到户	企业
410	舟山市	定海区	舟山市自来水有限公司金塘分公司（肚斗供水站）	32025	地表水	联村	供水到户	企业
411	舟山市	定海区	舟山市自来水有限公司小沙水厂	28000	地表水	城镇管网延伸	供水到户	企业
412	舟山市	定海区	舟山市自来水有限公司岑港营业所	20000	地表水	城镇管网延伸	供水到户	企业
413	舟山市	定海区	岑港镇椗茨自来水厂	1500	地表水	单村	供水到户	村集体
414	舟山市	定海区	舟山市自来水有限公司白泉水厂	31000	地表水	城镇管网延伸	供水到户	企业

续表

序号	地区	县	工程名称	受益人口/人	水源类型	工程类型	供水方式	管理主体
415	舟山市	定海区	舟山市自来水有限公司干览水厂	13000	地表水	城镇管网延伸	供水到户	企业
416	舟山市	定海区	舟山市自来水有限公司马岙水厂	16000	地表水	联村	供水到户	企业
417	舟山市	定海区	舟山市自来水有限公司小沙水厂长白供水站	4500	地表水	联村	供水到户	企业
418	舟山市	定海区	舟山市自来水有限公司岑港营业所册子供水站	4000	地表水	城镇管网延伸	供水到户	企业
419	舟山市	定海区	舟山市自来水有限公司白泉水厂北蝉供水站	10000	地表水	城镇管网延伸	供水到户	企业
420	舟山市	普陀区	舟山市自来水公司勾山营业处	51000	地表水	城镇管网延伸	供水到户	企业
421	舟山市	普陀区	桃花镇饮用水工程	12000	地表水	城镇管网延伸	供水到户	乡镇
422	舟山市	普陀区	西岙泵站供水工程	5000	地表水	联村	供水到户	乡镇
423	舟山市	岱山县	小高亭自来水厂	50500	地表水	单村	供水到户	县级水利部门
424	舟山市	岱山县	黄官泥岙自来水厂	3000	地表水	单村	供水到户	企业
425	舟山市	岱山县	岱南自来水厂	2000	地表水	单村	供水到户	企业
426	舟山市	岱山县	舟山市岱山县岱东供水公司	12000	地表水	联村	供水到户	乡镇
427	舟山市	岱山县	岱山县岱西自来水厂	5000	地表水	联村	供水到户	企业
428	舟山市	岱山县	岱山县长涂自来水厂	15000	地表水	联村	供水到户	乡镇
429	舟山市	岱山县	岱山县衢山镇海水淡化有限公司	12620	地表水	联村	供水到户	乡镇
430	舟山市	岱山县	岱山衢山自来水厂	8310	地表水	联村	供水到户	乡镇
431	舟山市	岱山县	岱山衢山自来水厂	8310	地表水	联村	供水到户	乡镇
432	舟山市	岱山县	岱山衢山自来水厂	8310	地表水	联村	供水到户	乡镇
433	舟山市	岱山县	岱山县秀山岛海水淡化工程	7500	地表水	联村	供水到户	乡镇
434	舟山市	岱山县	岱山县秀山乡自来水厂	7500	地表水	城镇管网延伸	供水到户	乡镇
435	舟山市	嵊泗县	嵊泗县自来水公司	66000	地表水	城镇管网延伸	供水到户	县级水利部门
436	舟山市	嵊泗县	嵊山海水淡化厂	9000	地表水	城镇管网延伸	供水到户	乡镇
437	舟山市	嵊泗县	大洋海水淡化厂	4200	地表水	联村	供水到户	乡镇

续表

序号	地区	县	工程名称	受益人口/人	水源类型	工程类型	供水方式	管理主体
438	舟山市	嵊泗县	嵊泗县大洋自来水厂	1100	地表水	联村	供水到户	乡镇
439	舟山市	嵊泗县	枸杞自来水厂	4500	地表水	联村	供水到户	乡镇
440	舟山市	嵊泗县	枸杞海水淡化厂	4500	地表水	联村	供水到户	乡镇
441	台州市	椒江区	台州自来水有限公司	84932	地表水	城镇管网延伸	供水到户	企业
442	台州市	椒江区	东山自来水厂	19639	地表水	城镇管网延伸	供水到户	企业
443	台州市	椒江区	台州市椒江洪家自来水厂	47106	地表水	城镇管网延伸	供水到户	乡镇
444	台州市	椒江区	台州市椒江椒南清泉供水服务有限公司	57887	地表水	城镇管网延伸	供水到户	企业
445	台州市	椒江区	台州市椒江下陈自来水厂	39320	地下水	城镇管网延伸	供水到户	乡镇
446	台州市	椒江区	浙江省台州市椒北供水公司	102360	地表水	城镇管网延伸	供水到户	企业
447	台州市	椒江区	李宅村自来水厂1号井	13593	地下水	联村	供水到户	村集体
448	台州市	黄岩区	黄岩区城镇管网延伸工程	220780	地表水	城镇管网延伸	供水到户	县级水利部门
449	台州市	黄岩区	新前街道供水工程	22000	地表水	联村	供水到户	乡镇
450	台州市	黄岩区	澄江水厂	30999	地表水	联村	供水到户	企业
451	台州市	黄岩区	宁溪镇自来水厂扩建工程	8120	地表水	联村	供水到户	企业
452	台州市	黄岩区	北洋镇供水工程	11500	地表水	联村	供水到户	企业
453	台州市	黄岩区	头陀镇饮水一期工程	23000	地表水	联村	供水到户	企业
454	台州市	黄岩区	上垟乡供水二期工程	3315	地表水	联村	供水到户	乡镇
455	台州市	黄岩区	黄岩区平田乡引水工程	3453	地表水	联村	供水到户	乡镇
456	台州市	路桥区	台州市路桥自来水有限公司	91729	地表水	城镇管网延伸	供水到户	企业
457	台州市	路桥区	台州市路桥区桐屿街道自来水厂	33110	地表水	城镇管网延伸	供水到户	企业
458	台州市	路桥区	台州市路桥峰江自来水有限公司	38056	地表水	城镇管网延伸	供水到户	企业
459	台州市	路桥区	台州市路桥区新桥自来水厂	27717	地表水	城镇管网延伸	供水到户	企业
460	台州市	路桥区	台州市路桥区横街镇自来水厂	27600	地表水	城镇管网延伸	供水到户	企业

续表

序号	地区	县	工程名称	受益人口/人	水源类型	工程类型	供水方式	管理主体
461	台州市	路桥区	台州市路桥金清自来水厂	110000	地表水	城镇管网延伸	供水到户	企业
462	台州市	路桥区	台州市路桥区蓬街镇自来水厂	65000	地表水	城镇管网延伸	供水到户	企业
463	台州市	玉环县	坎门供水工程	40000	地表水	城镇管网延伸	供水到户	县级水利部门
464	台州市	玉环县	陈屿供水工程	54170	地表水	城镇管网延伸	供水到户	县级水利部门
465	台州市	玉环县	里墩供水工程	70000	地表水	城镇管网延伸	供水到户	县级水利部门
466	台州市	玉环县	清港供水工程	50000	地表水	城镇管网延伸	供水到户	县级水利部门
467	台州市	玉环县	楚门供水工程	79000	地表水	城镇管网延伸	供水到户	县级水利部门
468	台州市	玉环县	栈台供水工程	4200	地表水	联村	供水到户	县级水利部门
469	台州市	玉环县	沙门供水工程	26000	地表水	城镇管网延伸	供水到户	县级水利部门
470	台州市	玉环县	芦浦供水工程	20000	地表水	城镇管网延伸	供水到户	县级水利部门
471	台州市	玉环县	龙溪供水工程	35000	地表水	城镇管网延伸	供水到户	县级水利部门
472	台州市	玉环县	鸡山乡供水工程	4000	地表水	联村	供水到户	县级水利部门
473	台州市	三门县	三门自来水厂（城南分厂）	3057	地下水	城镇管网延伸	供水到户	企业
474	台州市	三门县	三门自来水厂	19675	地表水	城镇管网延伸	供水到户	企业
475	台州市	三门县	沙柳自来水厂	7710	地表水	联村	供水到户	乡镇
476	台州市	三门县	三门县珠岙自来水有限公司	4321	地表水	联村	供水到户	企业
477	台州市	三门县	亭旁水厂	2980	地表水	联村	供水到户	村集体
478	台州市	三门县	六敖第二水厂	19000	地表水	城镇管网延伸	供水到户	企业
479	台州市	三门县	横渡中心水厂	3000	地下水	联村	供水到户	乡镇
480	台州市	三门县	三门县水务公司浬浦分公司	28669	地表水	城镇管网延伸	供水到户	企业
481	台州市	三门县	花桥水厂	8938	地表水	联村	供水到户	乡镇
482	台州市	三门县	雄泗自来水厂	18940	地表水	城镇管网延伸	供水到户	乡镇
483	台州市	三门县	高枧中心水厂	4500	地表水	联村	供水到户	乡镇

续表

序号	地区	县	工　程　名　称	受益人口/人	水源类型	工程类型	供水方式	管理主体
484	台州市	天台县	天台县自来水厂	140000	地表水	城镇管网延伸	供水到户	企业
485	台州市	天台县	天台县白鹤镇自来水厂	45000	地表水	城镇管网延伸	供水到户	企业
486	台州市	天台县	天台县街头镇玉泉自来水厂	8000	地表水	联村	供水到户	企业
487	台州市	天台县	天台县平镇自来水厂	31000	地下水	城镇管网延伸	供水到户	企业
488	台州市	天台县	天台县坦头自来水厂	18000	地表水	城镇管网延伸	供水到户	企业
489	台州市	天台县	洪畴三合联合自来水厂	21000	地表水	联村	供水到户	企业
490	台州市	仙居县	横溪镇自来水厂	3410	地表水	联村	供水到户	企业
491	台州市	仙居县	下各镇自来水厂	55000	地表水	联村	供水到户	企业
492	台州市	温岭市	温岭市供水有限公司太平分公司	188000	地表水	城镇管网延伸	供水到户	企业
493	台州市	温岭市	温岭市泽国自来水有限公司	130000	地表水	城镇管网延伸	供水到户	企业
494	台州市	温岭市	温岭市大溪供水有限公司	190000	地表水	城镇管网延伸	供水到户	县级水利部门
495	台州市	温岭市	温岭市松门自来水厂	45000	地表水	城镇管网延伸	供水到户	乡镇
496	台州市	温岭市	温岭市淋川自来水厂	10350	地表水	城镇管网延伸	供水到户	乡镇
497	台州市	温岭市	温岭市川北自来水厂	16300	地表水	城镇管网延伸	供水到户	乡镇
498	台州市	温岭市	温岭市龙门自来水厂	6900	地表水	城镇管网延伸	集中供水点	乡镇
499	台州市	温岭市	温岭市箬横供水有限公司	93000	地表水	城镇管网延伸	供水到户	企业
500	台州市	温岭市	温岭市供水有限公司新河分公司	79900	地表水	城镇管网延伸	供水到户	企业
501	台州市	温岭市	温岭市供水有限公司石塘分公司	62000	地表水	城镇管网延伸	供水到户	企业
502	台州市	温岭市	温岭市供水有限公司滨海分公司	58300	地表水	城镇管网延伸	供水到户	企业
503	台州市	温岭市	温岭市温峤自来水厂	34000	地表水	城镇管网延伸	供水到户	乡镇
504	台州市	温岭市	温岭市城乡水业有限公司	35000	地表水	联村	供水到户	企业
505	台州市	温岭市	温岭市湖漫水库供水有限公司	45000	地表水	城镇管网延伸	供水到户	县级水利部门

续表

序号	地区	县	工程名称	受益人口/人	水源类型	工程类型	供水方式	管理主体
506	台州市	温岭市	温岭市供水有限公司坞根分公司	7200	地表水	城镇管网延伸	供水到户	企业
507	台州市	临海市	花街水厂	57000	地表水	城镇管网延伸	供水到户	企业
508	台州市	临海市	东城水厂	63413	地表水	城镇管网延伸	集中供水点	企业
509	台州市	临海市	汛桥水厂	19313	地表水	城镇管网延伸	供水到户	乡镇
510	台州市	临海市	东塍康谷供水工程	10900	地表水	联村	供水到户	乡镇
511	台州市	临海市	汇溪镇汇民供水工程	6680	地表水	联村	供水到户	乡镇
512	台州市	临海市	小芝岭脚供水工程	5000	地表水	联村	集中供水点	乡镇
513	台州市	临海市	临海市括苍镇旺人墩自来水厂	7000	地下水	单村	供水到户	村集体
514	台州市	临海市	方溪水厂	17600	地下水	联村	供水到户	企业
515	台州市	临海市	临海市涌泉镇自来水厂	43000	地表水	城镇管网延伸	供水到户	企业
516	台州市	临海市	沿江水厂	31260	地表水	联村	供水到户	企业
517	台州市	临海市	杜桥水厂	166000	地表水	城镇管网延伸	供水到户	企业
518	台州市	临海市	医化园区社区供水工程	9000	地表水	单村	供水到户	企业
519	台州市	临海市	为民供水分公司	116060	地表水	联村	供水到户	企业
520	丽水市	莲都区	碧湖镇饮用水工程	15000	地表水	城镇管网延伸	供水到户	乡镇
521	丽水市	莲都区	老竹镇供水工程	8000	地表水	联村	供水到户	企业
522	丽水市	青田县	油竹管委会麻宅新村饮用水工程	6000	地表水	联村	供水到户	乡镇
523	丽水市	青田县	青田县第二自来水厂	49950	地表水	联村	供水到户	乡镇
524	丽水市	青田县	青田县永泉自来水有限公司	14980	地表水	单村	供水到户	村集体
525	丽水市	青田县	东源镇东源村饮用水工程	6500	地表水	单村	供水到户	乡镇

续表

序号	地区	县	工 程 名 称	受益人口/人	水源类型	工程类型	供水方式	管理主体
526	丽水市	青田县	海口镇自来水厂	23000	地表水	联村	供水到户	乡镇
527	丽水市	青田县	山口镇自来水厂	8150	地表水	联村	供水到户	乡镇
528	丽水市	青田县	仁庄自来水厂	9000	地表水	单村	供水到户	乡镇
529	丽水市	青田县	海溪乡饮用水工程	0	地表水	联村	供水到户	乡镇
530	丽水市	青田县	章旦村饮用水工程	0	地表水	单村	供水到户	乡镇
531	丽水市	青田县	石溪乡饮用水工程	0	地表水	联村	供水到户	乡镇
532	丽水市	缙云县	双潭水厂	55000	地表水	城镇管网延伸	供水到户	企业
533	丽水市	缙云县	壶镇自来水厂	24545	地表水	城镇管网延伸	集中供水点	企业
534	丽水市	缙云县	新建自来水厂	6007	地表水	城镇管网延伸	供水到户	乡镇
535	丽水市	缙云县	碧川村饮用水工程	4500	地表水	单村	供水到户	村集体
536	丽水市	缙云县	新碧五联自来水厂	6000	地表水	联村	供水到户	用水合作组织
537	丽水市	遂昌县	云峰镇集中供水工程	9296	地表水	联村	供水到户	县级水利部门
538	丽水市	遂昌县	北界镇集中供水工程	1688	地表水	单村	供水到户	乡镇
539	丽水市	遂昌县	金竹镇集中供水工程	1478	地表水	联村	供水到户	县级水利部门
540	丽水市	遂昌县	大柘镇自来水厂	2829	地表水	联村	供水到户	县级水利部门
541	丽水市	遂昌县	石练镇集中供水工程	4469	地表水	联村	供水到户	乡镇
542	丽水市	遂昌县	三仁乡集中供水工程	3311	地表水	联村	供水到户	乡镇
543	丽水市	遂昌县	湖山乡集中供水工程	2007	地表水	联村	供水到户	乡镇
544	丽水市	松阳县	松阳县古市自来水厂	29277	地表水	城镇管网延伸	供水到户	企业
545	丽水市	松阳县	象溪镇石马源片供水站	4600	地表水	联村	供水到户	乡镇
546	丽水市	松阳县	大东坝镇石仓供水站	2500	地表水	联村	供水到户	用水合作组织
547	丽水市	松阳县	六都水厂	15000	地表水	联村	供水到户	企业

续表

序号	地区	县	工程名称	受益人口/人	水源类型	工程类型	供水方式	管理主体
548	丽水市	云和县	石塘镇水厂	5000	地表水	联村	供水到户	乡镇
549	丽水市	云和县	紧水滩镇水厂	3300	地表水	联村	供水到户	乡镇
550	丽水市	云和县	崇头镇水厂	0	地表水	联村	供水到户	乡镇
551	丽水市	云和县	垟田新村饮用水工程	0	地表水	单村	供水到户	村集体
552	丽水市	庆元县	黄田镇东西村饮用水工程	5700	地表水	联村	供水到户	村集体
553	丽水市	庆元县	竹口镇竹上村农民饮用水工程	3500	地表水	联村	供水到户	村集体
554	丽水市	庆元县	荷地镇荷地自来水厂	2605	地表水	联村	供水到户	村集体
555	丽水市	庆元县	淤上乡蒲潭千万农民饮用水工程	3100	地表水	联村	供水到户	村集体
556	丽水市	庆元县	安南乡安溪自来水厂	4200	地表水	联村	供水到户	村集体
557	丽水市	龙泉市	凤鸣水厂供水工程	3000	地表水	联村	供水到户	村集体
558	丽水市	龙泉市	龙泉市自来水供水工程/城镇管网延伸工程	16500	地表水	城镇管网延伸	供水到户	其他
559	丽水市	龙泉市	上垟小黄南供水工程	2800	地表水	联村	供水到户	县级水利部门
560	丽水市	龙泉市	小梅镇水厂供水工程	2476	地表水	联村	供水到户	县级水利部门
561	丽水市	龙泉市	查田镇供水工程	2994	地表水	联村	供水到户	乡镇
562	丽水市	龙泉市	茶丰水厂供水工程	7027	地表水	联村	供水到户	县级水利部门
563	丽水市	龙泉市	安仁镇水厂供水工程	12800	地表水	联村	供水到户	县级水利部门
564	丽水市	龙泉市	锦溪镇供水工程	2990	地表水	联村	供水到户	县级水利部门
565	丽水市	龙泉市	锦溪镇岭根水厂	17000	地表水	联村	供水到户	县级水利部门
566	丽水市	龙泉市	宝溪乡水厂供水工程	1200	地表水	单村	供水到户	县级水利部门
567	丽水市	龙泉市	八都镇供水工程	13500	地表水	联村	供水到户	县级水利部门

注 工程受益人口为0的是2011年在建工程。

附表 7　　5 万～10 万 m^3 规模塘坝工程汇总表

地　区	工程数量/处	总容积/万 m^3	实际灌溉面积/亩	供水人口/人
全省	**2875**	**19718.03**	**482726.88**	**496342**
杭州市	**437**	**2913.4**	**61626**	**59241**
西湖区	5	31.72	1275	0
萧山区	17	112.44	2919	5355
余杭区	42	279.4	6354	292
桐庐县	34	233.4	5454	2147
淳安县	40	279.55	1097	1220
建德市	90	579.22	16012	11097
富阳市	98	672.17	13670	37070
临安市	111	725.5	14845	2060
宁波市	**256**	**1765.86**	**41271.08**	**91727**
北仑区	14	95.65	3028	800
镇海区	3	17.25	400	630
鄞州区	31	218.55	5052	16925
象山县	65	467.13	9300	33100
宁海县	66	422.72	9763.08	24762
余姚市	47	335.96	6469	8936
奉化市	30	208.6	7259	6574
温州市	**151**	**1059.85**	**20430**	**91632**
鹿城区	4	26.5	355	0
龙湾区	8	55.67	0	6407
瓯海区	4	25.26	0	8952
洞头县	3	21.4	356	0
永嘉县	43	312.11	5626	25072
平阳县	11	82.1	2021	3500
苍南县	12	88	5136	23700
文成县	9	64.61	350	0
泰顺县	24	156.85	1994	7200
瑞安市	16	111.63	2260	12270
乐清市	17	115.72	2332	4531
湖州市	**136**	**956.24**	**26416.2**	**8379**
吴兴区	10	61.5	2670	930
德清县	25	185.9	5971	4528
长兴县	45	328.2	11149.2	65

续表

地　区	工程数量/处	总容积/万 m^3	实际灌溉面积/亩	供水人口/人
安吉县	56	380.64	6626	2856
绍兴市	**385**	**2675.82**	**58765**	**78026**
越城区	7	51.2	1070	1500
绍兴县	47	334.03	6296	9397
新昌县	59	390.15	4527	8017
诸暨市	180	1279.03	30769	49686
上虞市	23	153.12	3770	3702
嵊州市	69	468.29	12333	5724
金华市	**675**	**4667.67**	**127026.24**	**61202**
婺城区	47	324.85	10463	691
金东区	71	471.9	10404	4244
武义县	100	681.24	23234	4432
浦江县	45	307.4	4523	5265
磐安县	19	134.88	2111	8262
兰溪市	151	1086.93	37727	7064
义乌市	83	583.7	11335	5263
东阳市	83	572.29	20895.24	10417
永康市	76	504.48	6334	15564
衢州市	**341**	**2376.06**	**74845**	**7985**
柯城区	33	212	8040	0
衢江区	66	459.09	8679	5528
常山县	74	516.3	25172	0
开化县	19	132.78	2743	1617
龙游县	91	617.1	18411	840
江山市	58	438.79	11800	0
台州市	**215**	**1481.82**	**35402**	**61051**
椒江区	4	27.1	250	3160
黄岩区	22	158.84	4319	10533
玉环县	17	119.8	1715	3620
三门县	32	208.9	3278	6655
天台县	31	192.32	3645	4784
仙居县	51	375.3	12106	8752
温岭市	16	110.4	1034	12837
临海市	42	289.16	9055	10710

续表

地　区	工程数量/处	总容积/万 m^3	实际灌溉面积/亩	供水人口/人
丽水市	**208**	**1365.87**	**29323**	**25936**
莲都区	24	159.48	3347	3677
青田县	14	91.29	1875	11345
缙云县	67	442.95	9236	6068
遂昌县	32	220.52	3877	1120
松阳县	26	167.93	5007	107
云和县	6	38.4	503	1151
庆元县	13	94.78	1655	216
景宁畲族自治县	6	40	1023	2252
龙泉市	20	110.52	2800	0